拓扑学基础

郭英新 毛安民 编著

科学出版社
北京

内 容 简 介

基础拓扑学是数学的重要分支,内容丰富且应用面广.本书以点集拓扑学为基础,通过对一般拓扑学、测度论、拓扑向量空间、拓扑群及拓扑动力系统的一些专题进行论述,向读者简要介绍拓扑学中的一些基本知识、研究思想以及解决问题的方法,以较少的篇幅展现拓扑学中的一些主要内容.本书主要内容包括:集合与序集、可测映射与可测空间、拓扑空间、几类重要的拓扑性质、紧空间与度量空间、广义度量空间、拓扑向量空间简介、动力系统与拓扑群简介和不动点理论简介.目的是向读者简要介绍基础拓扑学中的一些基本内容、研究思路和解决问题的方法.

本书是十多年来作者在拓扑学应用基础方面教学和科研的总结,可作为数学、统计学以及其他理工类各专业高年级本科生、研究生的教材,也可作为教师及相关工程技术人员的参考书.

图书在版编目(CIP)数据

拓扑学基础/郭英新,毛安民编著. —北京:科学出版社,2018.11
ISBN 978-7-03-059576-8

Ⅰ. ①拓⋯ Ⅱ. ①郭⋯ ②毛⋯ Ⅲ. ①拓扑–研究 Ⅳ. ①O189

中国版本图书馆 CIP 数据核字 (2018) 第 260766 号

责任编辑:王 静/责任校对:杨聪敏
责任印制:吴兆东/封面设计:陈 敬

科学出版社 出版
北京东黄城根北街 16 号
邮政编码:100717
http://www.sciencep.com

北京中科印刷有限公司 印刷
科学出版社发行 各地新华书店经销

*

2018 年 11 月第 一 版 开本:720 × 1000 1/16
2019 年 10 月第二次印刷 印张:14 1/4
字数:287 000
定价:45.00 元
(如有印装质量问题,我社负责调换)

前　言

点集拓扑的概念几乎全部来自于分析的严格化过程，来源于对非常态函数的研究. 十九世纪至二十世纪初，各种非常态函数大量出现，使人意识到直观是靠不住的，大量熟知的概念需要澄清和重新认识. 比如连续性、连通性，以及数学分析中的一致连续、一致收敛等概念. 于是需要建立一整套抽象且符合逻辑和数学需要的概念，点集拓扑学应运而生. 为了避免现代点集拓扑学的过度抽象化使人难以理解，我们在编写本书时注意了以下两点.

(1) 较多地使用图形和例题. 作为公理化处理的结果，现代点集拓扑学的原理具有高度抽象化的特点. 而例题教学法，是现代教育教学的重点内容. 本书编写了许多例题，编者希望借助这些通俗易懂、更接地气的各个数学分支的例题，使得学生可以更轻松地学好拓扑学. 同时考虑到在数学研究中，直觉和图像非常重要，所以本书插入了大量的图形作为概念、定理、性质和例题的直观说明. 这对读者理解本书内容、引导他们产生学习的兴趣，甚至培养数学研究的能力都有重大意义.

(2) 注意学习的目的. 本书选编了与点集拓扑学相辅相成的一些理论. 这一点是为了使学生能更好地理解和掌握点集拓扑学知识，更是为了应用，也为将来的学习和研究打下基础. 例如，本书在集合论之后极自然地选编了一章与拓扑空间及连续映射具有类似结构的可测映射与可测空间；还增加了拓扑向量空间简介一章，使得原本只能进行集合间的并、交和差运算的拓扑学，又可以进行元素间的加、减及数乘运算. 最后还引入了动力系统与拓扑群简介和不动点理论简介这两章应用性较强的内容.

本书的编写得到了山东省数学一流学科建设奖补资金、国家自然科学基金 (10801088, 11471187)、中国博士后科学基金 (2014M551738) 和山东省自然科学基金 (ZR2017MA045) 的资助，在此表示感谢！

全书共 10 章，其中第 1 章是基础，第 2, 3 章是引入，第 4—7 章是主要内容，第 8—10 章是应用.

限于编者的视野和水平，书中难免存在不妥之处，敬请读者批评和指正，联系邮箱：yxguo312@163.com.

编　者

2018 年 1 月于曲阜师范大学

符 号 表

$\in (\notin)$	属于 (不属于)
$\subset$	包含
$\cup (\cap)$	集合的并 (交)
$A - B$	集合 A 与集合 B 的差
$\overline{A}$	集合 A 的闭包
$\mathring{A}$	集合 A 的内部
$\mathbf{R}^n$	n 维欧氏空间
A'	集合 A 的补集
A^d	集合 A 的导集
$A = B$	集合 A 等于集合 B
$\mathcal{P}(X)$	集合 X 的幂集
$X \to Y$	从 X 到 Y
$\Rightarrow$	推出
$\times$	笛卡儿积
$\partial(A)$	集合 A 的边界
$g \circ f$	关系 g 与关系 f 的复合
$\mathcal{A}$	集族
$\{a, b, c\}$	由 a, b, c 作为元素的集合
a^{-1}	元素 a 的逆元
$\sim$	等价关系
f^{-1}	关系 f 的逆关系
$B(x, \varepsilon)$	以 x 点为球心, 以 ε 为半径的球形邻域
$A + B$	向量空间中的两个集合 A, B 的和
λA	向量空间中的集合 A 与实数 λ 的数乘
$\varnothing$	空集
$\iff$	当且仅当
$\mathcal{U}_x$	点 x 的邻域系

目 录

前言
符号表
第 1 章　集合论基础 ·· 1
　1.1　集合 ·· 1
　1.2　集合的运算 ·· 2
　1.3　指标集及其运算 ·· 5
　　　1.3.1　集合运算的一般化 ·· 5
　　　1.3.2　集合序列的极限 ·· 7
　　　1.3.3　集合的分割 ·· 11
　1.4　滤子基 ·· 12
　1.5　关系 ·· 14
　1.6　映射 ·· 17
　1.7　单值与多值映射 ·· 22
　1.8　等价集与基数 ·· 23
　习题 1 ·· 29
第 2 章　可测映射与可测空间 ·· 34
　2.1　几个重要的集族 ·· 34
　2.2　可测映射 ·· 37
　2.3　测度与测度空间 ·· 39
　习题 2 ·· 40
第 3 章　实直线和平面上的拓扑 ·· 41
　3.1　实数的性质 ·· 41
　3.2　实直线的开集 ·· 44
　3.3　连续函数 ·· 47
　3.4　平面上的拓扑 ·· 48
　习题 3 ·· 48
第 4 章　拓扑空间 ·· 50
　4.1　拓扑概念 ·· 50
　4.2　邻域与邻域系 ·· 52
　4.3　聚点、闭集与闭包 ·· 53

4.4 内部与边界 · 58
4.5 序列与滤子族 · 60
4.6 子空间与相对拓扑 · 63
4.7 基与子基 · 66
4.8 拓扑的等价定义 · 68
4.9 积拓扑 · 72
  4.9.1 有限积拓扑 · 72
  4.9.2 任意积拓扑 · 73
习题 4 · 75

第 5 章 连续映射与拓扑同胚 · 79

5.1 连续映射 · 79
5.2 拓扑空间上的数值映射 · 84
5.3 由映射诱导的拓扑 · 88
  5.3.1 商拓扑 · 88
  5.3.2 弱拓扑 · 89
习题 5 · 92

第 6 章 具有某些特殊公理的拓扑空间 · 95

6.1 分离性公理 · 95
  6.1.1 Hausdorff 空间、T_1-空间、T_0-空间 · 95
  6.1.2 正则、正规、T_3-空间、T_4-空间 · 98
  6.1.3 Urysohn 引理和 Tietze 定理 · 99
  6.1.4 完全正则空间 · 105
6.2 紧致性 · 106
6.3 连通性 · 114
6.4 可数性公理 · 120
  6.4.1 满足第二 (一) 可数性公理的空间 · 120
  6.4.2 Lindelö 空间 · 123
  6.4.3 可分空间 · 125
习题 6 · 126

第 7 章 度量空间与广义度量空间 · 129

7.1 度量空间 · 129
  7.1.1 度量拓扑 · 131
  7.1.2 Cauchy 序列与紧性和完备性 · 134
  7.1.3 Baire 空间 · 141
  7.1.4 可度量化空间 · 142

7.2 度量空间的连通性 · 147
7.3 度量空间的局部连通性 · 150
7.4 广义度量化空间 · 154
习题 7 · 164

第 8 章　拓扑向量空间简介 · 165
8.1 向量空间 · 165
8.2 范数空间 · 170
8.3 拓扑向量空间 · 172
习题 8 · 175

第 9 章　动力系统与拓扑群简介 · 176
9.1 拓扑群 · 176
9.2 拓扑群的邻域系 · 178
9.3 子群和商群 · 181
9.4 拓扑群的积 · 185
9.5 分离性 · 186
9.6 连通性 · 188
9.7 拓扑动力系统 · 189
习题 9 · 192

第 10 章　不动点理论简介 · 193
10.1 压缩映射定理及其推广 · 193
10.2 Brouwer 不动点定理及其推广 · 198
10.3 非扩张半群族的共同不动点 · 204
10.4 Tychonoff 不动点定理及其广义化 · 207
习题 10 · 210

参考文献 · 211
索引 · 214

第1章 集合论基础

集合论产生于十九世纪七十年代, 是由德国著名数学家康托尔 (Cantor, 1845–1918) 创立的, 如今已发展成为一个独立的数学分支. 它是整个现代数学的逻辑基础, 其基本概念与方法已渗入现代数学各个领域.

1.1 集 合

我们在前期课程中已经接触过集合的概念. 集合是现代数学中一个最基本的概念, 它是唯一一个难以严格定义, 只能给予一种描述的数学概念. 集合这个概念出现于数学的各个分支. 所谓集合, 指的是具有一定性质的对象的全体. 一个集合确切地指定了一堆事物, 直观地说, 集合是作为整体上的一堆东西. 其中的个体称为集合的元素. 我们通常用大写英文字母 A, B, X, Y 等表示集合, 用小写英文字母 a, b, c 等表示集合中的元素. 对于集合 X, 如果 x 是集合 X 的元素, 则说 x 属于 X, 记作 $x \in X$; 如果 x 不是集合 X 的元素, 则称 x 不属于 X, 记作 $x \notin X$.

例 1.1.1 设集合 $A = \{1, 3, 5, 7\}$, 则 $1 \in A, 0 \notin A$.

不含任何元素的集合称为空集, 记作 $\varnothing$. 譬如, 一个无解的线性方程组的解集合就是空集. 把空集合看作集合, 同把 0 也看作数一样, 在数学上是有好处的. 只含一个元素 x 的集合记作 $\{x\}$, 称之为单点集. 通常用特定字母来表示一些最常用的集合, 如字母 $\mathbf{N}, \mathbf{Z}, \mathbf{Q}, \mathbf{R}, \mathbf{C}$ 等分别表示自然数集、整数集、有理数集、实数集和复数集.

集合的表示法

(1) 列举法: 如果可能的话, 把集合中的元素一一列举出来写在大括号内表示集合的方法称为列举法. 例如, 大于 0 小于 9 的全体奇数的集合可记为 $\{1, 3, 5, 7\}$.

(2) 描述法: 把集合中所有元素的共同属性以文字或数学表达式的方式描述出来, 写在大括号内表示集合的方法称为描述法. 这种方法可写成 $M = \{x | x$ 具有的性质$\}$, 例如, 方程 $xy = 1$ 的全部解的集合可写成

$$M = \{(x, y) | xy = 1\}.$$

例 1.1.2 以下所定义的实直线上的区间经常在数学中出现, 其中 a 与 b 都是实数, 且 $a < b$.

开区间 $(a, b) = \{x | a < x < b\}$;

闭区间 $[a,b] = \{x | a \leqslant x \leqslant b\}$;

半开半闭区间 $[a,b) = \{x | a \leqslant x < b\}$, $(a,b] = \{x | a < x \leqslant b\}$.

如果两个集合 X,Y 有完全相同的元素, 即 X 的元素都属于 Y, 并且 Y 的元素也都属于 X, 则称它们相等, 记作 $X = Y$. $X = Y$ 的否定命题记为 $X \neq Y$.

如果集合 A 的元素全是集合 B 的元素, 则称集合 A 是集合 B 的子集, 记作 $A \subset B$ 或 $B \supset A$. 空集是任何一个集合的子集. $A \subset B$ 的否定命题记为 $A \not\subset B$ 或 $B \not\supset A$, 其意义为: 存在 $x \in A$, 满足 $x \notin B$. 当 $A \subset B$ 而 $A \neq B$ 时, 称 A 为 B 的一个真子集, 或说 B 真包含 A. 注意: 有些作者用符号 $\subseteq$ 来表示子集, 而符号 $\subset$ 只用于表示真子集. 明显地, $X = Y$ 当且仅当 $X \subset Y, X \supset Y$.

以下的这个定理等价于形式逻辑中的相应命题, 从直觉去看也是自明的.

定理 1.1.1 设 A,B,C 都是集合, 则

(1) $A = A$;

(2) 若 $A = B$, 则 $B = A$;

(3) 若 $A = B, B = C$, 则 $A = C$.

定理 1.1.2 设 A,B,C 都是集合, 则

(1) $A \subset A$;

(2) 若 $A \subset B, B \subset A$, 则 $B = A$;

(3) 若 $A \subset B, B \subset C$, 则 $A \subset C$.

有时我们要讨论以集合作为元素的集合, 这类集合常称为集族, 并用花斜体, 如 $\mathcal{A}, \mathcal{B}$ 等表示. 例如, $\mathcal{A} = \{\{1\}, \{1,2\}, \{a,b,3\}\}$ 是一个集族, 它的三个元素分别为集合: $\{1\}, \{1,2\}, \{a,b,3\}$.

设 X 是一个集合, 我们常用 $\mathcal{P}(X)$ 或 2^X 来表示 X 的所有子集构成的集族, 称为集合 X 的幂集. 例如, 集合 $\{a,b\}$ 的幂集为 $\{\{a\}, \{a,b\}, \{b\}, \varnothing\}$. 一般地, 当集合 X 是由 n 个元素构成的有限集时, 则 $\mathcal{P}(X)$ 含有 2^n 个元素.

1.2 集合的运算

两个集合 A 和 B 的并, 记为 $A \bigcup B$, 是指这样的集合, 它由 A 的所有元素和 B 的所有元素所构成 (图 1.1), 即

$$A \bigcup B := \{x | x \in A \text{ 或 } x \in B\},$$

其中 "或" 是表示 "与/或" 的意思.

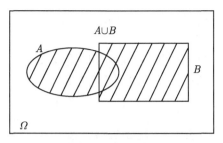

图 1.1　集合的并

两个集合 A 和 B 的交, 记为 $A\bigcap B$, 是指这样的集合, 它由既属于 A 又属于 B 的那些元素所构成 (图 1.2), 即

$$A\bigcap B := \{x|x \in A \text{ 并且 } x \in B\}.$$

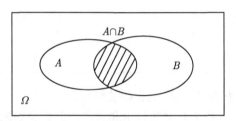

图 1.2　集合的交

若 $A\bigcap B = \varnothing$, 即 A 和 B 没有相同的元素, 则称 A 和 B 互斥或不相交; 如果一个集族中的任何两个集合都互斥, 则称为互斥集族.

B 的相对于 A 的相对补集, 或简称为 A 与 B 之差, 记作 $A - B$, 是指这样的集合, 它由属于 A 而不属于 B 的那些元素所构成 (图 1.3), 即

$$A - B := \{x|x \in A \text{ 并且 } x \notin B\}.$$

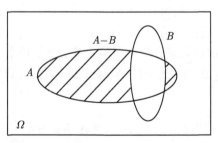

图 1.3　集合的差

显然 $A - B$ 和 B 是互斥的, 即 $(A - B)\bigcap B = \varnothing$.

在集合论的诸多实际应用中, 所考察的集合一般都是某一个确定集合的一些子集. 这个确定的集称为宇宙集. 集合 B 的绝对补集或简称为 B 的补集或简称为 B

的余集, 记为 B', 是指这样的集合, 它由不属于 B 的那些元素所组成. 也就是当集合 A 是宇宙集时, 集合 B 的相对补集.

例 1.2.1 (图 1.1—图 1.3) 称为 Venn 图, 用以表示上述的集合运算, 其中宇宙集 Ω 由整个矩形的区域所表示, 一般的集合都用 Ω 内区域表示.

上述集合的运算满足表 1.1 中所列的一些运算规律.

表 1.1 集合的运算律表示法

名称	集合的并运算	集合的交运算
幂等律	$A \cup A = A$	$A \cap A = A$
结合律	$(A \cup B) \cup C = A \cup (B \cup C)$	$(A \cap B) \cap C = A \cap (B \cap C)$
交换律	$A \cup B = B \cup A$	$A \cap B = B \cap A$
分配律	$A \cup (B \cap C) = (A \cup B) \cap (A \cup C)$	$A \cap (B \cup C) = (A \cap B) \cup (A \cap C)$
恒等律	$A \cup \varnothing = A$, $A \cup \Omega = \Omega$	$A \cap \varnothing = \varnothing$, $A \cap \Omega = A$
互补律	$A \cup A' = \Omega$, $(A')' = A$	$A \cap A' = \varnothing$, $\Omega' = \varnothing$, $\varnothing' = \Omega$
D. M. 律	$(A \cup B)' = A' \cap B'$	$(A \cap B)' = A' \cup B'$

注 1.2.1 D. M. 律是 De Morgan 律的简写.

注 1.2.2 以上每一条运算律都是由和它相似的语言逻辑规律导出的. 例如

$$A \cap B = \{x : x \in A \text{ 并且 } x \in B\}$$
$$= \{x : x \in B \text{ 并且 } x \in A\}$$
$$= B \cap A.$$

关于集合的包含关系和集合的运算之间有以下定理.

定理 1.2.1 以下各条是等价的:

(1) $A \subset B$; (2) $A \cap B = A$; (3) $A \cup B = B$;
(4) $B' \subset A'$; (5) $A \cap B' = \varnothing$; (6) $A' \cup B = \Omega$.

下面介绍一种新的由已知集合产生新集合的方法: 笛卡儿积法.

已知两个集合 A 与 B, 则它们的积集 $A \times B$ 是由一切有序偶 (a, b) 所构成的, 其中 $a \in A, b \in B$, 即

$$A \times B = \{(a, b) | a \in A, b \in B\}.$$

这种记法就是解析几何上建立了平面直角坐标系的平面上点的坐标写法, 其中 a 称为第一个坐标, b 称为第二个坐标. 当然积集这个概念用到了有序对的概念, 它可以像集合那样, 作为一个原始概念; 也可以将其定义为一种集族, 如 $(a, b) := \{\{a\}, \{a, b\}\}$. 注意 (a, b) 在数学分析中曾表示区间, 本书中, 它是积集还是区间,

用到时可以根据上下文判断. 此外, 积集的概念可自然地推广到有限个集上去, 集合 $A_1, A_2, \cdots, A_m$ 的积集, 记为

$$A_1 \times A_2 \times \cdots \times A_m \quad \text{或} \quad \prod_{i=1}^{m} A_i$$

是由一切 m 有序组 $(a_1, a_2, \cdots, a_m)$ 所构成的, 其中对任意的 $1 \leqslant i \leqslant m$, $a_i \in A_i$.

注意: 有序偶 (a, b) 与集合 $\{a, b\}$ 是两个不同的概念. 后者中 a, b 是不同的两个元素, 并且无关顺序, 即 $\{a, b\} = \{b, a\}$.

例 1.2.2 设 $A = \{1, 2\}$, $B = \{x, y, z\}$, 则它们的积集为

$$A \times B = \{(1, x), (1, y), (1, z), (2, x), (2, y), (2, z)\}.$$

如图 1.4 所示.

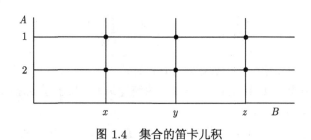

图 1.4 集合的笛卡儿积

1.3 指标集及其运算

一个指标集族是 $\{A_\gamma : \gamma \in \Gamma\}$ 或 $\{A_\gamma\}_{\gamma \in \Gamma}$. 它对每一个 $\gamma \in \Gamma$, 都有一个 A_γ 与之对应. 集合 Γ 叫做指标集, 每个 $\gamma \in \Gamma$ 叫指标. 当指标集 Γ 是自然数集时, 相应的指标集族 $\{A_1, A_2, \cdots, A_n, \cdots\}$ 称为一个集合序列, 简称集列. 指标集族在本书中有时也常常写作 $\{A_i | i \in I\}$ 或 $\{A_j | j \in J\}$ 等.

1.3.1 集合运算的一般化

两个集合的并及交的概念可以推广到任何集族上去. 一个集族 $\mathcal{A}$ 中所有集合的并, 记为 $\bigcup_{A \in \mathcal{A}} A$, 是指所有这样的元素所构成集合, 这些元素的每一个至少是 $\mathcal{A}$ 中某个集合的元素, 即

$$\bigcup_{A \in \mathcal{A}} A = \{x | \text{ 存在 } A \in \mathcal{A}, \text{满足 } x \in A\}.$$

一个集族 $\mathcal{A}$ 中所有集合的交, 记为 $\bigcap_{A \in \mathcal{A}} A$, 是指所有这样的元素所构成集合,

这些元素的每一个属于 $\mathcal{A}$ 中每一个集合,即

$$\bigcap_{A\in\mathcal{A}} A = \{x|\ 对任意的\ A\in\mathcal{A}, 都有\ x\in A\}.$$

对于任何指标集族 $\mathcal{A} = \{A_\gamma : \gamma \in \Gamma\}$,它们的并记为 $\bigcup_{\gamma\in\Gamma} A_\gamma$,交记为 $\bigcap_{\gamma\in\Gamma} A_\gamma$.

如果 $A\bigcap B = \varnothing$,那么 $A\bigcup B$ 也可以记作 $A\oplus B$,称为 A, B 的直和. 若集族 $\mathcal{A}$ 中其所有的元素两两不交,则 $\bigcup_{A\in\mathcal{A}} A$ 可以记作 $\sum_{A\in\mathcal{A}} A$. 一般情形有

$$\overset{\infty}{\underset{n=1}{\bigcup}} A_n = \sum_{n=1}^{\infty} B_n,$$

其中 $B_n = A_0'\bigcap A_1'\bigcap\cdots\bigcap A_{n-1}'\bigcap A_n$, $A_0 = \varnothing$.

指标集族 $\mathcal{A} = \{A_\gamma : \gamma \in \Gamma\}$ 的笛卡儿积 (Cartesian product) 记为

$$\prod \{A_\gamma : \gamma \in \Gamma\} \quad 或 \quad \prod_{\gamma\in\Gamma} A_\gamma.$$

若 $a_\gamma \in A_\gamma$,笛卡儿积的一个元素记为 $\{a_\gamma\}_{\gamma\in\Gamma}$.

注 1.3.1 在指标集族 $\{A_\gamma : \gamma \in \Gamma\}$ 的交运算时,为了避免逻辑上的困难,我们总是假定指标集 $\Gamma \neq \varnothing$.

例 1.3.1 已知 $\Gamma = (0,1]$,且对每个 $\gamma \in \Gamma$, $A_\gamma = [-\gamma, \gamma)$,则

$$\bigcup_{\gamma\in\Gamma} A_\gamma = [-1, 1), \quad \bigcap_{\gamma\in\Gamma} A_\gamma = \{0\}.$$

对于一般化的集合运算来说,分配律和 D. M. 律也成立.

定理 1.3.1 对于任何集族 $\mathcal{A} = \{A_\gamma : \gamma \in \Gamma\}$ 及任何集合 B,有

(1) $B\bigcap\left(\bigcup_{\gamma\in\Gamma} A_\gamma\right) = \bigcup_{\gamma\in\Gamma}(B\bigcap A_\gamma)$;

(2) $B\bigcup\left(\bigcap_{\gamma\in\Gamma} A_\gamma\right) = \bigcap_{\gamma\in\Gamma}(B\bigcup A_\gamma)$;

(3) $B - \left(\bigcup_{\gamma\in\Gamma} A_\gamma\right) = \bigcap_{\gamma\in\Gamma}(B - A_\gamma)$;

(4) $B - \left(\bigcap_{\gamma\in\Gamma} A_\gamma\right) = \bigcup_{\gamma\in\Gamma}(B - A_\gamma)$.

在 D. M. 律中,当集合 B 是宇宙集时,我们有如下推论.

推论 1.3.1

(1) $\left(\bigcup_{\gamma\in\Gamma} A_\gamma\right)' = \bigcap_{\gamma\in\Gamma} A_\gamma'$;

(2) $\left(\bigcap_{\gamma\in\Gamma} A_\gamma\right)' = \bigcup_{\gamma\in\Gamma} A_\gamma'$.

1.3.2 集合序列的极限

和数学分析中数列的极限类似, 我们也可以定义集列的上、下极限集.

定义 1.3.1 对于集列 $\{A_n: n \geqslant 1, n \in \mathcal{N}\}$, 以下集合

$$\varlimsup_{n\to\infty} A_n := \{x: x \text{ 属于无穷多个 } A_n(n \geqslant 1)\}$$

称为集列 $\{A_n: n \geqslant 1, n \in \mathcal{N}\}$ 的上极限集.

易证

$$\varlimsup_{n\to\infty} A_n = \bigcap_{n=1}^{\infty} \bigcup_{m=n}^{\infty} A_m.$$

这是因为

$$\varlimsup_{n\to\infty} A_n \iff \{x: x \text{ 属于无穷多个 } A_n(n \geqslant 1)\}$$
$$\iff \text{对每一个 } n \geqslant 1, \text{ 都存在一个 } m_n(x) \geqslant n, \text{满足 } x \in A_{m_n(x)}$$
$$\iff \text{对每一个 } n \geqslant 1, x \in \bigcup_{m=n}^{\infty} A_m$$
$$\iff x \in \bigcap_{n=1}^{\infty} \bigcup_{m=n}^{\infty} A_m.$$

定义 1.3.2 对于集列 $\{A_n: n \geqslant 1, n \in \mathcal{N}\}$, 以下集合

$$\varliminf_{n\to\infty} A_n := \{x: x \text{ 至多不属于有限多个 } A_n(n \geqslant 1)\}$$

称为集列 $\{A_n: n \geqslant 1, n \in \mathcal{N}\}$ 的下极限集. 显然, 集列 $\{A_n\}$ 下极限集等价于

$$\varliminf_{n\to\infty} A_n = \{x: \text{存在正整数 } n_0(x), \text{使得当 } n > n_0(x) \text{ 时}, x \in A_n(n \geqslant 1)\}.$$

类似地有

$$\varliminf_{n\to\infty} A_n = \bigcup_{n=1}^{\infty} \bigcap_{m=n}^{\infty} A_m;$$
$$\varliminf_{n\to\infty} A_n \subset \varlimsup_{n\to\infty} A_n.$$

例 1.3.2 设 $A_{2n-1} = A, A_{2n} = B(n = 1, 2, \cdots)$, 则

(1) $\varlimsup_{n\to\infty} A_n = A \bigcup B$;

(2) $\varliminf_{n\to\infty} A_n = A \bigcap B$.

证明 (1) 若 $x \in A \bigcup B$, 不妨设 $x \in A$, 于是有 $x \in A_{2n-1}(n = 1, 2, \cdots)$. 由上极限的定义知

$$x \in \varlimsup_{n\to\infty} A_n,$$

故有
$$A \bigcup B \subset \varlimsup_{n \to \infty} A_n.$$

另一方面, 设 $x \in (A \bigcup B)'$, 即 $x \notin A \bigcup B$, 于是 $x \notin A$ 并且 $x \notin B$. 故 $x \notin A_n (n = 1, 2, \cdots)$, 因此
$$x \notin \varlimsup_{n \to \infty} A_n,$$

即
$$x \in \left(\varlimsup_{n \to \infty} A_n \right)'.$$

于是有
$$(A \bigcup B)' \subset \left(\varlimsup_{n \to \infty} A_n \right)'.$$

此即
$$A \bigcup B \supset \varlimsup_{n \to \infty} A_n.$$

所以
$$A \bigcup B = \varlimsup_{n \to \infty} A_n.$$

(2) 若 $x \in A \bigcap B$, 则 $x \in A$ 且 $x \in B$, 于是有 $x \in A_n (n = 1, 2, \cdots)$. 由下极限的定义知
$$x \in \varliminf_{n \to \infty} A_n,$$

故有
$$A \bigcap B \subset \varliminf_{n \to \infty} A_n.$$

另一方面, 设 $x \in (A \bigcap B)'$, 即 $x \notin A \bigcap B$, 于是 $x \notin A$ 或者 $x \notin B$. 不妨设 $x \notin A$, 即 $x \notin A_{2n-1} (n = 1, 2, \cdots)$, 因此
$$x \notin \varliminf_{n \to \infty} A_n,$$

即
$$x \in \left(\varliminf_{n \to \infty} A_n \right)'.$$

于是有
$$(A \bigcap B)' \subset \left(\varliminf_{n \to \infty} A_n \right)'.$$

此即
$$A \bigcap B \supset \varliminf_{n \to \infty} A_n.$$

所以
$$A \bigcap B = \varliminf_{n \to \infty} A_n.$$

例 1.3.3 设 A_n 是如下定义的集列 (实数的闭区间):
$$A_{2n+1} = \left[0, 2 - \frac{1}{n+1}\right], \quad n = 0, 1, 2, \cdots;$$
$$A_{2n} = \left[0, 1 + \frac{1}{n}\right], \quad n = 1, 2, \cdots.$$
求集列 A_n 的上、下极限.

解 因为闭区间 $[0,1]$ 中的点属于每一个 $A_n(n=1,2,\cdots)$, 故
$$[0,1] \subset \varliminf_{n\to\infty} A_n \subset \varlimsup_{n\to\infty} A_n.$$

对于区间 $(1,2]$ 中的每个点 x, 必存在正整数 $n_0(x)$, 使得当 $n > n_0(x)$ 时, $x > 1 + \frac{1}{n}$, 即 $x \notin A_{2n}$. 又区间 $[0,2]$ 以外的点不属于任何 A_n, 因此
$$\varliminf_{n\to\infty} A_n = [0,1].$$

对于区间 $(1,2)$ 中的每个点 x, 必存在正整数 $n_0(x)$, 使得当 $n > n_0(x)$ 时, $x < 2 - \frac{1}{n+1}$, 即 $x \in A_{2n+1}$. 又点 2 仅仅属于 A_2, 因此
$$\varlimsup_{n\to\infty} A_n = [0,2).$$

定理 1.3.2 设 A_n 是任一集列, 则
(1) $\left(\varlimsup\limits_{n\to\infty} A_n\right)' = \varliminf\limits_{n\to\infty} A_n'$;
(2) $\left(\varliminf\limits_{n\to\infty} A_n\right)' = \varlimsup\limits_{n\to\infty} A_n'$.

证明 (1)
$$\left(\varlimsup_{n\to\infty} A_n\right)' = (\{x : x \text{ 属于无穷多个 } A_n(n \geqslant 1)\})'$$
$$= \{x : \text{有无穷多个 } A_n \text{ 不包含 } x\}$$
$$= \{x : x \text{ 属于无穷多个 } A_n'(n \geqslant 1)\}$$
$$= \varliminf_{n\to\infty} A_n'.$$

类似地可证明 (2).

定义 1.3.3 如果有
$$\varliminf_{n\to\infty} A_n = \varlimsup_{n\to\infty} A_n,$$
则称集列 $\{A_n : n \geqslant 1, n \in \mathcal{N}\}$ 的极限集存在, 并以 $\lim\limits_{n\to\infty} A_n$ 表示此极限集.

定义 1.3.4 若集列 $\{A_n : n \geqslant 1, n \in \mathcal{N}\}$ 具有性质: 对每个 $n \geqslant 1$, $A_n \subset A_{n+1}(A_n \supset A_{n+1})$, 则称集列 $\{A_n\}$ 是不减的 (不增的), 简记为 $A_n \uparrow (\downarrow)$. 不减的或不增的集列, 统称为单调集列.

定理 1.3.3 单调集列的极限存在, 且

(1) 若 $\{A_n\}$ 是不减的, 则 $\lim\limits_{n\to\infty} A_n = \bigcup_{n=1}^{\infty} A_n$;

(2) 若 $\{A_n\}$ 是不增的, 则 $\lim\limits_{n\to\infty} A_n = \bigcap_{n=1}^{\infty} A_n$.

证明 (1) 由已知 $A_1 \subset A_2 \subset \cdots \subset A_n \subset A_{n+1} \subset \cdots$, 故有

$$\bigcap_{m=n}^{\infty} A_m = A_n,$$

所以

$$\varliminf_{n\to\infty} A_n = \bigcup_{n=1}^{\infty}\bigcap_{m=n}^{\infty} A_m = \bigcup_{n=1}^{\infty} A_n \supset \bigcap_{n=1}^{\infty}\bigcup_{m=n}^{\infty} A_m = \varlimsup_{n\to\infty} A_n,$$

又因为

$$\varlimsup_{n\to\infty} A_n \subset \varliminf_{n\to\infty} A_n.$$

因此 $\lim\limits_{n\to\infty} A_n$ 存在并等于 $\bigcup_{n=1}^{\infty} A_n$.

(2) 类似地, 由已知 $A_1 \supset A_2 \supset \cdots \supset A_n \supset A_{n+1} \supset \cdots$, 有

$$\bigcup_{m=n}^{\infty} A_m = A_n,$$

所以

$$\varlimsup_{n\to\infty} A_n = \bigcap_{n=1}^{\infty}\bigcup_{m=n}^{\infty} A_m = \bigcap_{n=1}^{\infty} A_n \subset \bigcup_{n=1}^{\infty}\bigcap_{m=n}^{\infty} A_m = \varliminf_{n\to\infty} A_n,$$

又因为

$$\varlimsup_{n\to\infty} A_n \subset \varliminf_{n\to\infty} A_n.$$

所以 $\lim\limits_{n\to\infty} A_n$ 存在并等于 $\bigcap_{n=1}^{\infty} A_n$.

例 1.3.4 设 A_n, B_n 是如下定义的集列 (实数的闭区间):

$$A_n = \left[0, 1 - \frac{1}{n}\right], \quad n = 1, 2, \cdots;$$

$$B_n = \left[0, 1 + \frac{1}{n}\right], \quad n = 1, 2, \cdots.$$

求集列 A_n, B_n 的极限.

解

$$\lim_{n\to\infty} A_n = \bigcup_{n=1}^{\infty} \left[0, 1 - \frac{1}{n}\right] = [0, 1],$$

$$\lim_{n\to\infty} B_n = \bigcap_{n=1}^{\infty} \left[0, 1 + \frac{1}{n}\right] = [0, 1].$$

1.3.3 集合的分割

令 $\mathcal{A} = \{A_i | i \in I\}$ 和 $\mathcal{B} = \{B_j | j \in J\}$ 表示两个集族，C 是一个集合. 如果至少存在一个 $i \in I$ 使得 $A_i \subset C$，则称 $\mathcal{A}$ 是部分包含在集合 C 中，记作 $\mathcal{A} \vdash C$. 如果 $\mathcal{A}$ 是部分包含在每一个集合 $B_j \in \mathcal{B}$ 中，则称 $\mathcal{A}$ 是从外部意义上细于 $\mathcal{B}$ 的，记作 $\mathcal{A} \vdash \mathcal{B}$. 如果 $\mathcal{A} \vdash \mathcal{B}$ 且 $\mathcal{B} \vdash \mathcal{A}$，则称 $\mathcal{A}$ 是从外部意义上等于 $\mathcal{B}$ 的，记作 $\mathcal{A} \simeq \mathcal{B}$.

另一方面，如果对任意的 $i \in I$，总存在 $j \in J$，使得 $A_i \subset B_j$，则称 $\mathcal{A}$ 是从内部意义上细于 $\mathcal{B}$ 的，记作 $\mathcal{A} \dashv \mathcal{B}$. 如果 $\mathcal{A} \dashv \mathcal{B}$ 且 $\mathcal{B} \dashv \mathcal{A}$，则称 $\mathcal{A}$ 是从内部意义上等于 $\mathcal{B}$ 的，记作 $\mathcal{A} \approx \mathcal{B}$.

下面我们将研究一类重要的集族. 集族 $\mathcal{A} = \{A_i | i \in I\}$ 叫做集合 A 的一个分割，如果它满足如下条件：

(1) $\forall i, A_i \neq \varnothing, A_i \subset A$;

(2) $\forall i \neq j, A_i \bigcap A_j = \varnothing$;

(3) $\bigcup_{i \in I} A_i = A$.

换句话说，集合 A 的每一个点属于且仅属于一个 A_i.

集族 $\mathcal{B} = \{B_j | j \in J\}$ 叫做分割 $\mathcal{A} = \{A_i | i \in I\}$ 的子分割，如果 $\mathcal{B} = \{B_j | j \in J\}$ 是一个分割，且 $\mathcal{B} \dashv \mathcal{A}$. 考虑到后面的条件及 $\mathcal{A}$ 是一个分割，可得

$$B_j \bigcap A_i \neq \varnothing \Rightarrow B_j \subset A_i.$$

令 $\mathcal{A} = \{A_i | i \in I\}$ 和 $\mathcal{B} = \{B_j | j \in J\}$ 表示集合 A 的两个分割，K 是 $I \times J$ 的子集，其定义为

$$(i, j) \in K \Leftrightarrow A_i \bigcap B_j \neq \varnothing.$$

记

$$\mathcal{A} \bigcap \mathcal{B} = \{A_i \bigcap B_j | (i, j) \in K\}.$$

定理 1.3.4 集族 $\mathcal{A} \bigcap \mathcal{B}$ 既是 $\mathcal{A}$ 又是 $\mathcal{B}$ 的子分割；并且每一个既是 $\mathcal{A}$ 又是 $\mathcal{B}$ 的子分割的分割也是 $\mathcal{A} \bigcap \mathcal{B}$ 的子分割.

证明 集族 $\mathcal{A} \bigcap \mathcal{B}$ 是一个分割，这是因为：

(1) $A_i \bigcap B_j \neq \varnothing, (i, j) \in K$;

(2) $(i, j) \neq (i', j')$ 蕴涵

$$(A_i \bigcap B_j) \bigcap (A_{i'} \bigcap B_{j'}) = (A_i \bigcap A_{i'}) \bigcap (B_j \bigcap B_{j'}) = \varnothing;$$

(3) $\bigcup_{(i,j) \in K} (A_i \bigcap B_j) = \left(\bigcup_{i \in I} A_i\right) \bigcap \left(\bigcup_{j \in J} B_j\right) = A \bigcap A = A.$

其余的结论是 $\mathcal{C} \dashv \mathcal{A}, \mathcal{C} \dashv \mathcal{B} \Rightarrow \mathcal{C} \dashv \mathcal{A} \bigcap \mathcal{B}$.

定理 1.3.5 如果集族 $\mathcal{A} = \{A_i | i \in I\}$ 是集合 A 的一个分割, 集族 $\mathcal{B} = \{B_j | j \in J\}$ 是集合 B 的一个分割. 则集族 $\mathcal{A} \times \mathcal{B} = \{A_i \times B_j | (i,j) \in I \times J\}$ 是集合 $A \times B$ 的分割.

证明 (1) $A_i \times B_j \neq \varnothing, A_i \times B_j \subset A \times B$;
(2) $(i,j) \neq (i',j')$ 蕴涵
$$(A_i \times B_j) \bigcap (A_{i'} \times B_{j'}) = (A_i \bigcap A_{i'}) \times (B_j \bigcap B_{j'}) = \varnothing;$$
(3) $\bigcup_{(i,j) \in I \times J}(A_i \times B_j) = \bigcup_{i \in I}\left(A_i \times \bigcup_{j \in J} B_j\right) = \bigcup_{i \in I}(A_i \times B) = A \times B.$

集合分割的思想很容易被推广. 一个集族 $\mathcal{A} = \{A_i | i \in I\}$ 叫集合 A 的覆盖, 如果它满足
(1) $\forall\, i,\ A_i \neq \varnothing$;
(2) $\bigcup_{i \in I} A_i = A.$

换句话说, 集合 A 的每一点至少属于一个 A_i. 如果 $\mathcal{A} = \{A_i | i \in I\}$ 是集合 A 的覆盖, 并且集族 $\mathcal{B}$ 满足 $\mathcal{A} \dashv \mathcal{B}$, 则 $\mathcal{B}$ 也是集合 A 的覆盖. 同时 $\mathcal{A}$ 叫做 $\mathcal{B}$ 的子覆盖.

1.4 滤 子 基

定义 1.4.1 集族 $\mathcal{B} = \{B_i | i \in I\}$ 叫做滤子基, 如果
(1) 对任意的 $i \in I$, $B_i \neq \varnothing$;
(2) 对任意的 $i, j \in I$, 存在 $k \in I$, 使得 $B_k \subset B_i \bigcap B_j$.

注 滤子基的概念来自于数学家 H. Cartan(1937 年).

定义 1.4.2 集族 $\widetilde{\mathcal{B}} = \{\widetilde{B_i} | i \in J\}$ 叫做次滤子基, 如果它本身是一个滤子基, 并且 $\widetilde{\mathcal{B}} \vdash \mathcal{B}$, 即
$$\forall\, i,\ \exists\, j,\ \text{s.t.}\ \widetilde{B_j} \subset B_i.$$

例 1.4.1 记 $S_m = \{n | n \geqslant m,\ n, m \in \mathcal{N}\}$. 则集族 $\mathfrak{F} = \{S_m | m \in \mathcal{N}\}$ 是自然数集中的一个滤子基, 又叫 Fréchet 基. 滤子基 $\widetilde{\mathfrak{F}} = \{S_{2p} | p \in \mathcal{N}\}$ 是一个满足 $\widetilde{\mathfrak{F}} \vdash \mathfrak{F}$ 和 $\mathfrak{F} \vdash \widetilde{\mathfrak{F}}$ 的滤子基, 故 $\widetilde{\mathfrak{F}} \simeq \mathfrak{F}$.

定理 1.4.1 如果 $\mathcal{B} \simeq \mathcal{C}$, 并且集族 $\mathcal{B}$ 是滤子基, 那么 $\mathcal{C} = \{C_j | j \in J\}$ 也是一个滤子基.

证明 因为 $\mathcal{B} \vdash \mathcal{C}$, 则 $\mathcal{C} \neq \varnothing$; 并且对每一对指标 j, j', 都存在相应的一对指标 i, i' 满足
$$B_i \subset C_j,\quad B_{i'} \subset C_{j'}.$$

1.4 滤子基

在 $\mathcal{B}$ 中存在
$$B \subset B_i \bigcap B_{i'} \subset C_j \bigcap C_{j'}.$$
因为 $\mathcal{C} \vdash \mathcal{B}$, 于是存在 $C \in \mathcal{C}$, 使得 $C \subset B$. 因此 $C \subset C_j \bigcap C_{j'}$. 证毕.

定理 1.4.2 如果 $\mathcal{A} = \{A_i | i \in I\}$, $\mathcal{B} = \{B_j | j \in J\}$ 是两个滤子基, 则集族 $\mathcal{A} \bigcup \mathcal{B} = \{A_i \bigcup B_j | (i,j) \in I \times J\}$ 也是滤子基.

证明 显然 $A_i \bigcup B_j \neq \varnothing$. 令 $A_i \bigcup B_j, A_{i'} \bigcup B_{j'} \in \mathcal{A} \bigcup \mathcal{B}$; 因为 $\mathcal{A}, \mathcal{B}$ 是两个滤子基, 故存在 $A \subset A_i \bigcap A_{i'}$, $B \subset B_j \bigcap B_{j'}$. 因此
$$\begin{aligned}A \bigcup B &\subset (A_i \bigcap A_{i'}) \bigcup (B_j \bigcap B_{j'}) \\ &= (A_i \bigcup B_j) \bigcap (A_{i'} \bigcup B_{j'}) \bigcap (A_i \bigcup B_{j'}) \bigcap (A_{i'} \bigcup B_j) \\ &\subset (A_i \bigcup B_j) \bigcap (A_{i'} \bigcup B_{j'}).\end{aligned}$$

定理 1.4.3 如果 $\mathcal{A} = \{A_i | i \in I\}$, $\mathcal{B} = \{B_j | j \in J\}$ 是两个滤子基, 且对任意的 $i \in I, j \in J$ 都有 $A_i \bigcap B_j \neq \varnothing$. 则集族 $\mathcal{A} \bigcap \mathcal{B} = \{A_i \bigcap B_j | (i,j) \in I \times J\}$ 也是滤子基.

证明 令 $A_i \bigcap B_j, A_{i'} \bigcap B_{j'} \in \mathcal{A} \bigcap \mathcal{B}$. 因为 $\mathcal{A}, \mathcal{B}$ 是两个滤子基, 故存在 $A \subset A_i \bigcap A_{i'}$, $B \subset B_j \bigcap B_{j'}$. 因此
$$A \bigcap B \subset (A_i \bigcap A_{i'}) \bigcap (B_j \bigcap B_{j'}) = (A_i \bigcap B_j) \bigcap (A_{i'} \bigcap B_{j'}).$$

推论 1.4.1 如果 $\mathcal{B} = \{B_j | j \in J\}$ 是滤子基, 且对任意的 $j \in J$, 都有 $A \bigcap B_j \neq \varnothing$. 则集族 $\mathcal{C} = \{A \bigcap B_j | j \in J\}$ 是一个比 $\mathcal{B}$ 更细的滤子基.

定理 1.4.4 如果 $\mathcal{A} = \{A_i | i \in I\}$, $\mathcal{B} = \{B_j | j \in J\}$ 分别是集合 A 与 B 的两个滤子基, 则集族 $\mathcal{A} \times \mathcal{B} = \{A_i \times B_j | (i,j) \in I \times J\}$ 是集合 $A \times B$ 中的滤子基.

证明 显然 $A_i \times B_j \neq \varnothing$. 任意给定 $A_i \times B_j, A_{i'} \times B_{j'} \in \mathcal{A} \times \mathcal{B}$. 因为 $\mathcal{A}, \mathcal{B}$ 是两个滤子基, 故存在 $D \subset A_i \bigcap A_{i'}$, $E \subset B_j \bigcap B_{j'}$. 因此
$$D \times E \subset (A_i \bigcap A_{i'}) \times (B_j \bigcap B_{j'}) = (A_i \times B_j) \bigcap (A_{i'} \times B_{j'}).$$

令 $\mathcal{A} = \{A_i | i \in I\}$ 为任意集族, 集族 $\mathcal{A}$ 的过滤片 $\ddot{\mathcal{A}}$ 是指能与任何一个 A_i 都相交的所有集合组成的集族. 滤子基 $\mathcal{B}$ 的过滤片 $\ddot{\mathcal{B}}$ 具有许多有趣的性质; 特别地, $\mathcal{B} \subset \ddot{\mathcal{B}}$.

定理 1.4.5 如果 $\mathcal{B}$ 是一个滤子基, 则以下三条是等价的:
(1) 对任何集合 A, $\mathcal{B} \vdash A$ 或 $\mathcal{B} \vdash A'$;
(2) $\mathcal{B} \simeq \ddot{\mathcal{B}}$;
(3) 对每一个满足 $\tilde{\mathcal{B}} \vdash \mathcal{B}$ 的集族 $\tilde{\mathcal{B}}$, 总有 $\tilde{\mathcal{B}} \simeq \mathcal{B}$.
如果一个滤子基满足以上条件之一, 则称其为超滤子基.

证明 (1)⇒ (2). 因为 $\mathcal{B} \subset \breve{\mathcal{B}}$, 可得 $\breve{\mathcal{B}} \vdash \mathcal{B}$. 如果 $\mathcal{B}$ 不是部分包含在 $\breve{\mathcal{B}}$ 中, 那么必存在 $H \in \breve{\mathcal{B}}$, 使得 H 不包含任何一个 $B_i \in \mathcal{B}$, 因此由 (1) 可得 $\mathcal{B} \vdash H'$. 于是, 存在 $B \in \mathcal{B}$ 与 H 不交, 这与 $H \in \breve{\mathcal{B}}$ 矛盾.

(2)⇒ (3). 如果滤子基 $\widetilde{\mathcal{B}} = \{\widetilde{B_j}|j \in J\}$ 满足 $\widetilde{\mathcal{B}} \vdash \mathcal{B}$, 那么每一个 $\widetilde{B_j}$ 与每一个 B_i 都相交, 所以 $\widetilde{\mathcal{B}} \subset \breve{\mathcal{B}}$. 因为 $\mathcal{B} \subset \breve{\mathcal{B}}$, 所以有

$$\forall j, \exists i, \text{s.t.} \ B_i \subset \widetilde{B_j}.$$

因此 $\mathcal{B} \vdash \widetilde{\mathcal{B}}$, 故 $\mathcal{B} \simeq \widetilde{\mathcal{B}}$.

(3)⇒ (1). 如果 $\mathcal{B}$ 不是部分包含在 A 中, 那么对任意的 i, 都有

$$B_i \bigcap A' \neq \varnothing.$$

于是根据以上结论, 集族 $\mathcal{C} = \{B_i \bigcap A'|i \in I\}$ 是一个滤子基. 由于 $\mathcal{C} \vdash \mathcal{B}$, 再根据 (3), 得 $\mathcal{C} \simeq \mathcal{B}$, 从而 $\mathcal{B} \vdash \mathcal{C}$. 故

$$\forall i, \exists j, \text{s.t.} \ B_j \subset B_i \bigcap A'.$$

所以 $\mathcal{B} \vdash A'$.

例 1.4.2 令 X 是一个集合, $x_0 \in X$. 则所有包含 x_0 点的 X 的所有子集 $\mathcal{B}$ 是一个超滤子基, 这是因为

$$x_0 \in A \ \Rightarrow \ \mathcal{B} \vdash A;$$
$$x_0 \notin A \ \Rightarrow \ \mathcal{B} \vdash A'.$$

定理 1.4.6 如果 $\mathcal{B}$ 是一个滤子基, 则存在超滤子基 $\mathcal{B}_0$ 满足 $\mathcal{B}_0 \vdash \mathcal{B}$.

这个定理的证明需要用到序关系, 有兴趣的同学在学了序关系后可自证.

1.5 关 系

定义 1.5.1 由集合 A 到集合 B 的一个二元关系(简称关系) R 对于 $A \times B$ 中的每个有序偶 (a,b) 恰好赋予下列二命题之一:

(i) "a 和 b 是 R 相关的", 记为 aRb 或 $(a,b) \in R$;

(ii) "a 和 b 不是 R 相关的", 记为 $a\cancel{R}b$ 或 $(a,b) \notin R$.

显然, 由 A 到 B 的一个关系 R 是 $A \times B$ 的一个子集, 即 $R \subset A \times B$. 特别地, 由集合 A 到自身的关系称为 A 中的关系.

定义 1.5.2 设 R 是由 A 到 B 的一个关系, 定义

$$R \text{ 的定义域} = \{a|(a,b) \in R\};$$
$$R \text{ 的值域} = \{b|(a,b) \in R\}.$$

1.5 关系

如果 R 是由 A 到 B 的一个关系, 定义集合 R^{-1} 为

$$R^{-1} = \{(b,a)|(a,b) \in R\}.$$

我们称 R^{-1} 是关系 R 的逆, 它是由 B 到 A 的一个关系, 即 $R^{-1} \subset B \times A$. 也就是说, R^{-1} 可以由 R 中的有序偶经过交换得到.

我们日常生活中提到的关系与本书中的关系概念基本上是一致的, 如父子关系、子父关系、夫妻关系、朋友关系、恋人关系及敌我关系等都是. 子父关系就是父子关系的逆关系.

例 1.5.1 取例 1.2.2 中的集合 $A = \{1,2\}, B = \{x,y,z\}$, 则集合

$$R = \{(1,x),(2,x),(2,y)\}$$

就是从 A 到 B 的一个关系, 其定义域是 $\{1,2\}$, 值域是 $\{x,y\}$. 它的逆关系为

$$R^{-1} = \{(x,1),(x,2),(y,2)\}.$$

定义 1.5.3 设 R 是由 X 到 Y 的一个关系; T 是由 Y 到 Z 的一个关系, 即 $R \subset X \times Y, T \subset Y \times Z$. 则由此可得一个由 X 到 Z 的关系如下: 它由 $X \times Z$ 中具有性质 "存在 $y \in Y$, 满足 $(x,y) \in R$ 和 $(y,z) \in T$" 的一切有序偶 (x,z) 所构成这个关系记作 $T \cdot R$, 叫做关系 R 和 T 的复合, 如图 1.5 所示. 显然 $T \cdot R \subset X \times Z$.

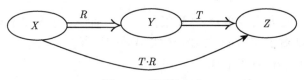

图 1.5 关系的复合

例 1.5.2 (1) 设 $X = \{1,2,3,4\}, Y = \{5,6,7\}, Z = \{a,b,c,d,e\}$, 如果

$$R = \{(1,5),(1,6),(2,7),(3,6)\}, \quad T = \{(5,a),(5,c),(5,d),(6,e),(6,b)\},$$

则

$$T \cdot R = \{(1,a),(1,c),(1,d),(1,e),(1,b),(3,e),(3,b)\}.$$

分析如下.

元素 $(1,a) \in T \cdot R$, 这是因为存在 $5 \in Y$, 满足 $(1,5) \in R$ 和 $(5,a) \in T$. 类似地, 其他的也是如此. 实际上, 在关系的复合中, 中间的集合 Y 是一个过渡集, 其作用是一座桥梁, 也像是一个媒人 (在男女婚姻关系建立的过程里). 各国的外交部也是一个类似的集合 Y.

(2) 设 $A = \{1,2,3,4\}$, $B = \{a,b,c,d\}$, $C = \{5,6,7,8\}$, 如果 $U \subset A \times B$ 是 A 到 B 的关系, $V \subset B \times C$ 是 B 到 C 的关系, 它们的具体对应法则如图 1.6 所示.

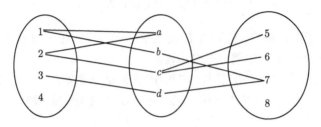

图 1.6 关系的复合

则它们的复合 $V \cdot U = \{(1,7), (2,5), (2,6), (3,7)\}$.

例 1.5.3 设 S, T 是实数集上的两个关系,
$$S = \{(x,y) | x^2 - y = 1\}, \quad T = \{(y,z) | 2y + 5z = 6\},$$
则
$$T \cdot S = \{(x,z) | 2x^2 + 5z - 8 = 0\}.$$

如果 R 是从集合 X 到集合 Y 的一个关系, $A \subset X$, 定义
$$R(A) = \{b | b \in Y, \text{存在 } a \in X, \text{使得 } (a,b) \in R\}.$$

定理 1.5.1 设 R 是从集合 X 到集合 Y 的一个关系, S 是从集合 Y 到集合 Z 的一个关系. 则对于 X 的任意两个子集 A 和 B, 有

(1) $R(A \bigcup B) = R(A) \bigcup R(B)$;

(2) $R(A \bigcap B) = R(A) \bigcap R(B)$;

(3) $(SR)(A) = S(R(A))$.

证明是直接的, 留作习题.

对于已知集合 A, A 中的恒同关系, 记为 Δ, 是指由 A 中两个坐标相同的那些有序偶所构成的集合, 即
$$\Delta = \{(a,a) | a \in A\}.$$

恒同关系也称为对角线关系.

定义 1.5.4 集合 A 中的一个关系 R (也就是 $A \times A$ 的一个子集) 称为等价关系, 若它满足以下三个条件:

(1) 自反性: 对任意的 $a \in A$, 有 $(a,a) \in R$, 即 $\Delta \subset R$;

(2) 对称性: 若 $(a,b) \in R$, 则 $(b,a) \in R$, 即 $R^{-1} = R$;

(3) 传递性: 若 $(a,b) \in R, (b,c) \in R$, 则 $(a,c) \in R$, 即 $R \cdot R = R$.

在集合 X 中给定等价关系 R, 集合

$$S_a = \{x | x \in X, (x,a) \in R\}$$

叫等价类. 等价关系常记作 $\sim$.

定理 1.5.2 集合 X 的等价类是它的一个分割.

证明 令 S_a, S_b 为集合 X 中按等价关系 R 的等价类, 那么

(1) $S_a \neq \varnothing$, 因为 aRa;

(2) $S_a \neq S_b \Rightarrow S_a \cap S_b = \varnothing$. 这是因为如果 $S_a \cap S_b \neq \varnothing$, 则存在 $c \in S_a \cap S_b$. 于是

$$x \in S_a \Leftrightarrow xRa \Leftrightarrow xRc \Leftrightarrow xRb \Leftrightarrow x \in S_b.$$

因此 $S_a = S_b$.

(3) 明显地, $X = \bigcup_{a \in X} S_a$.

注 1.5.1 这个定理告诉我们集合 X 中的每个等价关系决定它的一个分割. 反过来, 每个分割 $\{A_i | i \in I\}$ 也定义了一个等价类. 这是因为如果关系 $a \sim b$ 定义为 a, b 属于同一个 A_i. 则 $\sim$ 满足自反性、对称性和传递性, 所以这是一个等价关系, 因此每个分割 $\{A_i | i \in I\}$ 也定义了一个等价类.

我们在前面讲过描述指定集合的一些可行的方法:

(1) 列出它的元素以定义集合, 或者取一个给定的集合 A, 然后按照元素是否满足某给定的性质而确定它的一个子集 B;

(2) 取给定集族的并与交, 以及两个集合的差;

(3) 取给定集合的所有子集的集合;

(4) 取集合的笛卡儿积.

下面我们给出一种断定集合存在性的新方法. 为此要在组成集合的所有允许的方法中加入下述的公理.

选择公理 对于两两不交的非空集族 $\mathcal{A}$, 存在一个集合 C 与 $\mathcal{A}$ 的每个元素恰好有一个公共元素, 即对每个 $A \in \mathcal{A}$, 集合 $A \cap C$ 是单点集.

选择公理断言存在这样的集合, 可以将其设想成从 $\mathcal{A}$ 的每个集合 A 中选取一个元素而得到的.

1.6 映 射

映射是数学的基本概念之一, 它是函数概念的推广, 在数学及相关的科学领域中经常等同于函数. 不同的一点是映射可以针对任意集合, 而函数只针对数集. 映射描述了两个集合元素之间一种特殊的对应法则, 是特殊的关系. 在形式逻辑中, 这

个术语有时用来表示函数谓词 (functional predicate), 在那里函数是集合论中谓词的模型.

映射是近现代数学科学中的一个极其重要的概念, 其思想早在整个中小学数学教材中就有所体现. 实际上, 在高中提出映射的概念, 其目的并不仅仅是为了加深对函数概念的理解, 更重要的是为了揭示一些代表不同概念的集合之间的内在联系, 以加深对它们的认识, 例如, 数轴上的点与某个实数, 平面上的图形与面积, 某种排列问题中的排列的集合与其排列数, 某种随机事件的集合与其发生的概率等, 在它们之间实际上体现的是一种映射关系. 于是在映射的观点之下, 一些看上去很不相同的研究对象之间的联系被揭示了出来.

定义 1.6.1 设 A, B 是两个非空的集合, 如果按照某一个确定的对应法则 f, 使对于集合 A 中的任意一个元素 a, 在集合 B 中都有唯一确定的元素 b 与之对应, 那么就称对应 $f: A \to B$ 为从集合 A 到集合 B 的一个映射. 这时 b 可记作 $b = f(a)$, 集合 A 叫做 f 的定义域, 集合 $f(A) = \{f(a)|a \in A\}$ 叫做 f 的值域. 显然, 每一个映射 $f: A \to B$ 对应着 $A \times B$ 中的一个关系 $\{(a, f(a))|a \in A\}$. 我们称这个集合为 f 的图像. 一般地, 当 A, B 是数集时, 映射也称为函数.

映射的成立条件简单的表述就是下面的两条:

(1) 遍历性: A 中的每个元素都有像;

(2) 唯一性: A 中一个元素只能有一个像.

按照映射的定义, 下面的对应法则都是集合 A 到集合 B 的映射:

(1) 设 $A = \{1, 2, 3\}, B = \{3, 5, 7, 9\}$, 集合 A 中的元素 x 按照对应法则 "乘 2 加 3" 和集合 B 中的元素 $2x + 3$ 对应;

(2) 设 A 是自然数集, $B = \{0, 1\}$, 集合 A 中的元素 x 按照对应法则 "x 除以 2 得的余数" 和集合 B 中的元素对应;

(3) 设 A 是多边形的集合, B 是正数集, 集合 A 中的元素按照对应法则 "计算面积" 和集合 B 中的元素对应;

(4) 设 A 是实数集合, B 是直线集, 按照建立数轴的方法, A 中的数 x 与 B 中的点对应;

(5) 设 A 是儿子的集合, B 是父亲的集合, 子父这个对应法则是映射, 反之则不成立, 因为一个男人可能有多个儿子.

设已知两个映射 $f: A \to B$ 与 $g: A \to B$, 若对于每个 $a \in A$, 都有 $f(a) = g(a)$, 则称它们相等. 显然, 映射 $f \neq g$ 的充要条件是, 存在某个 $a \in A$, 使得 $f(a) \neq g(a)$.

$A \times B$ 的一个子集, 亦即由 A 到 B 的一个关系 f 是一个映射的充要条件是它具有以下性质: 对于每个 $a \in A$, 在 f 中有且只有一个有序偶 $(a, b) \in f$, 它的第一个坐标就是 a.

1.6 映射

若映射 $f: A \to B$ 与 $g: B \to C$, 那么就有一个由 A 到 C 的映射, 它把元素 $a \in A$ 映射为 C 的元素 $g(f(a))$. 它称为 f 与 g 的复合, 记为 $g \circ f$. 因此, 按定义有

$$(g \circ f)(a) = g(f(a)).$$

注 1.6.1 若把 $f \subset A \times B$ 与 $g \subset B \times C$ 看作两个关系, 则在 1.5 节中就有过积 $f \cdot g$ 的定义. 它们在下述的意义下是一致的, 即当 f 与 g 是映射时, 则 $g \circ f$ 也是一个映射, 而且有 $g \circ f = g \cdot f$.

对于 x 中的子集 A, 考虑 A 上的特征函数 (或示性函数)

$$\mathcal{X}_A(x) = \begin{cases} 1, & x \in A, \\ 0, & x \notin A. \end{cases}$$

特征函数是 2^X 到 $\{0,1\}$ 上的一个映射, 我们可以通过对特征函数的研究来了解集合本身. 例如

$$A \subset B \iff \mathcal{X}_A(x) \leqslant \mathcal{X}_B(x), \quad A \bigcap B = \varnothing \iff \mathcal{X}_A(x) \mathcal{X}_B(x) = 0.$$

设 $f: A \to B$, 且 $C \subset A$, f 在 C 上的限制, 记为 $f|_C$, 是指一个由 C 到 B 的映射, 其定义如下: 对任何 $x \in C$ 有

$$f|_C(x) = f(x).$$

另一方面, 若 $A \subset X$, 并且映射 $f: A \to B$ 是某个映射 $g: X \to B$ 在 A 上的一个限制, 则称 g 是 f 的扩张.

定义 1.6.2 映射 $f: A \to B$ 叫单射或一一对应的, 是指 A 中不同的元素在 B 中有不同的像. 映射 $f: A \to B$ 叫满射或到上的, 如果 B 中每个元素在 A 中都有原像. 如果映射 $f: A \to B$ 既是单射又是满射, 则称它是一一对应的.

一般说, 一个映射 $f: A \to B$ 的逆关系 f^{-1} 一般不再是一个映射, 如子父映射的逆关系父子关系就不再是映射. 这是因为映射定义中的不对等要求 (只要求像的唯一性, 而对原像没有要求) 造成的. 但若 f 既是一一的又是到上的, 则 f^{-1} 也是一个映射, 它是由 B 到 A 的, 这个映射称为 f 的逆映射.

恒同关系 $\Delta \subset X \times X$ 是一个映射, 这个映射称为 X 上的恒等映射, 也记为 1_X 或 I. 因此, 对于每个 $x \in X$, 都有 $1_X(x) = x$. 显然, 若映射 $f: A \to B$, 则

$$1_B \circ f = f = f \circ 1_A.$$

定理 1.6.1 已知 X 和 Y 是两个集合. 设 $f: X \to Y$. 如果 f 是一个一一对应的, 则 $f^{-1}: Y \to X$ 也是一个一一对应的, 并且

$$f^{-1} \circ f = 1_A, \quad f \circ f^{-1} = 1_B.$$

证明 首先证明 f^{-1} 是映射. 由于 f 是满射, 所以对任意的 $y \in Y = f(X)$, 都存在 $x \in X$, 使得 $y = f(x)$, 因此 $(x,y) \in f \Longrightarrow (y,x) \in f^{-1}$. 遍历性得证. 另外, 如果有 $x_1, x_2 \in X$, 使得 $(y, x_1), (y, x_2) \in f^{-1}$, 即 $y = f(x_1), y = f(x_2)$, 所以 $f(x_1) = f(x_2)$. 又因为 f 是单射, 所以 $x_1 = x_2$. 唯一性得证. 因此 f^{-1} 是映射.

f^{-1} 是满射, 因为对任意的 $x \in X$, 记 $y = f(x)$, 则 $x = f^{-1}(y)$.

f^{-1} 是单射, 因为如果有 $y_1, y_2 \in Y$ 使得 $f^{-1}(y_1) = f^{-1}(y_2) = x \in X$, 则 $y_1 = f(x) = y_2$.

$f^{-1} \circ f = 1_A$ 是因为 $x \to y (= f(x)) \to x$; 而 $f \circ f^{-1} = 1_B$ 是因为 $y \to x (= f^{-1}(y)) \to y$.

定理 1.6.2 已知 X, Y 和 Z 都是集合, $f: X \to Y$, $g: Y \to Z$. 如果 f 和 g 都是单射, 则 $g \circ f: X \to Z$ 也是单射; 如果 f 和 g 都是满射, 则 $g \circ f: X \to Z$ 也是满射. 因此有, 如果 f 和 g 都是一一对应的, 那么 $g \circ f$ 也是一一对应的.

证明 对任意的 $z_1 = z_2 \in Z$, 由于 g 是单射, 所以 $g^{-1}(z_1) = g^{-1}(z_2)$. 又因为 f 是单射, 所以 $f^{-1}(g^{-1}(z_1)) = f^{-1}(g^{-1}(z_2))$, 即 $(g \circ f)^{-1}(z_1) = (g \circ f)^{-1}(z_2)$, 因此 $g \circ f: X \to Z$ 也是单射; 如果 f 和 g 都是满射, 则有 $Y = f(X), Z = g(Y)$, 所以 $Z = g(f(X))$, 即 $Z = (g \circ f)(X)$, 所以 $g \circ f: X \to Z$ 也是满射. 因此有, 如果 f 和 g 都是一一对应, 那么 $g \circ f$ 也是一一对应.

已知映射 $f: X \to Y$, 则 X 的任何子集 A 的像 $f(A)$, 是指由 A 中所有点的像所构成的集合; 而 Y 的子集 B 的逆像 $f^{-1}(B)$ 是指 X 中这样的点所构成的集合, 这些点的像包含在 B 中, 就是说

$$f(A) = \{f(a) | a \in A\}, \quad f^{-1}(B) = \{a | a \in A, \ f(a) \in B\}.$$

例 1.6.1 设映射 $f: \mathbf{R} \to \mathbf{R}$, 满足 $f(x) = x^2 - 1$, 则

$f(\{1, 3, 6\}) = \{0, 8, 35\}$;

$f([1, 3]) = [0, 8]$;

$f^{-1}(\{-1, 0, 3, 15\}) = \{-4, -2, -1, 1, 0, 2, 4\}$;

$f^{-1}([0, 8]) = [1, 3] \bigcup [-1, -3]$.

从例 1.6.1 可以看出, 由映射 $f: X \to Y$ 产生了一个由 X 的幂集 $\mathcal{P}(X)$ 到 Y 的幂集 $\mathcal{P}(Y)$ 内的映射 f. 同时由映射 $f: X \to Y$ 也产生了一个由幂集 $\mathcal{P}(Y)$ 到幂集 $\mathcal{P}(X)$ 的映射 f^{-1}. 这两个衍生出来的映射是把集族映射到集族, 所以称为集映射. 当 Y 是实数集时, 集映射也称集函数.

注 1.6.2 一般地, 集映射 f^{-1} 不是集函数 f 的逆. 例如, 在例 1.6.1 中

$$(f^{-1} \circ f)([1, 3]) = f^{-1}([0, 8]) = [1, 3] \bigcup [-1, -3].$$

相应的集映射有以下一些重要性质.

定理 1.6.3 设映射 $f: X \to Y$. 则对任意的 $A, B \in X$, 有
(1) $f(A \cup B) = f(A) \cup f(B)$;
(2) $f(A \cap B) \subset f(A) \cap f(B)$;
(3) $f(A - B) \supset f(A) - f(B)$;
(4) 若 $A \subset B$, 则 $f(A) \subset f(B)$.

一般地, 对于 X 的任意指标集族 $\{A_\gamma : \gamma \in \Gamma\}$, 总有
(5) $f(\bigcup_{\gamma \in \Gamma} A_\gamma) = \bigcup_{\gamma \in \Gamma} f(A_\gamma)$;
(6) $f(\bigcap_{\gamma \in \Gamma} A_\gamma) \subset \bigcap_{\gamma \in \Gamma} f(A_\gamma)$.

下面的例子说明上面的包含关系一般不能改写成等号.

例 1.6.2 考虑 $\mathbf{R}^2$ 的子集 $A = [0,1] \times [0,1]$, $B = [0,1] \times [2,3]$, 以及在 x 轴上的投影 $p: \mathbf{R}^2 \to \mathbf{R}$.

因为 $p(A) = [0,1] = p(B)$, $A - B = \varnothing \Rightarrow p(A-B) = \varnothing$, 所以有

$$p(A) \cap p(B) = [0,1] \neq \varnothing = p(A-B),$$

此外由于 $A - B = A$, 故有

$$p(A-B) = p(A) = [0,1] \neq \varnothing = p(A) - p(B).$$

但是逆集映射 f^{-1} 的性质却较好, 上面定理中的 (2), (3), (6) 在下面的定理中等号是成立的.

定理 1.6.4 设映射 $f: X \to Y$. 则对任意的 $A, B \in Y$ 有
(1) $f^{-1}(A \cup B) = f^{-1}(A) \cup f^{-1}(B)$;
(2) $f^{-1}(A \cap B) = f^{-1}(A) \cap f^{-1}(B)$;
(3) $f^{-1}(A - B) = f^{-1}(A) - f^{-1}(B)$;
(4) 若 $A \subset B$, 则 $f^{-1}(A) \subset f^{-1}(B)$.

一般地, 对于 Y 的任意指标集族 $\{A_\gamma : \gamma \in \Gamma\}$, 总有
(5) $f^{-1}(\bigcup_{\gamma \in \Gamma} A_\gamma) = \bigcup_{\gamma \in \Gamma} f^{-1}(A_\gamma)$;
(6) $f^{-1}(\bigcap_{\gamma \in \Gamma} A_\gamma) = \bigcap_{\gamma \in \Gamma} f^{-1}(A_\gamma)$.

由于 $f^{-1}(Y) = X$, 所以有

$$f^{-1}(A') = (f^{-1}(A))'.$$

下面的结论说明了两个相应集映射之间的重要联系.

定理 1.6.5 已知 $f: X \to Y$, $A \subset X$, $B \subset Y$, 则
(1) $A \subset f^{-1} \circ f(A)$;

(2) $B \supset f \circ f^{-1}(B)$.

证明 (1) $\forall\, x \in A \Rightarrow f(x) \in f(A) \Leftrightarrow x \in f^{-1} \circ f(A)$;

(2) $\forall\, y \in f \circ f^{-1}(B) \Rightarrow y \in f(\{x|f(x) \in B\}) \Leftrightarrow y \in \{f(x)|f(x) \in B\} \Rightarrow y \in B$.

1.7 单值与多值映射

令 X 和 Y 是两个集合, 如果对任意的 $x \in X$, 都存在唯一的 Y 的子集 $\Gamma(x)$ 与之对应, 则称 $\Gamma : x \to \Gamma(x)$ 是从 X 到 Y 的多值映射; 特别地, 当任意的 $\Gamma(x)$ 都是单点集时, 称为单值映射, 简称映射 (容易看到等同于前面的映射). 集合 $\Gamma(x)$ 叫映射 Γ 在 x 点的像集. 在没有意思混淆的前提下, 映射 Γ 在 x 点的像集也写作 Γx. 集合 $X^* = \{x | x \in X, \Gamma(x) \neq \varnothing\}$ 叫映射 Γ 的定义域. 集合 $Y^* = \bigcup_{x \in X} \Gamma(x)$ 叫映射 Γ 的值域.

如果 Γ 是从 X 到 Y 的映射, $A \subset X$, 记

$$\Gamma A = \bigcup_{x \in A} \Gamma(x).$$

如果 $A = \varnothing$, 令 $\Gamma \varnothing = \varnothing$. 集合 ΓA 叫做 A 在 Γ 下的像; 如果将 $\Gamma(x)$ 看作光源 x 在屏幕上的投影, 则 $\Gamma(A)$ 看作光源集 A 在屏幕上的投影. 如果 Γ 是从 X 到 Y 的多值映射, 它的逆 Γ^- 是 Y 到 X 的一个多值映射, 其定义为

$$\Gamma^-(y) = \{x | x \in X, y \in \Gamma(x)\}.$$

如果 $\mathcal{A} = \{A_i | i \in I\}$, 记

$$\Gamma \mathcal{A} = \{\Gamma A_i | i \in I\}.$$

并称 $\Gamma \mathcal{A}$ 是集族 $\mathcal{A}$ 在 Γ 下的像.

Γ 的传递闭包 $\widehat{\Gamma}$ 指的是一个从 X 到 X 的映射且满足

$$\widehat{\Gamma}(x) = \{x\} \bigcup \Gamma(x) \bigcup \Gamma^2(x) \bigcup \cdots.$$

序对 (X, Γ) (Γ 是 X 到自身的映射) 叫做图. 如果 X 的两个元素 x_1 和 x_2 满足 $x_2 \in \Gamma(x_1)$, 则称 x_1 通过关系 Γ 和 x_2 相连, 常用连接 x_1 和 x_2 的有向线段来表示.

如果存在 $x \in X$ 使得 $x \in \Gamma\widehat{\Gamma}(x)$, 则称图 (X, Γ) 是循环的; 如果 Γ 是单射, 则称图 (X, Γ) 是树(图 1.7). 一个路径就是满足 $x_i \in \Gamma(x_{i-1})(i = \{2, 3, \cdots\})$ 的点的序列 $x_1, x_2, \cdots$, 一个链就是满足 $x_i \in \Gamma(x_{i-1}) \bigcup \Gamma^{-1}(x_{i-1})(i = \{2, 3, \cdots\})$ 的点的序列 $x_1, x_2, \cdots$, 对路径和链的研究构成了图论.

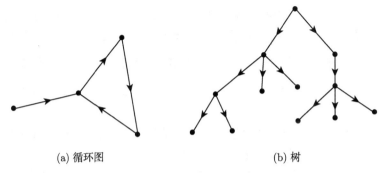

(a) 循环图   (b) 树

图 1.7 循环图和树

1.8 等价集与基数

下面我们来考虑集合元素个数"多少"的问题. 这个问题对于有限集来说, 仅是数一数的问题; 而对于无限集, 我们该怎么办呢？康托尔最先考虑了这个问题.

康托尔的答案是所谓一一对应, 即把两个集合的元素一对一地排起来 —— 若能做到, 两个集合自然有相同数目的元素, 他称它们的基数相同. 这一点容易理解但也是革命性的, 因为用相同的方法即可比较任意集合, 包括无穷集合的大小; 同时还是颠覆性的, 因为由此甚至可以得出有理数集合和自然数集合一样大小 (具有相同的基数). 由于他的理论超越直观, 所以曾受到当时一些大数学家的反对. 而现在它已渗透到了各个数学分支, 成为了分析理论、测度论、拓扑学及数理科学中必不可少的工具. 二十世纪初, 大数学家希尔伯特在德国传播了康托尔的思想, 把他称为 "数学家的乐园" 和 "数学思想最惊人的产物". 英国哲学家罗素把康托尔的工作誉为 "这个时代所能夸耀的最巨大的工作". 康托尔本人, 则凭借古代与中世纪哲学著作中关于无限的思想而导出了关于数的本质的新的思想模式, 建立了处理数学中的无限的基本技巧, 极大地推动了分析与逻辑的发展, 而成为了一个伟大的数学家.

定义 1.8.1 如果两个已知集合 X, Y 之间存在既单又满的映射 $f: X \to Y$, 则称集合 A 等价于集合 B, 并记为 $A \sim B$, 即在集合 A 与集合 B 之间建立了一个一一对应关系.

若 A 等价于 B 的一个子集, 则记为 $A \preccurlyeq B$, 即

$$A \preccurlyeq B \Longleftrightarrow 存在 M \subset B, 使得 A \sim M.$$

若 $A \preccurlyeq B$, 但 $A \not\sim B$ (A 不等价于 B), 这时可记作 $A \prec B$.

定义 1.8.2 一个集合若为空集或与集合 $\{1, 2, \cdots, n\}$(这里 n 是某个正整数)

等价, 则称它是有限集; 否则称为无限集. 显然两个有限集等价的充要条件是它们含有相同个数的元素. 所以对有限集来说, 等价的含义相当于含有相同的元素个数.

例 1.8.1 由映射 $f(x) = \dfrac{x}{1-|x|}$ 所定义的函数 $f: (-1,1) \to \mathbf{R}$ 是一个一一对应, 所以 $(-1,1)$ 等价于 $\mathbf{R}$. 在一一对应关系 $x \to \tan(\pi x/2)$ 下, 也有 $(-1,1)$ 等价于 $\mathbf{R}$.

注意: 无限集可以等价于它自己的一个真子集, 这个性质对任何无限集合都成立. 因为一一对应的逆和复合仍然是一一对应, 所以有

命题 1.8.1 在任何集族中由 $A \sim B$ 定义的关系是一种等价关系.

定义 1.8.3 设 $\mathbf{N}$ 表示正整数集 $\{1,2,3,\cdots\}$. 一个集合, 若与 $\mathbf{N}$ 等价, 即它们之间可建立一一对应, 则称它为一个可列集(denumerable set), 并说它具有基数(cardinality) $\aleph_0$. 有限集与可列集统称为可数集. 不是可数集的集合称为不可数集.

例 1.8.2 考虑无限序列: $a_1, a_2, a_3, \cdots$. 若它的项各不相同, 则它是一个可列集. 序列的实质就是以 $\mathbf{N}$ 为定义域的函数 $f(n) = a_n$. 则当 a_n 两两不同时, f 是一个一一对应, 因此这序列是可列的. 由此可知下列集合都是可列集:

$$\left\{1, \frac{1}{2}, \cdots, \frac{1}{n}, \cdots\right\};$$
$$\{1, -1, 2, -2, \cdots\};$$
$$\{-1, -2, -3, \cdots\}.$$

定理 1.8.1 每个无限集 X 都含有一个可列子集.

证明 令 $f: \mathcal{P}(X) \to X$ 为一个选择函数, 即对任意的 $A \subset X$, 都有 $f(A) \in A$(选择公理保证了这个函数的存在性). 考虑如下序列:

$$a_1 = f(X);$$
$$a_2 = f(X - \{a_1\});$$
$$\cdots\cdots$$
$$a_n = f(X - \{a_1, a_2, \cdots, a_{n-1}\});$$
$$\cdots\cdots$$

因为 X 是无限集, 故 $X - \{a_1, a_2, \cdots, a_n\}$ 对任何 n 而言均是非空集. 此外, 因 f 是选择函数, 故当 $i < n$ 时,

$$a_i \neq a_n.$$

也就是说 a_i 是两两不同的, 所以 $\{a_1, a_2, \cdots, a_n\}$ 是无限集 X 中的一个可列子集.

定理 1.8.2　可数集的每个子集都是可数的.

定理 1.8.3　可数个可数集的并也是可数集.

不是任何无限集都可列; 事实上, 一个特殊且极重要的例子就是下面的定理.

定理 1.8.4　单位区间 $[0,1]$ 是不可数集.

证明　假设 $[0,1]$ 是可列的, 即假设 $[0,1]$ 的所有元素可以写成一个序列:

$$\{x_1, x_2, \cdots, x_n, \cdots\}.$$

现构造一个闭区间列如下: 将闭区间 $[0,1]$ 三等分

$$\left[0, \frac{1}{3}\right], \quad \left[\frac{1}{3}, \frac{2}{3}\right], \quad \left[\frac{2}{3}, 1\right].$$

则 x_1 不可能同时属于这三个闭区间, 不妨设 $J_1 = [a_1, b_1]$ 是满足 $x_1 \notin [a_1, b_1]$ 的一个区间. 接下来再考虑 $[a_1, b_1]$ 的三等分区间

$$\left[a_1, a_1 + \frac{1}{9}\right], \quad \left[a_1 + \frac{1}{9}, a_1 + \frac{2}{9}\right], \quad \left[a_1 + \frac{2}{9}, b_1\right].$$

与前面类似, 设 $J_2 = [a_2, b_2]$ 是满足 $x_2 \notin [a_2, b_2]$ 的一个区间.

归纳地可以得到一个闭区间列

$$J_1 \supset J_2 \supset \cdots \supset J_n \supset \cdots$$

使得对所有的 $n \in \mathbf{N}$, 都有 $x_n \notin J_n$. 由实数的区间套性质, 存在 $y \in [0,1]$, 使得 y 属于每一个 J_n. 但是

$$y \in [0,1] = \{x_1, x_2, \cdots, x_n, \cdots\} \Longrightarrow y = x_{n_0}$$

对某一个 $n_0 \in \mathbf{N}$ 成立. 而由上面的构造法可知 $y = x_{n_0} \notin J_{n_0}$, 这与 y 属于每一个 J_n 相矛盾. 所以 $[0,1]$ 是不可列的.

基数 (或势) 的概念

定义 1.8.4　如果两个集合 A, B 是等价的, 即 $A \sim B$, 则称它们具有相同的势或基数. 若用 $\sharp(A)$ 表示 A 的势, 则有

$$\sharp(A) = \sharp(B) \Longleftrightarrow A \sim B;$$

$$\sharp(A) < \sharp(B) \Longleftrightarrow A \prec B;$$

$$\sharp(A) \leqslant \sharp(B) \Longleftrightarrow A \preccurlyeq B.$$

利用基数的概念, 著名的 Cantor-Bernstein 定理如下所述.

Cantor(Cantor, 1845—1918)-Bernstein 定理 若 $\sharp(A) \leqslant \sharp(B)$, 同时 $\sharp(B) \leqslant \sharp(A)$, 则
$$\sharp(A) = \sharp(B).$$

和单位区间 $[0,1]$ 等价的集合称为具有连续统的势, 或称为具有基数 C. 在习题 C 的第 15 题和例 1.8.1 中, 我们可看到任何开的或闭的区间都具有基数 C. 由于开区间 $(-1,1)$ 等价于 $\mathbf{R}$, 因此有如下结论.

定理 1.8.5 实数集具有基数 C.

接下来, 人们自然要问: 除了 $\aleph_0$ 与 C 外, 是否还有其他的无限基数? 答案是: "有的." 下面的 Cantor 定理就说明了这一点.

定理 1.8.6 对于任何集合 A, 其幂集 $\mathcal{P}(A)$ 比 A 具有更大的势.

例 1.8.3 由于自然数集是实数集的子集, 所以 $\mathbf{N} \preccurlyeq \mathbf{R}$. 从上面我们知道自然数集是可列集, 而实数集是不可列的, 所以 $\mathbf{N} \not\sim \mathbf{R}$. 因此 $\mathbf{N} \prec \mathbf{R}$.

任给两个集合 A, B, 则下列情况之一必然成立:

(1) $A \sim B$;

(2) $A \prec B$, 或 $B \prec A$;

(3) $A \preccurlyeq B$, 并且 $B \preccurlyeq A$;

(4) $A \not\sim B$, $A \not\prec B$ 和 $B \not\prec A$ 不能同时成立.

著名的 Cantor-Bernstein 定理指出 (1), (3) 情况是等价的. 另外 (4) 说明 $A \sim B$, $A \prec B$ 和 $B \prec A$ 必有其一成立.

空集的基数习惯上记为 0, 其他含有有限个元素的集合, 具有有限基数, 也就是其元素的个数; 自然数集的基数为 $\aleph_0$ 或 ω, 实数集的基数是 C. 关于基数我们就有

$$0 < 1 < 2 < \cdots < \aleph_0 < C.$$

自然会问: 有没有这样的集合存在, 它的势介于 $\aleph_0$ 与 C? 对这个问题的答案, 有着这样的猜测: 不存在. 这就是所谓的 "连续统" 假设 (continuum hypothesis).

连续统假设 不存在任何一个基数 α 使得 $\aleph_0 < \alpha < C$.

这个问题又被称为 Hilbert 第一问题, 它是在 1900 年的第二届国际数学家大会上被 Hilbert 列入二十世纪有待解决的 23 个重要数学问题之首. 1938 年哥德尔证明了连续统假设和世界公认的集合论公理(ZFC 公理) 系统不矛盾. 1963 年美国数学家科亨证明连续假设和 ZFC 公理系统是彼此独立的. 因此, 连续统假设不能在 ZFC 公理系统内证明其正确性与否. 就像关于平行线的欧氏第五公设和几何的其他公理是互相独立的情况相类似. 在应用时, 可以假定连续统假设成立, 也可以假定连续统假设不成立. 于是二十世纪的数学可以这样描述, 康托尔问: 有没有基数 α 使得 $\aleph_0 < \alpha < C$? 哥德尔和科亨一起回答: 不知道. 不知道就是这个问题的答案! 连续统假设问题出人意料的解答, 是目前数学中最为深刻的结果之一.

定义 1.8.5 关系 $L \subset A \times A$ 叫做预备序, 如果它满足

(1) aLa, 即 $\Delta \subset L$;

(2) $aLb, bLc \Rightarrow aLc$, 即 $L \cdot L = L$.

预备序 L 常记作 $\leqslant$. $a \leqslant b$ 也写作 $b \geqslant a$. 如果 $a \leqslant b$, 有下面定义.

定义 1.8.6 集合 X 中的一个关系 $\preccurlyeq$, 如果满足以下条件: 对任意的 $a, b, c \in X$, 总有

(1) 自反性: $a \preccurlyeq a$;

(2) 耦合性: 若 $a \preccurlyeq b$, 并且 $b \preccurlyeq a$, 则 $a = b$;

(3) 传递性: 若 $a \preccurlyeq b$, 并且 $b \preccurlyeq c$, 则 $a \preccurlyeq c$,

则称为集合 X 上的一个偏序. 集合 X 及其偏序, 即 $(X, \preccurlyeq)$, 称为一个偏序集. 如果一个偏序集中的任何两个元素都具有偏序关系, 则称它是全序集.

实数集合及其小于等于关系 $\leqslant$ 就是一个偏序集, 同时也是全序集; 任意集族及其集合的包含关系也构成一个偏序集, 但它不是全序集, 因为集族中的两个集合未必存在包含与被包含关系.

实际上, 满足条件 $a \leqslant b, b \leqslant a \Longrightarrow a = b$ 的预备序就是偏序.

若 $a \preccurlyeq b$, 但 $a \neq b$, 则记作 $a \prec b$, 并称为严格偏序. 显然 $\prec$ 不是偏序, 因为自反性和对称性不满足.

例 1.8.4 设 A, B 皆为全序集, 则积集 $A \times B$ 也是全序集. 其全序如下

$$(a, b) = (a_1, b_1) \Longleftrightarrow a = a_1, \ b = b_1;$$

$$(a, b) \prec (a_1, b_1) \Longleftrightarrow \begin{cases} a \prec a_1, \\ a = a_1, \quad b \prec b_1. \end{cases}$$

或写成

$$(a, b) \leqslant (a_1, b_1) \Longleftrightarrow \begin{cases} a \prec a_1, \\ a = a_1, \quad b \prec b_1. \end{cases}$$

这个序称为 $A \times B$ 的字典序. 这种叫法是因为在字典里字的先后排列次序所用的方法和这里的方法类似.

若集合 A 中的一个关系 R 是一个偏序, 即它是自反的、对称的和传递的, 则逆关系 R^{-1} 也是一个偏序, 这个偏序称为逆序.

定义 1.8.7 设集合 X 为一个偏序集, $x \in X$. 则它的一个元素 $x_0 \in X$ 称为极大元素, 如果由 $x_0 \preccurlyeq x$, 可得 $x = x_0$. 类似地, 元素 $y_0 \in X$ 称为极小元素, 如果由 $x \preccurlyeq y_0$, 可得 $x = y_0$.

例 1.8.5 设 $A = \{a_1, a_2, \cdots, a_n\}$ 为一个有限的全序集, 则 A 恰好有一个极小元素, 也恰好有一个极大元素, 它们分别记为

$$a = \min\{a_1, a_2, \cdots, a_n\}, \quad b = \max\{a_1, a_2, \cdots, a_n\}.$$

设 A 是偏序集 x 的一个子集. 若元素 $x_0 \in X$ 先于 A 中的任何元素, 即对所有的 $a \in A$ 都有 $x_0 \preccurlyeq a$, 则 x_0 称为 A 的一个下界; 若 A 的某个下界 x_0 后于 A 的每一个下界, 即对 A 的任意下界 b 都有 $b \preccurlyeq x_0$, 则这个下界 x_0 称为 A 的最大下界或下确界, 并记为 $\inf(A)$.

类似地, 若元素 $c_0 \in X$ 后于 A 中的任何元素, 即对所有的 $a \in A$ 都有 $a \preccurlyeq c_0$, 则 c_0 称为 A 的一个上界; 若 A 的某个上界 c_0 先于 A 的每一个上界, 即对 A 的任意上界 b 都有 $c_0 \preccurlyeq b$, 则这个上界 c_0 称为 A 的最小上界或上确界, 并记为 $\sup(A)$.

例 1.8.6 有界的实数子集在实数集的自然序下, 根据实数理论中的一个基本定理, 它的上、下确界都存在. 比如, 集合

$$A = \{x | 0 < x \in \mathbf{Q}, 2 < x^2 < 3\},$$

即 A 是由实直线上介于 $\sqrt{2}$ 与 $\sqrt{3}$ 之间的所有有理点所构成的. 则 A 有无穷多个上界, 也有无穷多个下界, 它的上确界是 $\sqrt{3}$, 下确界是 $\sqrt{2}$.

例 1.8.7 在实直线偏序集 $(\mathbf{R}, \leqslant)$ 中, 集合

$$\left\{1, \frac{1}{2}, \frac{1}{3}, \cdots\right\}$$

有最大元 1, 但是没有最小元. 另一方面, 它有下确界 0.

Zorn 引理是数学中最重要的工具之一. 它断定某类元素的存在性, 虽然它没有给出任何结构性的步骤可以用来找出这些元素.

Zorn 引理 设 X 是一个非空的偏序集, 又设它的任何全序子集都有一个上界, 则它至少有一个最大元素.

自然数集 $\mathbf{Z}$ 有一个有用的性质: 它的每个非空子集有一个最小元. 把它加以推广就得到良序集概念.

定义 1.8.8 具有序关系 $<$ 的一个集合 A 称为良序集, 如果 A 的任意非空子集都有一个最小元素. 已知良序集的每一个子集也是良序集. 自然数集是良序集, 但是实数集不是.

良序公理 若 A 是一个集合, 则存在 A 上的一个序关系使得 A 是良序集.

注 1.8.1 Zorn 引理等价于古典的选择公理, 也等价于良序公理. 它们的证明主要是逻辑学范畴, 超出了本书的范围.

定义在 X 上的偏序 $\leqslant$ 叫做网格的,如果对任意的 $x,y \in X$,总存在 $a \in X$,使得 $a = \sup\{x,y\}$. 偏序 $\leqslant$ 叫做完备的,如果对任意的 $x,y \in X$,总存在 $a \in X$,使得 $a = \max\{x,y\}$.

习 题 1

习 题 A

1. 指出一下各个集合,哪几个是空集? 哪几个是相等的? 哪几个有包含关系?
  (1) $A = \{x: x^3 = 8, x \text{ 是素数}\}$;
  (2) $B = \{x: x \neq x\}$;
  (3) $C = \{x: x \text{ 是偶数}\}$;
  (4) $D = \{x: x+y = 3, x-y = -3\}$;
  (5) $F = \{x: 1 < x < 3, x \text{ 是整数}\}$;
  (6) $F = \{0, 2, 4, 6\}$.

2. 集合 $\varnothing$, $\{0\}$, $\{\varnothing\}$ 相等吗? 并说明原因.

3. 设 A, B, C, D 都是集合,且宇宙集 Ω 确定,试证明
  (1) $A \subset A \bigcup B$;
  (2) $A \supset A \bigcap B$;
  (3) $A \subset B \Rightarrow B - (B - A) = A$;
  (4) $A - B = A \bigcap B'$;
  (5) $A - B = (A \bigcup B) - B = A - (A \bigcap B)$;
  (6) $(A - B) \bigcap (C - D) = (A \bigcap C) - (B \bigcup D)$;
  (7) 若 $A \bigcup B = \Omega$, $A \bigcap B = \varnothing$,则 $A' = B$, $B' = A$.

4. 证明定理 1.5.1.

5. 设 R 是由 X 到 Y 的一个关系, T 是由 Y 到 Z 的一个关系, U 是由 Z 到 M 的一个关系,即: $R \subset X \times Y$, $T \subset Y \times Z$, $U \subset Z \times M$. 试证明下列各结论成立:
  (1) $(R^{-1})^{-1} = R$;
  (2) $(T \cdot R)^{-1} = R^{-1} \cdot T^{-1}$;
  (3) $U \cdot (T \cdot R) = (U \cdot T) \cdot R$.

6. 证明如下各命题成立:
  (1) $A \oplus B = B \oplus A$;
  (2) $(A - B) \bigcap B = \varnothing$;
  (3) $\mathcal{A} \vdash \mathcal{B}$, $\mathcal{B} \vdash \mathcal{C} \Rightarrow \mathcal{A} \vdash \mathcal{C}$;
  (4) $A \times (B \bigcap C) = (A \times B) \bigcap (A \times C)$;
  (5) $A - B = A \bigcap B'$.

7. 设 $X = \{a, b\}$, $Y = \{1, 2\}$, $Z = \{2, 3\}$,求
  (1) $A \times (B \bigcap C)$;

(2) $(A \times B) \bigcap (A \times C)$.

8. 设 T 是实数集上的一个关系，并且满足 xTy 的充要条件是 $1 \leqslant x - y < 2$.

(1) 写出 T^{-1} 的充要条件；

(2) 把 T, T^{-1} 作为平面上的子集表示出来，并画图.

9. 设 $A = \{1,2,3\}$，$B = \{1,3,5,7\}$. R 是由 A 到 B 的关系 $<$，即 xRy 的充要条件是 $x < y$.

(1) 写出 R, R^{-1} 这两个集合的所有元素；

(2) 求 R, R^{-1} 的定义域和值域；

(3) 将 R 在 $A \times B$ 坐标图中标出；

(4) 求 $R \cdot R^{-1}$.

10. 设集合 $X = \{1,2\}$，$Y = \{a,b,c\}$，请写出笛卡儿积 $X \times Y$ 的所有元素.

11. 设 X, Y 都是集合，证明：对于 X 的任何子集 A, B 和 Y 的任何子集 C, D，都有

(1) $(A \bigcup B) \times (C \bigcup D) = (A \times C) \bigcup (A \times D) \bigcup (B \times C) \bigcup (B \times D)$；

(2) $(A \bigcap B) \times (C \bigcap D) = (A \times C) \bigcap (B \times D)$；

(3) $(X \times Y) - (A \times C) = ((X - A) \times Y) \bigcup (X \times (Y - C))$；

(4) $(A - B) \times C = (A \times C) - (B \times C)$.

12. 设 $A_1, A_2, \cdots, A_n$ 是 n 个集合，证明

$$\left(A_1 \bigcup A_2 \bigcup \cdots \bigcup A_n\right) - \left(A_1 \bigcap A_2 \bigcap \cdots \bigcap A_n\right)$$
$$= (A_1 - A_2) \bigcup (A_2 - A_3) \bigcup \cdots \bigcup (A_{n-1} - A_n) \bigcup (A_n - A_1).$$

13. 证明：$n(>0)$ 个集合经过并、交和差三种运算最多能生成 2^{2^n-1} 个互不相同的集合；并且存在 n 个集合，它们经过并、交、差三种运算恰好生成 2^{2^n-1} 个互不相同的集合.

习 题 B

1. 证明下列各式成立：

(1) $A \bigcap (A - B) = A - B$；

(2) $A - (A - B) = A \bigcap B$；

(3) $(A - B) - C = (A - C) - (B - C)$；

(4) $A - (B \bigcap C) = (A - B) \bigcup (A - C)$；

(5) $A - (B \bigcup C) = (A - B) \bigcap (A - C)$；

(6) $(A - C) \bigcap (B - C) = (A \bigcap B) - C$；

(7) $(A \bigcup B) - C = (A - C) \bigcup (B - C)$；

(8) $A - (B \bigcup C) = (A - B) - C$.

2. 设 $\{A_k\}$ 是任意集列. 证明：

$$\lim_{n \to \infty} \bigcup_{k=1}^{n} A_k = \bigcup_{k=1}^{\infty} A_k;$$

$$\lim_{n \to \infty} \bigcap_{k=1}^{n} A_k = \bigcap_{k=1}^{\infty} A_k.$$

3. 已知 $\{x_n\}$ 是一个实数列, 令 $A_n = (-\infty, x_n)$, 问: $\varlimsup\limits_{n\to\infty} x_n$ 和 $\varlimsup\limits_{n\to\infty} A_n$ 的关系? 类似地, 能否得出它们下极限之间的关系?

4. 已知 $A_{2n-1} = \left(0, \dfrac{1}{n}\right)$, $A_{2n} = (0, n)$, $n = 1, 2, \cdots$. 求集列 A_n 的上极限和下极限.

5. 设 $\{A_n\}$, $\{B_n\}$ 是两个集列, 证明:

(1) $\varlimsup\limits_{n\to\infty} (A_n \bigcup B_n) = \varlimsup\limits_{n\to\infty} A_n \bigcup \varlimsup\limits_{n\to\infty} B_n$;

(2) $\varliminf\limits_{n\to\infty} (A_n \bigcup B_n) \supset \varliminf\limits_{n\to\infty} A_n \bigcup \varliminf\limits_{n\to\infty} B_n$;

(3) $\varliminf\limits_{n\to\infty} (A_n \bigcap B_n) \subset \varliminf\limits_{n\to\infty} A_n \bigcap \varliminf\limits_{n\to\infty} B_n$;

(4) $\varlimsup\limits_{n\to\infty} (A_n \bigcap B_n) \subset \varlimsup\limits_{n\to\infty} A_n \bigcap \varlimsup\limits_{n\to\infty} B_n$.

6. 设 $\lim\limits_{n\to\infty} A_n$ 存在, B 是一个集合, 证明:

(1) $\lim\limits_{n\to\infty} (A_n - B) = \lim\limits_{n\to\infty} A_n - B$;

(2) $\lim\limits_{n\to\infty} (B - A_n) = B - \lim\limits_{n\to\infty} A_n$.

7. 设 $\{A_n\}$ 是一个集列, B 是一个集合, 证明:

(1) $\varlimsup\limits_{n\to\infty} (A_n \bigcup B) = (\varlimsup\limits_{n\to\infty} A_n) \bigcup B$;

(2) $\varlimsup\limits_{n\to\infty} (A_n \bigcap B) = B \bigcap (\varlimsup\limits_{n\to\infty} A_n)$;

(3) $\varliminf\limits_{n\to\infty} (A_n \bigcup B) = (\varliminf\limits_{n\to\infty} A_n) \bigcup B$;

(4) $\varliminf\limits_{n\to\infty} (A_n \bigcap B) = B \bigcap (\varliminf\limits_{n\to\infty} A_n)$.

习 题 C

1. 证明: 所有具整系数 (即 $a_0, a_1, \cdots, a_n$ 都是整数) 的多项式

$$f(x) = a_0 + a_1 x + a_2 x^2 + \cdots + a_n x^n$$

所构成的集合是可列的.

2. 求证下列各区间都具有连续统势, 亦即具有基数 C:

$$[a,b],\ [a,b),\ (a,b],\ (a,b),\quad \text{其中}\quad a < b.$$

3. 已知 A 是无限集, B 是可列集. 如果 A, B 不交, 证明 $A \bigcup B \sim A$.

4. 考察两个同心圆 (图 1.8)

$$A = \{(x,y) | x^2 + y^2 = 2\};$$
$$B = \{(x,y) | x^2 + y^2 = 3\}.$$

试用几何的方法建立它们之间的一个一一对应关系.

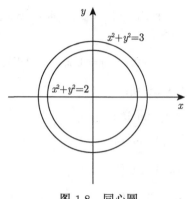

图 1.8 同心圆

5. 若 a,b 为实数, 当 $b-a$ 是正有理数时定义 $a \prec b$. 试证明它是实数集上的一个严格偏序.

6. 设集合 $A = \{2,3,4,5,\cdots\} = \mathcal{N} - \{1\}$, 并设其序由整除来定义, 试求 A 的最小元素和最大元素.

7. 求证: 每一个无限集等价于它自己的一个真子集.

8. 求证: 若 A 与 B 都是可列集, 则 $A \times B$ 也是可列集.

9. 试说明以下各种集族, 哪些是域, 哪些是 σ 域, 哪些是 λ 类, 哪些是 π 类, 哪些是单调类?

(1) Ω 是不可列集, $\mathcal{F} = \{A: A$ 的基数至多可数$\}$;

(2) $\mathcal{C}$ 是环, $\mathcal{F} = \{A: A \in \mathcal{C}$ 或 $A' \in \mathcal{C}\}$;

(3) Ω 是实平面, $\mathcal{F} = \{A: A$ 或 A' 能被至多可数条直线覆盖$\}$.

10. 设 $A_{2n-1} = A$, $A_{2n} = B(n=1,2,3,\cdots)$, $A \neq B$.

(1) 试求 $\varliminf\limits_{n\to\infty} A_n$, $\varlimsup\limits_{n\to\infty} A_n$;

(2) 试确定 $\lim\limits_{n\to\infty} A_n$ 是否存在.

11. 试证集列 $\{A_n: n \geqslant 1\}$ 的上、下极限集与集列的前有限项无关.

12. 设 $A_{2n-1} = \left(0, 1 - \dfrac{1}{2n-1}\right)$, $A_{2n} = \left(0, 1 + \dfrac{1}{2n}\right) (n = 1,2,3,\cdots)$, 试问集列 $\{A_n: n \geqslant 1\}$ 单调吗? 其极限集存在吗?

13. 试证 $\mathcal{N} \times \mathcal{N}$ 与 $\mathcal{N}$ 是等价的.

14. 令 $\mathcal{C}(X)$ 表示集合 X 上所以特征函数的全体, 即函数 $f: X \to \{0,1\}$ 的全体, 则 X 的幂集与 $\mathcal{C}(X)$ 具有相同的基数.

15. 证明定理 1.4.6.

16. 证明 Cantor-Bernstein 定理.

17. 设 X 是一个无限的可数集. 证明它的幂集 $\mathcal{P}(X)$ 是一个不可数集, 但由 X 中所有有限子集构成的集族为可数集.

18. 设 $f: X \to Y$ 是一个从集合 X 到集合 Y 的映射, 证明:

(1) 对于 X 的任意子集 A, 都有 $A \subset f^{-1}(f(A))$;

(2) 对于 Y 的任意子集 B, 都有 $B \supset f(f^{-1}(B))$;

(3) 映射 f 是一个满射当且仅当 $B = f(f^{-1}(B))$ 对于任意的 $B \subset Y$ 都成立.

19. 设 $f: X \to Y$ 是一个从集合 X 到集合 Y 的映射, 证明以下条件等价:

(1) 映射 f 是单射;

(2) 对于 X 的任意子集 A, B, 都有 $f(A \cap B) = f(A) \cap f(B)$;

(3) 对于 X 的任意子集 A, 都有 $A = f^{-1}(f(A))$;

(4) 对于任意的 $A \subset X$, 都有 $f(X - A) = f(X) - f(A)$.

第 2 章　可测映射与可测空间

这一章, 我们继续研究集族和集映射. 首先利用满足某些集合运算的封闭性, 给出几类重要的集族; 然后定义可测空间、可测集及特殊的映射 —— 测度、外测度, 并给出可测映射的概念. 本章的知识仅靠第 1 章的基础就可以顺利完成, 它为我们接下来学习拓扑空间和连续映射提供思路, 同时为学习测度论打下基础.

2.1　几个重要的集族

定义 2.1.1　(1) 如果非空集族 $\mathcal{F}$ 满足

(i) 对差运算封闭, 即对任意的 $A, B \in \mathcal{F}$, 都有 $A - B \in \mathcal{F}$;

(ii) 对并运算封闭, 即对任意的 $A, B \in \mathcal{F}$, 都有 $A \bigcup B \in \mathcal{F}$, 则称 $\mathcal{F}$ 是环.

(2) 若 $\mathcal{F}$ 是环, 且宇宙集 $\Omega \in \mathcal{F}$, 则称 $\mathcal{F}$ 是域(或代数).

(3) 若 $\mathcal{F}$ 是环, 并且存在一个不相交列 $\{B_n : n \in \mathcal{N}\} \subset \mathcal{F}$, 使得宇宙集 $\Omega = \sum_{n=1}^{\infty} B_n$($\Omega$ 不是必须属于 $\mathcal{F}$), 则称 $\mathcal{F}$ 是半域.

显然, $\mathcal{F}$ 是域 $\Longrightarrow$ $\mathcal{F}$ 是半域 $\Longrightarrow$ $\mathcal{F}$ 是环; 但反之不真.

引理 2.1.1　若 $\mathcal{F}$ 是环, 则 $\varnothing \in \mathcal{F}$, 并且对有限并及有限交封闭.

证明　因为 $\mathcal{F}$ 非空, 所以存在 $A \in \mathcal{F}$, 根据对差运算的封闭性可知 $\varnothing = A - A \in \mathcal{F}$. 而 $\mathcal{F}$ 对交的封闭性由等式 $A - B = (A \bigcup B) - [(A - B) \bigcup (B - A)]$ 及 $\mathcal{F}$ 对差和并运算封闭可得. 从而, 利用归纳法, 环对有限并及有限交封闭.

引理 2.1.2　集族 $\mathcal{F}$ 是域当且仅当 $\mathcal{F}$ 非空, 并且对集合的余运算及交 (或并) 运算封闭.

证明　设 $\mathcal{F}$ 是域, 则 $\Omega \in \mathcal{F}$. 对于任意的 $A \in \mathcal{F}$, 因为 $\mathcal{F}$ 对差运算的封闭性可知 $A' = \Omega - A \in \mathcal{F}$, 即 $\mathcal{F}$ 对余运算封闭. 再由引理 2.1.1 知, $\mathcal{F}$ 对交运算也封闭. 反之, 设 $\mathcal{F}$ 非空, 且对余运算及交封闭. 则

$$A - B = A \bigcup B' \in \mathcal{F};$$
$$A \bigcup B = (A')' \bigcup (B')' = (A' \bigcap B')' \in \mathcal{F}.$$

故知 $\mathcal{F}$ 是环. 从而利用引理 2.1.1 可得 $\Omega = \varnothing' \in \mathcal{F}$, 所以 $\mathcal{F}$ 是域.

定义 2.1.2　对非空集族 $\mathcal{F}$ 而言,

(1) 如果它满足对有限交运算封闭, 则称 $\mathcal{F}$ 为 π 类;

2.1 几个重要的集族

(2) 若它对有限交及取余集运算封闭, 且宇宙集 $\Omega \in \mathcal{F}, \varnothing \in \mathcal{F}$, 则称 $\mathcal{F}$ 是 σ 域 (或 σ 代数);

(3) 若它对单调序列极限封闭, 即若 $\{B_n : n \in \mathcal{N}\} \subset \mathcal{F}$, $B_n \uparrow B$, 有 $B \in \mathcal{F}$, 则称 $\mathcal{F}$ 是单调类;

(4) 若它满足下列条件:

(i) $\Omega \in \mathcal{F}$;

(ii) 对任意的 $A, B \in \mathcal{F}$, $B \subset A$, 都有 $A - B \in \mathcal{F}$;

(iii) 若 $\{B_n : n \in \mathcal{N}\} \subset \mathcal{F}$, $B_n \uparrow B$, 有 $B \in \mathcal{F}$, 则称 $\mathcal{F}$ 为 λ 类.

显然, σ 域为 λ 类, λ 类是单调类; σ 域还是 π 类; 但它们都反之不真.

定理 2.1.1 集类 $\mathcal{F}$ 是 σ 域的充要条件是 $\mathcal{F}$ 既是 λ 类又是 π 类.

证明 设 $\mathcal{F}$ 是 σ 域, 所以 $\mathcal{F}$ 是域且对可数和运算封闭, 再由引理 2.1.1 和引理 2.1.2 可知 $\mathcal{F}$ 既是 λ 类又是 π 类.

反之若 $\mathcal{F}$ 既是 λ 类又是 π 类, 则对 $A \in \Omega$:

若 $A \in \mathcal{F}$, 则有 $A' = \Omega - A \in \mathcal{F}$. 从而 $\mathcal{F}$ 对余运算封闭. 又 $\mathcal{F}$ 是 π 类, 所以 $\mathcal{F}$ 对交运算封闭, 故 $\mathcal{F}$ 是域. 再有 $\mathcal{F}$ 是 λ 类, 可知 $\mathcal{F}$ 对可数和运算封闭. 于是 $\mathcal{F}$ 是 σ 域.

设 $\{\mathcal{F}_i | i \in I\}$ 为 Ω 上一族集类, 若当中的每个集类对某种集合运算封闭, 则其交 $\bigcap_i \mathcal{F}_i$ 也满足. 于是对其上的任一非空集类 $\mathcal{F}$, 存在包含 $\mathcal{F}$ 的最小 σ 域、最小 λ 类和最小单调类, 我们分别称之为由 $\mathcal{F}$ 生成的 σ 域、λ 类和单调类. 并分别记作 $\sigma(\mathcal{F})$, $\lambda(\mathcal{F})$ 和 $m(\mathcal{F})$.

注 2.1.1 集类 $\mathcal{A}$ 是最小 σ 域 (最小 λ 类或最小单调类) 的含义在这里包含两点:

(1) $\mathcal{A} \supset \mathcal{F}$;

(2) 对任意 σ 域 (λ 类或单调类) $\mathcal{B}$ 都有

$$\mathcal{B} \supset \mathcal{F} \Rightarrow \mathcal{B} \supset \mathcal{A}.$$

定理 2.1.2 如果集类 $\mathcal{A}$ 是域, 则 $\sigma(\mathcal{A}) = m(\mathcal{A})$.

证明 由于 $\sigma(\mathcal{A})$ 是包含 $\mathcal{A}$ 的 σ 域, 所以也是包含 $\mathcal{A}$ 的单调类, 故 $\sigma(\mathcal{A}) \supset m(\mathcal{A})$. 以下证明 $\sigma(\mathcal{A}) \subset m(\mathcal{A})$. 这只需证明 $m(\mathcal{A})$ 是域. 注意到 $\Omega \in \mathcal{A} \subset m(\mathcal{A})$, 要证 $m(\mathcal{A})$ 是域, 则只要证明 $m(\mathcal{A})$ 是一个环即可. 对任意的 $A \in \mathcal{A}$, 令

$$\mathcal{G}_A = \{B;\ B,\ A \bigcup B,\ A - B \in m(\mathcal{A})\}.$$

容易验证 $\mathcal{G}_A$ 是一个单调类, $\mathcal{G}_A \supset \mathcal{A}$, 从而 $\mathcal{G}_A \supset m(\mathcal{A})$. 故

$$A \in \mathcal{A}, \quad B \in m(\mathcal{A}) \Rightarrow A \bigcup B, \quad A - B \in m(\mathcal{A}).$$

对任何 $B \in m(\mathcal{A})$, 再记

$$\mathcal{H}_B = \{A;\ A,\ A\bigcup B,\ A - B \in m(\mathcal{A})\}.$$

易证 $\mathcal{H}_B$ 是一个单调类, 再由前面证明可知 $\mathcal{H}_B \supset \mathcal{A}$. 从而 $\mathcal{H}_B \supset m(\mathcal{A})$, 即

$$A, B \in m(\mathcal{A}) \Rightarrow A\bigcup B,\quad A - B \in m(\mathcal{A}).$$

于是 $m(\mathcal{A})$ 是一个环.

实际应用的时候, 常把定理 2.1.2 写成如下等价形式.

推论 2.1.1 如果集类 $\mathcal{A}$ 是域, $\mathcal{U}$ 是单调类, 则

$$\mathcal{A} \subset \mathcal{U} \Rightarrow \sigma(\mathcal{A}) \subset \mathcal{U}.$$

定理 2.1.3 如果集类 $\mathcal{A}$ 是 π 类, 则 $\sigma(\mathcal{A}) = \lambda(\mathcal{A})$.

证明 由于 $\sigma(\mathcal{A})$ 是包含 $\mathcal{A}$ 的 σ 域, 所以也是包含 $\mathcal{A}$ 的 π 类, 故 $\sigma(\mathcal{A}) \supset \lambda(\mathcal{A})$. 以下证明 $\sigma(\mathcal{A}) \subset \lambda(\mathcal{A})$. 这只需证明 $m(\mathcal{A})$ 是一个 π 类. 对任意的 $A \in \mathcal{A}$, 令

$$\mathcal{G}_A = \{B;\ B,\ A\bigcap B \in \lambda(\mathcal{A})\}.$$

容易验证 $\mathcal{G}_A$ 是一个 λ 类, $\mathcal{G}_A \supset \mathcal{A}$, 从而 $\mathcal{G}_A \supset \lambda(\mathcal{A})$. 故

$$A \in \mathcal{A}, B \in \lambda(\mathcal{A}) \Rightarrow A\bigcap B \in \lambda(\mathcal{A}).$$

对任何 $B \in \lambda(\mathcal{A})$, 再记

$$\mathcal{H}_B = \{A;\ A,\ A\bigcap B \in \lambda(\mathcal{A})\}.$$

易证 $\mathcal{H}_B$ 是一个 λ 类, 再由前面证明可知 $\mathcal{H}_B \supset \mathcal{A}$. 从而 $\mathcal{H}_B \supset \lambda(\mathcal{A})$, 即

$$A, B \in \lambda(\mathcal{A}) \Rightarrow A\bigcap B \in \lambda(\mathcal{A}).$$

于是 $\lambda(\mathcal{A})$ 是一个 π 类.

该定理的等价形式为如下结论.

推论 2.1.2 如果集类 $\mathcal{A}$ 是 π 类, $\mathcal{D}$ 是 λ 类, 则

$$\mathcal{A} \subset \mathcal{D} \Rightarrow \sigma(\mathcal{A}) \subset \mathcal{D}.$$

记集类 $\mathcal{P}_{\mathbf{R}} = \{(-\infty, a] : a \in \mathbf{R}\};\ \mathcal{D}_{\mathbf{R}} = \{(a, b] : a, b \in \mathbf{R}\}$.

由简单集合类生成的一个 σ 域的重要例子是

$$\mathcal{B}_{\mathbf{R}} := \sigma(\mathcal{D}_{\mathbf{R}}) = \sigma(\mathcal{P}_{\mathbf{R}}).$$

上式中的 $\mathcal{B}_{\mathbf{R}}$ 叫做 $\mathbf{R}$ 上的 Borel 集合类, 其中的集合叫做 $\mathbf{R}$ 中的 Borel 集. 若以 $\mathcal{T}_{\mathbf{R}}$ 表示实数集中的由开集组成的集合类, 则易证 $\mathcal{B}_{\mathbf{R}} = \sigma(\mathcal{T}_{\mathbf{R}})$.

2.2 可测映射

定义 2.2.1 设 $\mathcal{F}$ 为 Ω 上一个 σ 域,则称偶对 $(\Omega, \mathcal{F})$ 为一个可测空间. $\mathcal{F}$ 中的元素叫做 $\mathcal{F}$ 可测集.

定义 2.2.2 设 $(\Omega, \mathcal{F})$ 与 $(\Phi, \mathcal{E})$ 是两个可测空间,$f: \Omega \to \Phi$ 是 Ω 到 Φ 上的映射,如果对于一切 $A \in \mathcal{E}$,都有 $f^{-1}(A) \in \mathcal{F}$,则称 f 为可测映射.

当我们记 $f^{-1}(\mathcal{E}) = \{f^{-1}(A) : A \in \mathcal{E}\}$ 时,则
$$f \text{ 为可测映射当且仅当 } f^{-1}(\mathcal{E}) \subset \mathcal{F}.$$

命题 2.2.1 对 Φ 上的任何集合类 $\mathcal{A}$,都有
$$\sigma(f^{-1}(\mathcal{A})) = f^{-1}(\sigma(\mathcal{A})).$$

证明 易知 $f^{-1}(\sigma(\mathcal{A}))$ 是一个 σ 域,故 $\sigma(f^{-1}(\mathcal{A})) \subset f^{-1}(\sigma(\mathcal{A}))$. 另一方面,令
$$\mathcal{G} = \{B \subset Y : f^{-1}(B) \in \sigma(f^{-1}(\mathcal{A}))\}.$$
这蕴涵 $\mathcal{G}$ 是一个 σ 域且 $\mathcal{A} \subset \mathcal{G}$,因此 $\sigma(f^{-1}(\mathcal{A})) \supset f^{-1}(\sigma(\mathcal{A}))$.

定义 $\sigma(f) = f^{-1}(\mathcal{E})$ 叫做是使 f 可测的最小 σ 域. 关于可测映射,以下的定理 2.2.1 给出可测映射的简单判别法,定理 2.2.2 则说明了复合映射的可测性.

定理 2.2.1 设 $(\Omega, \mathcal{F})$ 与 $(\Phi, \mathcal{E})$ 是两个可测空间,$\mathcal{C}$ 为生成 σ 域 $\mathcal{E}$ 的一个集类,如果 $f: \Omega \to \Phi$ 是一个使得 $f^{-1}(\mathcal{C}) \subset \mathcal{F}$ 的映射,那么 f 是可测映射.

证明 令 $\mathcal{G} = \{A \subset \Phi : f^{-1}(A) \in \mathcal{F}\}$,则 $\mathcal{G}$ 为 Φ 上的一个 σ 域. 由假设 $\mathcal{C} \subset \mathcal{G}$,从而 $\mathcal{E} \subset \mathcal{G}$,这蕴涵 $f^{-1}(\mathcal{E}) \subset \mathcal{F}$,所以 f 是可测映射.

定理 2.2.2 设 g 是 $(\Omega, \mathcal{F})$ 到 $(\Phi, \mathcal{E})$ 上的可测映射,f 是 $(\Phi, \mathcal{E})$ 到 $(\Psi, \mathcal{K})$ 上的可测映射,那么 $f \circ g$ 是 $(\Omega, \mathcal{F})$ 到 $(\Psi, \mathcal{K})$ 上的可测映射.

证明 对任何的 $A \in \mathcal{K}$,有
$$(f \circ g)^{-1}(A) = \{x \in \Omega : f(g(x)) \in A\}$$
$$= \{x \in \Omega : g(x) \in f^{-1}(A)\}$$
$$= g^{-1}(f^{-1}(A)).$$
由 f 可测知 $f^{-1}(A) \in \mathcal{E}$,再由 g 可测知,
$$(f \circ g)^{-1}(C) = g^{-1}(f^{-1}(A)) \in \mathcal{F}.$$
所以 $f \circ g$ 是可测映射.

下面转向测度论中另一个重要的概念 —— 可测函数. 为此要引进所谓的广义实数集 $\overline{\mathbf{R}} = \mathbf{R} \bigcup \{-\infty, \infty\}$. 令 $\mathcal{B}_{\overline{\mathbf{R}}} := \sigma([-\infty, a) : a \in \mathbf{R})$.

定义 2.2.3　从可测空间 $(X, \mathcal{F})$ 到 $(\overline{\mathbf{R}}, \mathcal{B}_{\overline{\mathbf{R}}})$ 的可测映射称为 $(X, \mathcal{F})$ 上的可测函数. 特别地, 从 $(X, \mathcal{F})$ 到 $(\mathbf{R}, \mathcal{B}_{\mathbf{R}})$ 的可测映射称为 $(X, \mathcal{F})$ 上的有限值可测函数或随机变量.

定理 2.2.3　设 f 是可测空间 $(\Omega, \mathcal{F})$ 上的实数值映射, 则下列条件等价:

(1) f 是可测函数;

(2) $\forall\, a \in \mathbf{R},\ [f < a] \in \mathcal{F}$;

(3) $\forall\, a \in \mathbf{R},\ [f \leqslant a] \in \mathcal{F}$;

(4) $\forall\, a \in \mathbf{R},\ [f > a] \in \mathcal{F}$;

(5) $\forall\, a \in \mathbf{R},\ [f \geqslant a] \in \mathcal{F}$.

这里及以后, 符号 $[f < a]$ 表示集合 $\{x : f(x) < a\}$.

证明　令 $\mathcal{C}_1 = \{[-\infty, a) : a \in \mathbf{R}\}$, 故 $\sigma(\mathcal{C}_1) = \mathcal{B}(\overline{\mathbf{R}})$, 则由以上命题知 (1)⇔(2); 类似地可证 (1)⇔(3). 此外, 显然有 (2)⇔(5) 及 (3)⇔(4).

推论 2.2.1　如果 f, g 都是可测函数, 则

$$[f < g],\quad [f \leqslant g],\quad [f = g] \in \mathcal{F}.$$

特别地, $[f = a] \in \mathcal{F},\ \forall\, a \in \mathbf{R} \bigcup \{-\infty, \infty\}(= \overline{\mathbf{R}})$.

证明　记 $\mathbf{Q}$ 为实数集合 $\mathbf{R}$ 中的有理数集, 则由定理 2.2.1 有

$$[f < g] = \bigcup_{r \in \mathbf{Q}} ([f < r] \bigcap [g > r]) \in \mathcal{F}.$$

又有 $[f \leqslant g] = [g < f]' \in \mathcal{F}$, 故还有

$$[f = g] = [f \leqslant g] - [f < g] \in \mathcal{F}.$$

命题 2.2.2　可测空间 $(\Omega, \mathcal{F})$ 上实数值 (复数值) 可测函数全体构成实数域 (复数域) 上的向量空间.

证明　只考虑实数值可测函数情形. 令 f, g 为实数值可测函数, 则对 $\forall\, a \in \mathbf{R}$, 有

$$[f + g < a] = \bigcup_{r \in \mathbf{Q}} ([f < r] \bigcap [g < a - r]),$$

从而 $f + g$ 也是实数值可测函数; 此外, 对 $\forall\, a \in \mathbf{R}$, 显然 af 也是实数值可测函数. 证毕.

利用前面的定理, 易知下列可测函数的例子.

例 2.2.1　设 $\mathcal{T}$ 是由 X 的所有子集构成的 σ 域, $(Y, \mathcal{F})$ 为任意可测空间. 则 X 到 Y 的任意一个映射都是可测函数.

例 2.2.2　设 $a \in \overline{\mathbf{R}}$, 可测空间 $(X, \mathcal{F})$ 上的常数函数 $f = a$ 是可测函数.

例 2.2.3　可测空间 $(X, \mathcal{F})$ 上集合 $A \in \mathcal{F}$ 的示性函数 1_A 是可测函数.

例 2.2.4　设 $a, b \in \overline{\mathbf{R}}$ 和不交的 $A, B \in \mathcal{F}$, 则 $a1_A + b1_B$ 是可测函数.

2.3 测度与测度空间

像线段的长度、平面上某区域的面积及容器的容积等都是作为实际测量的结果, 我们统称之为测度. 随着科学技术的发展, 人们意识到仅仅讨论这些由直接经验建立的测度是远远不够的. 因而只有在抽象空间的集合上建立了测度, 才有可能真正解决问题.

以下我们考虑取实数值的集函数.

定义 2.3.1 设 μ 是定义在可测空间 $(\Omega, \mathcal{F})$ 上的实值集函数, 如果它满足

(1) $\mu(\varnothing) = 0$;

(2) 非负性: 对任意的 $A \in \mathcal{F}$, $0 \leqslant \mu(A) \leqslant \infty$;

(3) 可数可加性: 对任意的 $\{B_n : n \in \mathcal{N}\} \subset \mathcal{F}$, $B_i \bigcap B_j = \varnothing (i \neq j)$, 且 $\sum_{n=1}^{\infty} B_n \in \mathcal{F}$, 都有

$$\mu\left(\sum_{n=1}^{\infty} B_n\right) = \sum_{n=1}^{\infty} \mu(B_n),$$

则称 μ 是可测空间 $(\Omega, \mathcal{F})$ 上的测度, 简称 μ 是 Ω 或 $\mathcal{F}$ 的测度.

定义 2.3.2 设 μ 为可测空间 $(\Omega, \mathcal{F})$ 上的测度, 称三元组 $(\Omega, \mathcal{F}, \mu)$ 为测度空间. 若 $\mu(\Omega) < \infty$, 则称为有限测度, 并称 $(\Omega, \mathcal{F}, \mu)$ 为有限测度空间. $\mu(\Omega) = 1$, 则称为概率测度, 并称 $(\Omega, \mathcal{F}, \mu)$ 为概率空间.

定义 2.3.3 设 $(\Omega, \mathcal{F}, \mu)$ 为一测度空间. 若 $A \in \mathcal{F}$, 且 $\mu(A) = 0$, 则称 A 为 μ 零测集. 如果任何零测集的子集皆属于 $\mathcal{F}$, 称 $\mathcal{F}$ 关于 μ 是完备的, 称 $(\Omega, \mathcal{F}, \mu)$ 为完备测度空间.

定义 2.3.4 设 μ 是定义在 Ω 幂集上的实值集函数, 如果它满足

(1) $\mu(\varnothing) = 0$;

(2) 对任意的 $A, B \in \Omega$, $A \subset B \Longrightarrow \mu(A) \leqslant \mu(B)$;

(3) 半可数可加性: 对 Ω 中的任意集列 $\{B_n : n \in \mathbf{N}\}$, 都有

$$\mu\left(\sum_{n=1}^{\infty} B_n\right) \leqslant \sum_{n=1}^{\infty} \mu(B_n),$$

则称 μ 是 Ω 上的外测度.

显然, 由以上 (1) 和 (2) 可知 μ 是非负的. 由测度的定义及性质可知, Ω 幂集上的任何测度都是外测度. 但反之不真.

习 题 2

1. 设 $\mathcal{F}$ 是由有限个左闭右开的有限区间的并集的全体所组成的类, 证明 $\mathcal{F}$ 是一个环.

2. 设 $\mathcal{F}$ 是由有限个端点为有理数的左开右闭的有限区间的并集的全体所组成的类, 试判断 $\mathcal{F}$ 是不是环.

3. 由有限个开区间的并集的全体所组成的类是否为环? 由有限个闭区间的并集的全体所组成的类是否为环?

4. 由有限个区间 (包含开区间、闭区间以及半开半闭区间) 的并集的全体所组成的类是否为环?

5. 设 μ 是可测空间 $(\Omega, \mathcal{F})$ 上的测度且集列 $\{A_n : n \geqslant 1\} \subset \mathcal{F}$, 试证:

(1) $\mu(\varliminf\limits_{n\to\infty} A_n) \leqslant \varliminf\limits_{n\to\infty} \mu(A_n)$;

(2) 若存在一个 n_0 使得 $\mu(\bigcup_{n=n_0}^{\infty} A_n) < \infty$, 则
$$\mu(\varlimsup\limits_{n\to\infty} A_n) \geqslant \varlimsup\limits_{n\to\infty} \mu(A_n);$$

(3) 若 $\sum_{n=1}^{\infty} \mu(A_n) < \infty$, 则 $\mu(\varlimsup\limits_{n\to\infty} A_n) = 0$.

6. 已知 μ_1, μ_2 是宇宙集 Ω 的幂集上的两个外测度, 试证 $\mu = \max\{\mu_1, \mu_2\}$ 也是它的外测度.

7. 证明: 如果 f, g 都是可测函数, 则

(1) 对任何 $a \in \mathbf{R}$, af 是可测函数;

(2) 如果 $f + g$ 有意义, 即对每个 $x \in \Omega$, $f(x) + g(x)$ 均有意义, 则它是可测函数;

(3) fg 是可测函数;

(4) 如果 $g(x) \neq 0$, $\forall x \in \Omega$, 则 f/g 是可测函数.

8. 设 A 是 X 的非空集合, $\mathcal{F}$ 是 X 上的 σ 域, 试证明: $(A, A \bigcap \mathcal{F})$ 是一个可测空间. 其中 $A \bigcap \mathcal{F} = \{A \bigcap F : F \in \mathcal{F}\}$.

9. 设 A 是 X 的非空集合, $\mathcal{F}$ 是 X 上的集合类, 试问: $m(A \bigcap \mathcal{F}) = A \bigcap m(\mathcal{F})$ 是否成立?

10. 设 $\{A_n, n = 1, 2, \cdots\}$ 两两不交, 证明 $\lim\limits_{n\to\infty} A_n = \varnothing$.

11. 设 $A_1, \cdots, A_n$ 是集合 X 的一个有限分割. 令 $\mathcal{F} = \sigma(A_1, \cdots, A_n)$, 求 $(X, \mathcal{F})$ 上的全体可测函数.

12. 证明: 实轴上的实值单调函数和连续函数都是 $(\mathbf{R}, \mathcal{B}_{\mathbf{R}})$ 上的可测函数.

13. 设 $(X, \mathcal{F})$ 和 $(Y, \mathcal{E})$ 是两个可测空间, f 是 X 到 Y 的映射, $A_1, \cdots, A_n$ 是 $(X, \mathcal{F})$ 的一个有限可测分割. 定义 A_i 到 Y 的映射
$$f_i(x) = f(x), \quad \forall x \in A_i.$$

证明: f 是 $(X, \mathcal{F})$ 到 $(Y, \mathcal{E})$ 的可测映射的充要条件是对每个 $i = 1, 2, \cdots, n$, f_i 都是 $(A, A \bigcap \mathcal{F})$ 到 $(Y, \mathcal{E})$ 的可测映射.

第3章 实直线和平面上的拓扑

实数集在数学中,特别是在分析学中起着至关重要的作用. 尽管至少早在古希腊时代,人们就开始研究实直线,但直到 1872 年,它才被严格地定义. 事实上,它一直是数学的许多分支中重要的实例. 实数集作为向量空间, 是实数域 **R**(即其自身) 上的一维向量空间, 具有标准内积 (这个内积就是普通的实数的乘法), 使其成为欧几里得空间. 作为向量空间, 实数集并不引起注意. 然而, 仍然可以说, 由于向量空间首先是在 **R** 上进行研究的, 它启示了线性代数的诞生. **R** 也是环, 甚至是域的主要实例. 实数完备域实际上是第一个被研究的域, 所以它也启示了抽象代数的诞生. 同样拓扑学的大部分基本概念实际上是实直线一些性质的高度抽象化.

实数线具有一个标准拓扑,它可以通过两种等价的方法引入. 第一, 实数满足全序关系, 它们具有序拓扑; 第二, 实数能够通过绝对值度量转换到度量空间. 这一度量给出 **R** 上等价于序拓扑的拓扑.

实直线又称数轴, 它用图 3.1 中被称作原点的点表示实数 0, 而用另一点通常放在 0 的右边的点来表示 1, 则直线上的点与实数之间可以用一种自然的方式对应起来, 即每一点只表示一个唯一的实数, 同时每一个实数只用直线上唯一的一个点来表示. 正是因为这个原因, 我们称此直线为实直线.

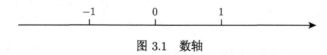

图 3.1 数轴

3.1 实数的性质

实数集 **R** 的特征可以用一句话来概括: "**R** 是一个完备的 Archimed 有序域." 现在我们叙述 **R** 中的域公理, 全书中都假设了域公理及其推论.

定义 3.1.1 具有两个以上元素的集 V 及被称为加法 $(+)$ 和乘法 $(\cdot)$ 的两种运算, 如果满足下列公理, 则称 V 为一个域(field):

(J1) (加法) 封闭性: $a, b \in V \Rightarrow a + b \in V$;

(J2) (加法) 结合律: $a, b, c \in V \Rightarrow (a+b)+c = a+(b+c)$;

(J3) (加法) 零元素: 对任意的 $c \in V$, $\exists\, 0 \in V$ 使得 $0 + c = c + 0 = c$;

(J4) (加法) 逆元素: $a \in V \Rightarrow \exists\, -a \in V$ 使得 $a + (-a) = (-a) + a = 0$;

(J5) (加法) 交换律: $a, c \in V \Rightarrow a + c = c + a$;

(C1) (乘法) 封闭性: $a, b \in V \Rightarrow a \cdot b \in V$;

(C2) (乘法) 结合律: $a, b, c \in V \Rightarrow (a \cdot b) \cdot c = a \cdot (b \cdot c)$;

(C3) (乘法) 单位元: $\exists\, 1 \in V, 1 \neq 0$, 使得 $a \cdot 1 = 1 \cdot a = a$;

(C4) (乘法) 逆元素: $a \in V \Rightarrow \exists\, a^{-1} \in V$ 使得 $a \cdot a^{-1} = a^{-1} \cdot a = 1$;

(C5) (乘法) 交换律: $a, b \in V \Rightarrow a \cdot b = b \cdot a$;

(C6) 左分配律: $a, b, c \in V \Rightarrow a \cdot (b + c) = a \cdot b + a \cdot c$;

(C7) 右分配律: $a, b, c \in V \Rightarrow (a + b) \cdot c = a \cdot c + b \cdot c$.

由域公理立即可得下列关于实数的代数性质.

命题 3.1.1 设 V 为一个域, 则

(1) 元素 0 和 1 是唯一的;

(2) 消去律成立: ① $a + b = a + c \Rightarrow b = c$; ② $a \cdot b = a \cdot c, a \neq 0 \Rightarrow b = c$;

(3) 两种逆元素 $-a$ 和 a^{-1} 是唯一的;

(4) 对任何 $a, b \in V$, 有

$a \cdot 0 = 0 \cdot a = 0;\ a \cdot (-b) = (-a) \cdot b = -(a \cdot b);\ (-a) \cdot (-b) = a \cdot b.$

域内的减法与除法 (除以非零元素) 运算定义如下:

$$a - b := a + (-b); \quad a \div b := a \cdot b^{-1}.$$

注 3.1.1 赋予两种运算的一个非空集合, 如果满足域公理中除了 (C3), (C4) 与 (C5) 以外的各个公理, 则称为一个环. 例如, 整数集 **Z** 在加法与乘法运算下是一个环, 但不是一个域.

R 的子集

符号 **Z** 与 **N** 用来表示 **R** 的下列子集:

$$\mathbf{Z} = \{\cdots, -3, -2, -1, 0, 1, 2, 3, \cdots\},$$
$$\mathbf{N} = \{1, 2, 3, 4, \cdots\}.$$

Z 中的元素称为整数; **N** 中的元素称为正整数(或自然数).

符号 **Q** 表示有理数集. 所谓有理数就是能表示为两个整数之比的实数, 其中第二个整数为非零整数, 即

$$\mathbf{Q} = \left\{ x \in \mathbf{R} \,\middle|\, x = \frac{p}{q},\ p, q \in \mathbf{Z}, q \neq 0 \right\}.$$

所以它们之间有下列包含关系:

$$\mathbf{N} \subset \mathbf{Z} \subset \mathbf{Q} \subset \mathbf{R}.$$

3.1 实数的性质

所谓无理数是指不是有理数的实数, 即有理数集的余集表示无理数集.

定义 3.1.2 在实直线 **R** 上位于 0 的右侧, 亦即和 1 同侧的数是正数, 在 0 左侧的数为负数. 下列公理完整地刻画了正数集的特征:

(H1) 若 $a \in \mathbf{R}$, 则下列三种情况中恰好有一种成立: a 是正的; $a = 0$; $-a$ 是正的;

(H2) 若 $a, b \in \mathbf{R}$ 都是正数, 则它们的和 $a + b$ 与它们的积 $a \cdot b$ 也都是正数.

由此可见: $a \in \mathbf{R}$ 为正数, 当且仅当 $-a \in \mathbf{R}$ 为负数.

例 3.1.1 利用 (H1) 与 (H2) 来证明实数 1 是正数.

由 (H1), 或者 1 是正数, 或者 -1 是正数. 假定 -1 是正的, 则由 (H2) 可知 $(-1)(-1) = 1$ 也是正的, 但这是与 (H1) 相矛盾的, 因此 1 是正的.

例 3.1.2 实数 -2 是负的, 因为由例 3.1.1 知 1 是正的; 于是由 (H2) 知 $1+1=2$ 是正的, 因此由 (H1) 知 -2 不可能是正的, 即 -2 是负的.

我们利用正数的概念在 **R** 中定义一个序关系.

定义 3.1.3 设已给两个实数 a, b, 若差 $b - a$ 是正数, 则称 a 小于 b, 记作 $a < b$.

几何上说, 若 $a < b$, 则在实直线上 a 点的位置在 b 点的左边. 下列记号也是常用的:

$$b > a, \quad a \leqslant b, \quad b \geqslant a.$$

定理 3.1.1 设 a, b, c 为实数, 则

(1) 或者 $a < b$, 或者 $a = b$, 或者 $a > b$;

(2) 若 $a < b$, 同时 $b < c$, 则 $a < c$;

(3) 若 $a < b$, 则 $a + c < b + c$;

(4) 若 $a < b$ 同时 c 是正数, 则 $ac < bc$;

(5) 若 $a < b$ 同时 c 是负数, 则 $ac > bc$.

推论 3.1.1 实数集 **R** 按照关系 $\leqslant$ 成为全序集.

定义 3.1.4 实数 a 的绝对值, 记作 $|x|$, 其定义为

$$|x| = \begin{cases} x, & x \geqslant 0, \\ -x, & x < 0. \end{cases}$$

其几何意义为实直线上该数与原点之间的距离. 另外, 任意两点 a, b 之间的距离是 $|a - b|$.

最小上界公理 一个实数子集 A 若有上界, 则它必有最小上界.

Archimed 序公理 正整数集是没有上界的.

换句话说, 不存在这样的实数, 它大于每个正整数. 这个定理的一个推论如下所述.

推论 3.1.2　任何两个不同实数之间都存在一个有理数.

3.2　实直线的开集

定义 3.2.1　设 A 是 $\mathbf{R}$ 的一个子集, $a \in A$ 叫 A 的内点, 如果存在开区间 V 满足
$$a \in V \subset A.$$
集合 A 叫做开集, 如果属于它的任何一点都是它的内点.

注 3.2.1　根据逆否命题原理, 一个集合不是开集的充要条件是它至少含有一点, 这点不是这个集合的内点.

例 3.2.1　所有的开区间都是开集, 这是因为如果 $x \in (b, c)$, 若选择 $\alpha = \min\{x - b, c - x\}$, 则有 $x \in V = (x - \alpha, x + \alpha) \subset (b, c)$. 同样可以证明无限开区间
$$(a, \infty) = \{x : x \in \mathbf{R},\ x > a\},\quad (-\infty, b) = \{x : x \in \mathbf{R},\ x < b\},\quad (-\infty, +\infty) = \mathbf{R}$$
也都是开集.

例 3.2.2　任意闭区间 $[b, c] = U$ 都不是开集, 因为含 b 和 c 的所有开区间一定含有 U 外的点. 同理无限闭区间
$$[a, \infty) = \{x : x \in \mathbf{R},\ x \geqslant a\},\quad (-\infty, b] = \{x : x \in \mathbf{R},\ x \leqslant b\}$$
也都不是开集.

例 3.2.3　空集 $\varnothing$ 是开集, 因为它不含有这样的点, 这点不是它的内点.

关于实直线的开集有如下基本定理.

定理 3.2.1　实直线开集的任意并还是开集, 实直线开集的有限交还是开集.

注 3.2.2　换句话说 $\mathbf{R}$ 的开集族对任意并和有限交运算是封闭的.

下面的例子说明, 对交运算的有限次限制是必须的.

例 3.2.4　考虑如下的开区间族 (当然也是开集族)
$$B_n = \left\{\left(-\frac{1}{n}, \frac{1}{n}\right),\ n \in \mathbf{N}\right\}.$$
因为
$$\bigcap_{n=1}^{\infty} B_n = \{0\},$$
而单点集不是开集, 所以 $\mathbf{R}$ 的开集族不必对无限交运算是封闭的.

定义 3.2.2　设 A 是一个实数子集, 则一点 $a \in \mathbf{R}$ 称为 A 的一个聚点或极限点是指包含 a 的每一个开集 D 都含有 A 中的异于 a 的点, 即
$$(A - \{a\}) \bigcap D \neq \varnothing.$$

A 的所有聚点的集合, 称为 A 的导集. 事实上, $a \in \mathbf{R}$ 是集合 A 的一个聚点当且仅当对包含 a 的每一个开集 D, 都有 $D \bigcap (A - \{a\}) \neq \varnothing$.

例 3.2.5 设 $A = \left\{1, \dfrac{1}{2}, \cdots, \dfrac{1}{n}, \cdots \right\}$, 则 0 是 A 的一个聚点, 且仅有这一个聚点, A 的导集为单点集 $\{0\}$. 但点 0 不属于 A.

例 3.2.6 自然数集没有聚点, 它的导集是空集.

例 3.2.7 有理数集的每一个点都是它的聚点, 并且任何一个无理数也都是它的聚点, 所以有理数集的导集是全体实数.

注 3.2.3 "一个集合的极限点" 和 "数列的极限" 是两个不同的概念. 它们虽有联系但是并不相同.

关于不同的集合是否存在聚点, 这是拓扑学中的一个重要问题. 并不是每个集合都有聚点, 即使它是无限集. 但是存在着下面一种重要情况.

定理 3.2.2 任何有界的无限实数子集都至少存在一个聚点.

定义 3.2.3 一个实数子集称为闭集, 如果它的补集是一个开集.

一个闭集也可以用它的聚点来刻画: 一个实数子集是闭的充要条件是它包含有它所有的聚点.

例 3.2.8 闭区间 $[a, b]$ 是一个闭集, 因为它的补集是两个无限开区间的 $(-\infty, a)$ 和 $(b, +\infty)$ 的并, 而开集的并是开集.

例 3.2.9 集合 $A = \left\{1, \dfrac{1}{2}, \cdots, \dfrac{1}{n}, \cdots \right\}$ 不是闭集, 因为其聚点 0 不属于 A.

例 3.2.10 空集与整条直线 $\mathbf{R}$ 都是闭集, 因为它们的补集分别为 $\mathbf{R}$ 与空集, 而 $\mathbf{R}$ 与空集都是开集.

当然一个集合不是开、闭必居其一. 实际上, 很多集合既非开集也非闭集.

例 3.2.11 考察半开半闭区间 $X = (a, b]$. 则 X 既非开集也非闭集, 因为 a 是 X 的聚点, 但 a 不属于 X, 所以 X 非闭; 同时 b 不是 X 的一个内点, 但 $b \in X$, 所以 X 非开.

下面的定理是实数集最重要的性质之一.

Heine Borel 定理 设 A 为有界闭区间 $[a, b]$, 又设开区间族 $\mathcal{G} = \{A_i, i \in I\}$ 覆盖 A, 即 $A \subset \bigcup_i A_i$. 则 $\mathcal{G}$ 含有一个有限子族, 它也可以覆盖 A. 即有界闭区间的任意开覆盖都有有限子覆盖.

注 3.2.4 A 必须具备有界和闭集这两个条件, 否则定理就可能不成立.

例 3.2.12 考察有界开区间 $A = (0, 1)$, 则下面的开区间族

$$\mathcal{G} = \left\{A_i = \left(\dfrac{1}{i+2}, \dfrac{1}{i}\right) : i \in \mathbf{N}\right\}$$

可以覆盖 A, 即

$$A \subset \left(\frac{1}{3}, 1\right) \bigcup \left(\frac{1}{4}, \frac{1}{2}\right) \bigcup \cdots \bigcup \left(\frac{1}{n+2}, \frac{1}{n}\right) \bigcup \cdots,$$

但是 $\mathcal{G}$ 显然不会存在有限子族可以覆盖 A.

例 3.2.13 考察无界闭区间 $A = [0, \infty)$, 则下面的开区间族

$$\mathcal{G} = \{A_i = (i-1, i+2) : i \in \mathbf{N}\}$$

可以覆盖 A, 即

$$A \subset (0, 3) \bigcup (1, 4) \bigcup (2, 5) \bigcup \cdots \bigcup (i-1, i+2) \bigcup \cdots,$$

但是 $\mathcal{G}$ 显然不会存在有限子族可以覆盖 A.

定义 3.2.4 映射 $S \subset \mathbf{N} \times \mathbf{R}$ 是从自然数集到实数集的一个函数, 称为序列. 记作序列 $\langle S(n) : n \in \mathbf{N} \rangle$ 或 $\langle a_n : n \in \mathbf{N} \rangle (a_n = S(n))$, 并称 a_n 为序列的第 n 项. 如果序列集 $\{a_n : n \in \mathbf{N}\}$ 是有界集, 则称序列是有界的.

定义 3.2.5 对已知序列 $\langle a_n : n \in \mathbf{N} \rangle$, 若实数 b 满足: 对任意的 $\varepsilon > 0$, 存在正整数 n_0, 使当 $n > n_0$ 时, 就有 $|a_n - b| < \varepsilon$. 则称 b 是序列 $\langle a_n : n \in \mathbf{N} \rangle$ 的极限, 记为

$$\lim_{n \to \infty} a_n = b \quad \text{或} \quad a_n \to b(n \to \infty).$$

序列极限的定义也可以写成

若包含 b 的任何开集都含有数列 $\langle a_n : n \in \mathbf{N} \rangle$ 的几乎所有的项, 则称 b 为此数列的极限.

例 3.2.14 常值序列 $\langle 1, 1, 1, 1, \cdots \rangle$ 的极限是 1; 下面的每个序列 $\left\langle 1, \frac{1}{2}, \frac{1}{3}, \frac{1}{4}, \cdots \right\rangle, \left\langle 1, 0, \frac{1}{2}, 0, \frac{1}{4}, \cdots \right\rangle, \left\langle 1, -\frac{1}{2}, \frac{1}{3}, -\frac{1}{4}, \cdots \right\rangle$ 都收敛于 0.

例 3.2.15 考察序列

$$a_n = \begin{cases} \dfrac{1}{2^{(n+2)/2}}, & n \text{ 是偶数}, \\ 1 - \dfrac{1}{2^{(n+1)/2}}, & n \text{ 是奇数}. \end{cases}$$

注意含 0 或 1 的任何一个开区间都包含序列中的无限多个项. 虽然 0 或 1 是序列集的聚点, 但是显然它们并不是这个序列的极限.

定义 3.2.6 对已知序列 $\langle a_n : n \in \mathbf{N} \rangle$, 若正整数列 $\langle i_n \rangle$ 满足 $i_1 < i_2 < i_3 < \cdots < i_n < i_{n+1} < \cdots$, 则序列 $\langle a_{i_n} : n \in \mathbf{N} \rangle$ 称为序列 $\langle a_n : n \in \mathbf{N} \rangle$ 的一个子序列.

正如上面的例子所示: 一个数列的子序列可能收敛, 也可能不收敛. 但在某种非常重要的情况下, 收敛的子列是存在的.

定理 3.2.3　任何有界实数列必含有收敛的子列.

定义 3.2.7　一个实序列 $\langle a_n : n \in \mathbf{N} \rangle$, 若满足对任意的 $\varepsilon > 0$, 存在正整数 n_0, 使得当 $n, m > n_0$ 时, 就有 $|a_n - a_m| < \varepsilon$. 则称此序列是 Cauchy 序列. 换句话说, 当 n 充分大时, 数列的项就可以互相任意靠近, 则称此数列为 Cauchy 序列.

定义 3.2.8　一个实数集 X 叫做完备的, 如果由它的点所构成的 Cauchy 序列都收敛于它的一个点.

有理数集是不完备的, 例如, 数列 $\{3, 3.1, 3.14, 3.141, 3.1415, 3.14159, \cdots\}$ 收敛于无理数 π. 但是实数集是完备的.

3.3　连续函数

定义 3.3.1　设函数 $f: \mathbf{R} \to \mathbf{R}$. 如果它在 $x_0 \in \mathbf{R}$ 满足: 对于任意的 $\varepsilon > 0$, 总存在 $\delta > 0$, 使得当 $|x - x_0| < \delta$ 时, 总有 $|f(x) - f(x_0)| < \varepsilon$. 则称函数 f 在 x_0 点连续. 若 f 在每一点都连续, 就称 f 是连续函数.

注 3.3.1　$|x - x_0| < \delta$ 的意思就是 $x_0 - \delta < x < x_0 + \delta$, 即 $x \in (x_0 - \delta, x_0 + \delta)$. 类似地, $|f(x) - f(x_0)| < \varepsilon$ 是指 $f(x) \in (f(x_0) - \varepsilon, f(x_0) + \varepsilon)$. 因此原命题等价于

$$x \in (x_0 - \delta, x_0 + \delta) \Rightarrow f(x) \in (f(x_0) - \varepsilon, f(x_0) + \varepsilon),$$

而这又等价于

$$f(x_0 - \delta, x_0 + \delta) \subset (f(x_0) - \varepsilon, f(x_0) + \varepsilon).$$

所以连续函数的定义可改写为如下定义.

定义 3.3.2　设函数 $f: \mathbf{R} \to \mathbf{R}$ 称为在 $x_0 \in \mathbf{R}$ 连续, 如果对于包含点 $f(x_0)$ 的任一开集 U, 存在包含 x_0 的开集 V 使得 $f(V) \subset U$. 若 f 在每一点都连续, 就称 f 是连续函数, 如图 3.2 所示.

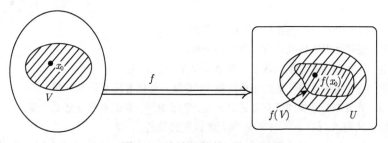

图 3.2　连续函数的 Venn 图

3.4 平面上的拓扑

平面 $\mathbf{R}^2$ 上一个圆的内部的所有点的集合是一个开圆盘, 它在平面上的作用类似开区间在实直线上的作用. 以点 (a,b) 为圆心, r 为半径的开圆盘 (图 3.3) 是集合

$$G = \{(x,y)|(x-a)^2 + (y-b)^2 < r^2\}.$$

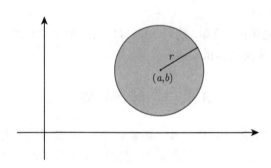

图 3.3 开圆盘

定义 3.4.1 设集合 $A \subset \mathbf{R}^2$. 如果存在开圆盘 G_p 使得 $p \in G_p \subset A$, 则 $p \in A$ 叫做 A 的内点, 集合 A 叫 p 点的邻域. 如果 A 是属于它的任何一点的邻域, A 叫平面上的开集.

显然任何一个开圆盘都是开集, 整个平面和空集也都是开集. 平面 $\mathbf{R}^2$ 的一个子集 B 叫闭集, 如果它的补集是开集.

下面有类似直线的一个定理.

定理 3.4.1 平面 $\mathbf{R}^2$ 开集的任意并还是开集, 平面 $\mathbf{R}^2$ 开集的有限交还是开集.

习 题 3

1. 证明: 每一个收敛序列都是 Cauchy 序列.
2. 证明: 任何有界实数列必含有收敛的子列.
3. 证明: 任何有界的无限实数子集都至少存在一个聚点.
4. 证明: 实直线开集的任意并还是开集, 实直线开集的有限交还是开集.
5. 证明: 平面 $\mathbf{R}^2$ 开集的任意并还是开集, 平面 $\mathbf{R}^2$ 开集的有限交还是开集.
6. 分别求区间 (a,b), $[a,b)$, $[a,b]$ 和无理数集的导集.
7. 设 a 为 $\mathbf{R}^2$ 的一个子集 A 的聚点, 证明: 点 a 的任意开邻域都包含着 A 的无限多个点.

习 题 3

8. 对于以 a 为心, 半径为 r 的开圆盘 $D \in \mathbf{R}^2$. 证明: 存在以有理数为心, 有理数为半径的开圆盘 W 使得 $a \in W \subset D$.

9. 证明 $\mathbf{R}^2$ 中的开集都可以表示成可数个开圆盘的并集.

10. 证明: 若函数 $f, g: \mathbf{R} \to \mathbf{R}$ 都是连续函数, 则 $f \cdot g: \mathbf{R} \to \mathbf{R}$ 也是连续函数.

11. 证明 $\mathbf{R}^2$ 的任意多个闭集的交还是闭集.

12. 证明 $\mathbf{R}^2$ 的有限多个闭集的并还是闭集.

13. 证明 $\mathbf{R}^2$ 的一个子集是闭集的充要条件是它包含它所有的聚点.

14. 证明: 若函数 $f: \mathbf{R}^2 \to \mathbf{R}^2$ 是连续函数 $\iff$ 开圆盘的逆像是开集.

15. 若函数 $f: [a, b] \to \mathbf{R}$ 是连续函数, 则对 $f(a), f(b)$ 之间的任意实数 c, 必存在某个 $x_0 \in [a, b]$ 使得 $f(x_0) = c$.

第4章 拓扑空间

本章借鉴域和可测空间的定义，然后高度抽象第 3 章的实直线上的拓扑，建立拓扑和拓扑空间等的概念；本质上，拓扑空间是欧几里得空间的一种推广。最早研究抽象空间的是 Fréchet。他在 1906 年引进了度量空间的概念。Hausdorff 在《集论大纲》(1914 年) 中用开邻域定义了比较一般的拓扑空间，标志着用公理化方法研究连续性的一般拓扑学的产生。随后波兰学派和苏联学派对拓扑空间的基本性质 (分离性、紧性、连通性等) 做了系统的研究。经过二十世纪三十年代中期起布尔巴基学派的补充 (一致性空间、仿紧性等) 和整理，一般拓扑学趋于成熟，成为第二次世界大战后数学研究的共同基础。

4.1 拓扑概念

与域和可测空间的定义类似，我们有如下的拓扑和拓扑空间的概念。

定义 4.1.1 设 $\mathcal{T}$ 是非空集合 X 的一个子集族，如果它满足

(T1) $X, \varnothing \in \mathcal{T}$;

(T2) $\mathcal{T}$ 对有限交运算封闭;

(T3) $\mathcal{T}$ 对任意并运算封闭.

则称 $\mathcal{T}$ 是 X 上的一个拓扑，$(X, \mathcal{T})$ 叫拓扑空间，简称 X 是拓扑空间。$\mathcal{T}$ 中的元素叫做开集。

例 4.1.1 因为第 3 章中讲到的实直线开集的任意并还是开集，实直线开集的有限交还是开集；并且，空集和实直线本身也都是开集，所以，按照上面的拓扑的定义，实直线上所有的开集组成它的一个拓扑，称为实数集的通常拓扑。第 3 章中讲到的 $\mathbf{R}^2$ 上也是如此，即第 3 章中讲到的实数和 $\mathbf{R}^2$ 上的开集也是它们作为拓扑空间的开集。

例 4.1.2 设集合 $X = \{a, b, c\}$，考虑它的如下子集族：

(1) $\mathcal{T}_1 = \{X, \varnothing\}$;

(2) $\mathcal{T}_2 = \{X, \varnothing, \{a\}, \{b\}, \{c\}, \{a,b\}, \{a,c\}, \{b,c\}\}$;

(3) $\mathcal{T}_3 = \{X, \varnothing, \{a\}, \{a,b\}\}$;

(4) $\mathcal{T}_4 = \{X, \varnothing, \{a\}, \{c\}, \{a,b\}\}$;

(5) $\mathcal{T}_5 = \{X, \{a\}, \{b\}, \{c\}, \{a,b\}, \{a,c\}, \{b,c\}\}$;

(6) $\mathcal{T}_6 = \{\varnothing, \{a\}, \{b\}, \{c\}, \{a,b\}, \{a,c\}, \{b,c\}\}$;

(7) $\mathcal{T}_7 = \{X, \varnothing, \{b\}, \{c\}, \{a,b\}, \{b,c\}\}$;

(8) $\mathcal{T}_8 = \{X, \varnothing, \{b\}, \{c\}, \{a,b\}, \{a,c\}, \{b,c\}\}$.

则 $\mathcal{T}_1, \mathcal{T}_2, \mathcal{T}_3, \mathcal{T}_7$ 都可以构成集合 X 上的拓扑, 因为它们都满足拓扑定义的三条 (T1)—(T3); 而 $\mathcal{T}_4$ 不是拓扑, 是因为 $\{a\} \bigcup \{c\} = \{a,c\} \notin \mathcal{T}_4$, 即不满足 (T3); 集族 $\mathcal{T}_5$ 不是拓扑, 是因为 $\varnothing \notin \mathcal{T}_5$, 即不满足 (T1); 集族 $\mathcal{T}_6$ 不是拓扑, 是因为 $X \notin \mathcal{T}_6$, 也不满足 (T1); 集族 $\mathcal{T}_8$ 不是拓扑, 是因为 $\{a,b\} \bigcap \{a,c\} = \{a\} \notin \mathcal{T}_8$, 即不满足 (T2).

注意: 拓扑空间 $(X, \mathcal{T}_1), (X, \mathcal{T}_2), (X, \mathcal{T}_3), (X, \mathcal{T}_7)$ 是集合 X 上的四个不同的拓扑空间, 类似于同一块地皮上的不同的但都是合理的区域划分一样. 另外, $(X, \mathcal{T}_1)$ 是集合 X 上开集最少的拓扑空间, $(X, \mathcal{T}_2)$ 是集合 X 上开集最多的拓扑空间.

例 4.1.3 若一个拓扑空间的开集只有空集和空间本身, 则称它是平庸拓扑空间, 简称平庸空间, 相应的拓扑称为平庸拓扑. 如以上的 $\mathcal{T}_1$ 就是 X 上的平庸拓扑. 若一个拓扑空间的任何一个子集都是开集, 即它的拓扑是幂集, 则称它是离散拓扑空间, 简称离散空间, 其拓扑称为离散拓扑. 如上例中的 $\mathcal{T}_2$ 就是 X 上的离散拓扑.

例 4.1.4 设 $\mathcal{T}$ 是 X 的子集族, 它由 X 的每个有限集的余集及空集所构成. 则 $\mathcal{T}$ 是 X 上的一个拓扑, 称为 X 上的有限余拓扑. 这是因为

(1) $\varnothing' = X, X \in \mathcal{T}$; 另外, 根据定义便有 $\varnothing \in \mathcal{T}$.

(2) 若 $A, B \in \mathcal{T}$, 当 A 和 B 中有一个是空集时, 则 $A \bigcap B = \varnothing \in \mathcal{T}$; 当 A 和 B 中都不是空集时, 由 $\mathcal{T}$ 的定义知, A', B' 都是 X 的有限子集, 从而 $(A \bigcap B)' = A' \bigcup B'$ 也是 X 的有限子集, 所以 $A \bigcap B \in \mathcal{T}$.

(3) 对任意的 $\mathcal{T}_1 \subset \mathcal{T}$. 令 $\mathcal{T}_2 = \mathcal{T}_1 - \{\varnothing\}$, 显然有 $\bigcup_{A \in \mathcal{T}_1} A = \bigcup_{A \in \mathcal{T}_2} A$. 当 $\mathcal{T}_2 = \varnothing$ 时, 则 $\bigcup_{A \in \mathcal{T}_1} A = \bigcup_{A \in \mathcal{T}_2} A = \varnothing \in \mathcal{T}$. 当 $\mathcal{T}_2 \neq \varnothing$ 时, 取 $B \in \mathcal{T}_2$, 则 B' 是 X 的一个有限子集, 从而

$$\left(\bigcup_{A \in \mathcal{T}_1} A\right)' = \left(\bigcup_{A \in \mathcal{T}_2} A\right)' = \bigcap_{A \in \mathcal{T}_2} A' \subset B'.$$

所以 $\bigcup_{A \in \mathcal{T}_1} A \in \mathcal{T}$.

根据 (1)—(3), $\mathcal{T}$ 是 X 的一个拓扑. 拓扑空间 $(X, \mathcal{T})$ 称为一个有限余空间.

例 4.1.5 设 $\mathcal{T}$ 是由 X 的所有可数集的余集及空集组成的子集族, 类似例 4.1.4, 易知 $\mathcal{T}$ 也是 X 上的一个拓扑, 称为 X 上可数余拓扑.

例 4.1.6 设 X 为三个元素 a, b, c 的集合, 在 X 上有许多种可能的拓扑, 有几种画在图 4.1 拓扑图中. 其中右上角图所表示的拓扑 $\{X, \varnothing, \{a,b\}, \{b\}, \{b,c\}\}$; 左上角图所表示的拓扑只有两个开集 $\{X, \varnothing\}$; 右下角图所表示的拓扑由 X 的所有子集组成. 通过排列 a, b, c 还可以得到 X 上的另外一些拓扑.

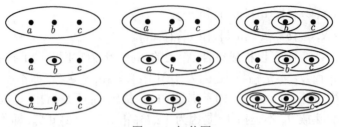

图 4.1 拓扑图

由此例可见, 即使只有三个元素的集合, 也有许多种不同的拓扑. 但这并不是说 X 的任意子集族都是 X 的拓扑. 非拓扑图 4.2 中的两个集族都不是拓扑.

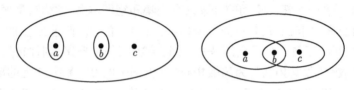

图 4.2 非拓扑图

注 4.1.1 公有制是人类社会的平庸拓扑; 私有制是其离散拓扑.

例 4.1.7 若以 $\mathcal{T}_R$ 表示实数集合中的由开集组成的集合类, 则易证 Borel 集类 $\mathcal{B}_R = \sigma(\mathcal{T}_R)$. 所以可以把 Borel 集的概念一般化: 对于拓扑空间 $X, \mathcal{T}$, 可以把 $\mathcal{W} = \sigma(\mathcal{T})$ 称为 X 上的 Borel 集合类, 其中的集合称为 X 上的 Borel 集, 而 $(X, \mathcal{W})$ 叫做拓扑可测空间.

定义 4.1.2 设 $\mathcal{T}$ 和 $\mathcal{T}'$ 是非空集合 X 的两个拓扑, 如果 $\mathcal{T} \subset \mathcal{T}'$, 则称 $\mathcal{T}'$ 细于 $\mathcal{T}$; 若是严格包含关系, 则称 $\mathcal{T}'$ 严格细于 $\mathcal{T}$.

4.2 邻域与邻域系

定义 4.2.1 设 x 是拓扑空间 $(X, \mathcal{T})$ 中的一点, U 是 X 中的一个子集. 如果存在一个开集 V 使得

$$x \in V \subset U,$$

则称 U 是 x 的一个邻域, x 是 U 的内点. 点 x 的所有邻域构成的集族叫做点 x 的邻域系, 记作 $\mathcal{U}_x$.

例 4.2.1 设 a 为一个实数, 在实直线的通常拓扑下 $[a-\delta, a+\delta], (a-\delta, a+\delta], [a-\delta, a+\delta), (a-\delta, a+\delta)$ 这些以 a 为中心的区间都是 a 的邻域, 因为它含开区间 $(a-\delta, a+\delta)$, 而这个开区间含 a.

例 4.2.2 在实直线的通常拓扑下, 开区间 $(a, b), (-\infty, a), (a, +\infty)$ 都是属于

它们的任何一点的邻域, 因为定义中的开集 V 取它们自身就行. 而区间 $[a,b)$ 则不然, 这是由于 $[a,b)$ 不是属于它的点 a 的邻域.

定理 4.2.1 拓扑空间 $(X,\mathcal{T})$ 的子集 A 是开集的充分必要条件是 A 是属于它的每一点的邻域, 即只要 $a \in A$, A 就是 a 的一个邻域.

证明 必要性显然. 以下证明充分性.

如果 A 是空集, 自然成立. 下面不妨设 $A \neq \varnothing$. 由已知只要 $a \in A$, 就存在开集 B_a 满足 $a \in B_a \subset A$, 所以

$$A = \bigcup_{a \in A} \{a\} \subset \bigcup_{a \in A} B_a \subset A.$$

因此有 $A = \bigcup_{a \in A} B_a$. 根据拓扑的定义, A 是一个开集.

关于点的邻域系问题, 是罗列在下面命题中的四个性质, 它们称为邻域公理. 这是因为也可以用它们作为公理来定义集合的拓扑.

定理 4.2.2 关于拓扑空间 $(X,\mathcal{T})$ 的邻域系 $\mathcal{U}_x$, 我们有

(1) 对于任何 $x \in X, \mathcal{U}_x \neq \varnothing$; 并且如果 $A \in \mathcal{U}_x$, 则 $x \in A$;

(2) 邻域系 $\mathcal{U}_x$ 对有限交运算封闭;

(3) 如果 $A \in \mathcal{U}_x$, $A \subset B$, 则 $B \in \mathcal{U}_x$;

(4) 对任意的 $U \in \mathcal{U}_x$, 都存在 $V \in \mathcal{U}_x$ 满足条件: $V \subset U$ 并且对于任何 $y \in V$, 都有 $V \in \mathcal{U}_y$.

证明 (1) 因为 X 是开集, 所以 $X \in \mathcal{U}_x$. 且由邻域系的定义, 如果 $A \in \mathcal{U}_x$, 则 $x \in A$;

(2) 设 $U, V \in \mathcal{U}_x$, 则存在开集 A, B, 使得 $x \in A \subset U$ 和 $x \in B \subset V$ 成立. 从而我们有, $x \in A \cap B \subset U \cap V$. 由拓扑定义, $A \cap B$ 是开集, 再由邻域的定义可知 $U \cap V \in \mathcal{U}_x$;

(3) 设 $A \in \mathcal{U}_x$, 则存在开集 V, 使得 $x \in V \subset A$, 又 $A \subset B$, 所以 $x \in V \subset B$, 因此 $B \in \mathcal{U}_x$;

(4) 对任意的 $U \in \mathcal{U}_x$, 由邻域系及邻域的定义, 取 V 为满足条件 $x \in V \subset U$ 的开集 V. 自然地, 结论成立.

以上定理表明, 我们完全可以从邻域系的概念出发来建立拓扑空间理论, 这种做法在点集拓扑发展的早期常被采用. 这种做法也许显得自然一点, 但不如现在流行的从开集概念出发定义拓扑来得简洁.

4.3 聚点、闭集与闭包

定义 4.3.1 设集合 A 是拓扑空间 $(X,\mathcal{T})$ 的子集, 则点 $x \in X$ 称为 A 的一

个聚点或极限点,如果包含 x 的每一个开集 D 都含有 A 中异于 x 的点,即

$$D\bigcap(A-\{x\})\neq\varnothing.$$

集合 A 的所有聚点的集合,称为 A 的导集,记作 A^d. 如果 $x\in A$, 但 $x\notin A^d$, 则称点 x 是集合 A 的一个孤立点.

也就是说,$x\in X$ 是集合 A 的一个聚点当且仅当对包含 x 的每一个邻域 U, 都有 $U\bigcap(A-\{x\})\neq\varnothing$.

例 4.3.1 设集合 $X=\{a,b,c\}$, 考虑它的拓扑

$$\mathcal{T}=\{X,\varnothing,\{b\},\{c\},\{a,b\},\{b,c\}\},$$

则点 a 是集合 $\{b\}$ 的聚点,因为点 a 的开邻域只有集合 $\{a,b\}$ 和 X, 它们都满足

$$D\bigcap(A-\{a\})=\{b\}\neq\varnothing.$$

这里 D 等于 $\{a,b\}$ 或 X, $A=\{b\}$. 而 b,c 都不是集合 $\{b\}$ 的聚点, b 不是集合 $\{b\}$ 的聚点是因为 $A-\{b\}=\{b\}-\{b\}=\varnothing$, 从而有 $D\bigcap(A-\{b\})=D\bigcap\varnothing=\varnothing$; c 不是集合 $\{b\}$ 的聚点是因为 c 有一个开邻域 $\{c\}$, 使得 $\{c\}\bigcap(\{b\}-\{c\})=\{c\}\bigcap\{b\}=\varnothing$; 所以集合 $\{b\}$ 的导集是单点集 $\{a\}$. 类似地,易知集合 $\varnothing,\{a\},\{a,c\}$ 和 $\{c\}$ 的导集都是空集, $\{a,b\},\{c,b\}$ 和 $\{a,b,c\}$ 的导集都是 $\{a\}$.

例 4.3.2 设 X 为多于一点的平庸空间,即开集只有 X 与 $\varnothing$ 的拓扑空间,则 X 是能含任何一点 $x\in X$ 的唯一开集,因此除了空集及单点集外, X 的任何其他子集都以 x 为聚点,故

$$A^d=\begin{cases}\varnothing, & A=\varnothing,\\ X-\{x\}, & A=\{x\},\\ X, & A\text{ 是多于一点的子集}.\end{cases}$$

例 4.3.3 设 X 为离散空间,即它的每个子集都是开集的拓扑空间,特别地,单点集也都是开集,所以其任何子集都没有聚点,它们的导集都是空集.

定理 4.3.1 设 $(X,\mathcal{T})$ 为任意一个拓扑空间, $A,B\subset X$, 则
(1) 空集的导集都是空集;
(2) 若 $A\subset B$, 则 $A^d\subset B^d$;
(3) $(A\bigcup B)^d=A^d\bigcup B^d$;
(4) $(A^d)^d\subset A\bigcup A^d$.

证明 (1) 因为空集与任何集合的差都是空集,并且任何集合与空集的交也都是空集,所以拓扑空间中的任何一点都不是空集的聚点,即空集的导集都是空集;

4.3 聚点、闭集与闭包

(2) 若 $A \subset B$, 则对任意的 $p \in A^d$ 及任意的 $U \in \mathcal{U}_p$, 可得

$$U \bigcap (B - \{p\}) \supset U \bigcap (A - \{p\}) \neq \varnothing,$$

所以 $p \in B^d$, 故 $A^d \subset B^d$;

(3) 由 (2) 知 $A^d \subset (A \bigcup B)^d$, $B^d \subset (A \bigcup B)^d$, 所以 $A^d \bigcup B^d \subset (A \bigcup B)^d$; 下证 $A^d \bigcup B^d \supset (A \bigcup B)^d$. 对任意的 $p \notin A^d \bigcup B^d$, 则存在 $U, V \in \mathcal{U}_p$, 使得 $U \bigcap (A - \{p\}) = \varnothing$, $V \bigcap (B - \{p\}) = \varnothing$. 记 $M = U \bigcap V$, 则

$$\begin{aligned} & M \bigcap [(A \bigcup B) - \{p\}] \\ = & M \bigcap [(A - \{p\}) \bigcup (B - \{p\})] \\ = & [M \bigcap (A - \{p\})] \bigcup [M \bigcap (B - \{p\})] \\ \subset & [U \bigcap (A - \{p\})] \bigcup [V \bigcap (B - \{p\})] = \varnothing, \end{aligned}$$

因此, $p \notin (A \bigcup B)^d$. 所以 $A^d \bigcup B^d \supset (A \bigcup B)^d$.

(4) 下证其逆否命题成立.

$$x \notin A \bigcup A^d \Rightarrow x \notin A \text{ 并且 } x \notin A^d$$
$$\Rightarrow \exists\, M \in \mathcal{U}_x, \text{ s.t. } M \bigcap (A - \{x\}) = \varnothing \Rightarrow M \bigcap A = \varnothing.$$

因为 $M \in \mathcal{U}_x$ 所以存在开集 V 满足 $x \in V \subset M$. 则 $V \bigcap A = \varnothing$, 因此对任意的 $y \in V$, 都有 $V \bigcap (A - \{y\}) = \varnothing$. 注意到 V 是开集, 可得 $y \notin A^d$, 从而 $V \bigcap A^d = \varnothing \Rightarrow V \bigcap (A^d - \{x\}) = \varnothing$, 于是 $x \notin (A^d)^d$. 证毕.

定义 4.3.2 设 $(X, \mathcal{T})$ 是一个拓扑空间, X 的一个子集 A 称为一个闭集如果它的余集 A' 是一个开集, 即 $A' \in \mathcal{T}$.

例 4.3.4 设集合 $X = \{a, b, c, d\}$, 考虑它的拓扑

$$\mathcal{T} = \{X, \varnothing, \{b\}, \{c\}, \{a, b, d\}, \{b, c\}\},$$

则它的闭集族为

$$\mathcal{F} = \{X, \varnothing, \{a, d\}, \{c\}, \{a, b, d\}, \{a, c, d\}\}.$$

注意: 有多少开集就相应地有多少个闭集, 且有些子集既是开集又是闭集, 如上例中的 $X, \varnothing, \{c\}, \{a, b, d\}$; 当然有些子集既不是开集又不是闭集, 如 $\{a\}, \{d\}, \{a, c\}, \{a, b\}, \{b, d\}, \{a, b, c\}, \{b, c, d\}$ 等.

例 4.3.5 设 X 为一个离散空间, 即 X 的每个子集都是开集. 于是, X 的每个子集也是闭集. 这说明在离散拓扑空间里, 它的每个子集既是闭集又是开集.

我们知道, 对拓扑空间 X 的任何子集 A, 有 $(A')' = A$. 由此得如下定理.

定理 4.3.2　拓扑空间 X 的一个子集 A 是开集的充要条件是它的余集 A' 是一个闭集.

由拓扑空间的定义及 D. M. 律即得如下定理.

定理 4.3.3　设 $\mathcal{F}$ 是由拓扑空间 $(X,\mathcal{T})$ 的所有闭子集构成的集族, 则

(F1) $X, \varnothing \in \mathcal{F}$;

(F2) $\mathcal{F}$ 对有限并运算封闭;

(F3) $\mathcal{F}$ 对任意交运算封闭.

闭集也可以用它的聚点来刻画如下.

定理 4.3.4　拓扑空间 $(X,\mathcal{T})$ 的子集 W 是闭集的充要条件为 W 含有它所有的聚点. 换句话说, W 是闭集的充要条件是 W 的导集 W^d 是 W 的子集, 即 $W^d \subset W$.

证明　拓扑空间 $(X,\mathcal{T})$ 的子集 W 是闭集的充要条件为 W' 是开集, 而 $W'\bigcap W = \varnothing \Leftrightarrow$ 对任意的 $x \in W' \in \mathcal{U}_x$, 都有 $W'\bigcap(W-\{x\}) = \varnothing \Leftrightarrow x \notin W^d$, 即对任意的 $x \notin W$, 总有 $x \notin W^d$. 所以 $W^d \subset W$.

定义 4.3.3　设集合 A 是拓扑空间 $(X,\mathcal{T})$ 的子集, 集合 $A\bigcup A^d$ 叫做 A 的闭包, 记作 $\overline{A}$.

注 4.3.1　点 $x \in \overline{A}$ 当且仅当对任意的 $U \in \mathcal{U}_x$, 都有 $U\bigcap A \neq \varnothing$.

证明　如果 $x \in \overline{A}$, 即 $x \in A\bigcup A^d$, 那么 $x \in A$ 或者 $x \in A^d$. 前者显然成立; 后者当且仅当对任意的 $U \in \mathcal{U}_x$, 都有 $U\bigcap(A-\{x\}) \neq \varnothing$. 故

$$U\bigcap A \supset U\bigcap(A-\{x\}) \neq \varnothing.$$

另一方面, 假设对任意的 $U \in \mathcal{U}_x$, 都有 $U\bigcap A \neq \varnothing$. 因为 $\overline{A}'\bigcap \overline{A} = \varnothing$, 故 $\overline{A}'\bigcap A = \varnothing$. 所以 $\overline{A}'$ 不可能是 x 的邻域. 因此 $x \in \overline{A}$.

定理 4.3.5　任意拓扑空间 $(X,\mathcal{T})$ 的任意子集 A 的闭包总是闭集.

证明　只需证明 $\overline{A}'$ 是开集. 对任意的 $x \in \overline{A}' = (A\bigcup A^d)'$, 则 $x \notin A$ 且 $x \notin A^d$, 所以存在开集 $U \in \mathcal{U}_x$, 满足 $U\bigcap A = U\bigcap(A-\{x\}) = \varnothing$; 注意到 U 是开集, 则对任意的 $y \in U$, 都有 $y \notin A^d$, 从而 $U\bigcap A^d = \varnothing$, 于是

$$U\bigcap(A\bigcup A^d) = (U\bigcap A)\bigcup(U\bigcap A^d) = \varnothing\bigcup\varnothing = \varnothing.$$

所以 $U \subset (A\bigcup A^d)'$. 这证明对任意的 $x \in \overline{A}'$, $\overline{A}'$ 都是 x 的邻域, 因此 $\overline{A}' = (A\bigcup A^d)'$ 是开集, 所以子集 A 的闭包总是闭集.

定理 4.3.6　一个拓扑空间的任意子集 W 是闭集当且仅当 $\overline{W} = W$.

证明　因为 W 是闭集的充要条件是 W 的导集 W^d 是 W 的子集, 即 $W^d \subset W$, 当且仅当 $W^d\bigcup W = W$, 即 $\overline{W} = W$.

4.3 聚点、闭集与闭包

定理 4.3.7 设集合 A, B 是拓扑空间 $(X, \mathcal{T})$ 的任意两个子集, 则

(1) $\overline{\varnothing} = \varnothing$;
(2) $A \subset \overline{A}$;
(3) $\overline{A \cup B} = \overline{A} \cup \overline{B}$;
(4) $\overline{\overline{A}} = \overline{A}$.

证明 (1) 是因为空集的导集还是空集;
(2) 根据闭包的定义可得;
(3) 是因为

$$\overline{A \cup B} = (A \cup B) \cup (A \cup B)^d = (A \cup B) \cup (A^d \cup B^d)$$
$$= (A \cup A^d) \cup (B \cup B^d) = \overline{A} \cup \overline{B};$$

(4) 因为

$$\overline{\overline{A}} = \overline{A \cup A^d} = \overline{A} \cup \overline{A^d} = (A \cup A^d) \cup [A^d \cup (A^d)^d]$$
$$= (A \cup A^d) \cup (A^d)^d = (A \cup A^d) = \overline{A}.$$

注 4.3.2 若 $A \subset B$, 则 $\overline{A} \subset \overline{B}$. 这是因为若 $A \subset B$, 则 $A^d \subset B^d$, 从而 $A \cup A^d \subset B \cup B^d$, 即 $\overline{A} \subset \overline{B}$.

定理 4.3.8 拓扑空间 $(X, \mathcal{T})$ 的子集 A 的闭包等于包含它的所有闭集的交集.

证明 设 $\mathcal{F}$ 表示该拓扑空间中的所有闭集组成的集族, 只需证明

$$\overline{A} = \bigcap_{A \subset F, F \in \mathcal{F}} F.$$

因为 $\overline{A}$ 是闭集, 且 $A \subset A \cup A^d = \overline{A}$, 从而 F 会在某个时刻取到它, 所以

$$\overline{A} \supset \bigcap_{A \subset F, F \in \mathcal{F}} F.$$

另一方面, 由于 $A \subset F, F \in \mathcal{F}$, 所以 $A \subset \bigcap_{A \subset F, F \in \mathcal{F}} F$, 于是有

$$\overline{A} \subset \overline{\bigcap_{A \subset F, F \in \mathcal{F}} F} = \bigcap_{A \subset F, F \in \mathcal{F}} F.$$

等号成立是因为任意多个闭集的交还是闭集. 综上两点, 结论成立.

注 4.3.3 该定理表明一个集合的闭包是包含这个集合的所有闭集之中最小的一个.

例 4.3.6 在实直线的通常拓扑下, $[a,b], (a,b], [a,b), (a,b)$ 这四个区间的导集都是闭区间 $[a,b]$, 从而它们的闭包都是闭区间 $[a,b]$.

4.4 内部与边界

定义 4.4.1 设 x 是拓扑空间 $(X,\mathcal{T})$ 中的一点, U 是 X 中的一个子集. 如果存在一个开集 V 使得
$$x \in V \subset U,$$
则称 U 是 x 的一个邻域, x 是 U 的内点. 集合 U 的所有内点的集合叫做集合 U 的内部, 记作 $\text{int}(A)$ 或 $\mathring{A}$, A°.

定理 4.4.1 拓扑空间 $(X,\mathcal{T})$ 的子集 A 的内部等于包含于 A 的所有开集之并. 从而有

(1) $\mathring{A}$ 是开集;

(2) A 是开集当且仅当 $A = \mathring{A}$.

证明 设 $\{G_i : i \in I\}$ 是包含在 A 中的所有开集组成的集族. 如果 $x \in \mathring{A}$, 则存在指标 $i_0 \in I$, 使得 $x \in G_{i_0} \subset A$, 故 $x \in \bigcup_{i \in I} G_i$; 另一方面, 如果 $x \in \bigcup_{i \in I} G_i$, 则存在指标 $i_1 \in I$, 满足 $x \in G_{i_1} \subset A$, 所以 x 是 A 的内点, 于是 $x \in \mathring{A}$. 因此有

$$\mathring{A} = \bigcup_{i \in I} G_i, \quad 即 \quad \mathring{A} = \bigcup_{V \subset A, V \in \mathcal{T}} V.$$

(1) 是因为开集的任意并还是开集;

(2) 由内部的定义易知 $\mathring{A} \subset A$. 若 A 是开集, 根据 $A \subset A$ 及 A 的内部等于包含于 A 的所有开集之并, 可得 $\mathring{A} \supset A$, 故 $A = \mathring{A}$; 另一方面, 若 $A = \mathring{A}$, 根据 (1) 的结果 $\mathring{A}$ 是开集, 即有 A 是开集.

注 4.4.1 该定理表明一个集合的内部是包含于这个集合的所有开集之中最大的开集.

定理 4.4.2 拓扑空间 $(X,\mathcal{T})$ 的子集 A 的内部等于 A 的补集的闭包的补集, 即 $\mathring{A} = A'^{-\prime}$. 从而 $\overline{A} = A'^{\circ\prime}$.

证明 **证法一** 设 $x \in \mathring{A}$, 则 $A \in \mathcal{U}_x$. 又因为 $A \cap A' = \varnothing$, 故 $x \notin \overline{A'}$, 所以 $x \in A'^{-\prime}$. 另一方面, 若 $x \in A'^{-\prime}$, 则 $x \notin \overline{A'}$. 于是存在 $V \in \mathcal{U}_x$, 满足 $V \cap A' = \varnothing$, 故 $V \subset A'' = A$, 因此 $A \in \mathcal{U}_x$, 即有 $x \in \mathring{A}$. 综上两点, 结论得证.

证法二
$$\mathring{A} = \bigcup_{V \subset A, V \in \mathcal{T}} V = \bigcup_{V \subset A, V \in \mathcal{T}} V$$
$$= \bigcup_{U' \subset A, U' \in \mathcal{T}} U' = \bigcup_{U \supset A', U \in \mathcal{F}} U'$$
$$= \left(\bigcap_{U \supset A', U \in \mathcal{F}} U \right)' = A'^{-\prime}.$$

4.4 内部与边界

关于 $\overline{A} = A'^{\circ\prime}$, 只需将已证等式中的 A 代换成它的余集 A', 并将等式两边取余集运算即得.

定理 4.4.3 设集合 A, B 是拓扑空间 $(X, \mathcal{T})$ 的任意两个子集, 则

(1) $\mathring{X} = X$;

(2) $A \supset \mathring{A}$;

(3) $(A \cap B)^\circ = \mathring{A} \cap \mathring{B}$;

(4) $\mathring{\mathring{A}} = \mathring{A}$.

证明 (1) 是因为 X 是开集;

(2) 根据内部的定义;

(3) 是因为
$$(A \cap B)^\circ = (A \cap B)'^{-\prime} = (A' \cup B')^{-\prime}$$
$$= (A'^- \cup B'^-)' = (A'^-{}') \cap (B'^-{}') = \mathring{A} \cap \mathring{B};$$

(4) 因为 $\mathring{A}$ 是开集.

注 4.4.2 若 $A \subset B$, 则 $\mathring{A} \subset \mathring{B}$. 这是因为对任意的 $x \in \mathring{A}$, 则 $A \in \mathcal{U}_x$, 又因为 $A \subset B$, 所以 $B \in \mathcal{U}_x$, 即有 $x \in \mathring{B}$. 因此 $\mathring{A} \subset \mathring{B}$.

定义 4.4.2 设集合 A 是拓扑空间 $(X, \mathcal{T})$ 的子集, $x \in X$. 如果 x 既不是集合 A 的内点又不是它的余集 A' 的内点, 则称 x 是集合 A 的边界点. 集合 A 的所有边界点的集合叫做它的边界, 记作 $\partial(A)$. 易知, x 是集合 A 的边界点当且仅当对任意的 $U \in \mathcal{U}_x$, 既有 $U \cap A \neq \varnothing$, 又有 $U \cap A' \neq \varnothing$ 同时成立.

关于一个集合与其闭包, 内部和边界之间存在如下的基本关系.

定理 4.4.4 设集合 A 是拓扑空间 $(X, \mathcal{T})$ 的任意子集, 则

(1) $\mathring{A} = \overline{A} - \partial(A) = A - \partial(A)$;

(2) $\overline{A} = \mathring{A} \cup \partial(A) = A \cup \partial(A)$;

(3) $\partial(A) = \overline{A} \cap \overline{A'} = \partial(A')$.

证明 先证 (3). 由定义易知 $\partial(A) = \partial(A')$; 又因为 x 是集合 A 的边界点当且仅当对任意的 $U \in \mathcal{U}_x$, 既有 $U \cap A \neq \varnothing$, 又有 $U \cap A' \neq \varnothing$ 同时成立, 此即当且仅当 $x \in \overline{A} \cap \overline{A'}$. 故 $\partial(A) = \overline{A} \cap \overline{A'}$.

(1) 由 D. M. 律可得
$$\overline{A} - \partial(A) = \overline{A} - (\overline{A} \cap \overline{A'}) = (\overline{A} - \overline{A}) \cup (\overline{A} - \overline{A'})$$
$$= \overline{A} - \overline{A'} = \overline{A} \cap A'^{-\prime} = \overline{A} \cap \mathring{A} = \mathring{A},$$
$$A - \partial(A) = A - (\overline{A} \cap \overline{A'}) = (A - \overline{A}) \cup (A - \overline{A'})$$
$$= A - \overline{A'} = A \cap A'^{-\prime} = A \cap \mathring{A} = \mathring{A};$$

(2) 由分配律可得

$$\mathring{A}\cup\partial(A) = \mathring{A}\cup(\overline{A}\cap\overline{A'}) = (\mathring{A}\cup\overline{A})\cap(\mathring{A}\cup\overline{A'})$$
$$= \overline{A}\cap(\mathring{A}\cup\mathring{A'}) = \overline{A}\cap X = \overline{A};$$

后一等式成立是因为由前一等式知 $\partial(A) \subset \overline{A}$, 以及 $A \subset \overline{A}$, 故

$$A\cup\partial(A) \subset \overline{A} = \mathring{A}\cup\partial(A).$$

而 $A\cup\partial(A) \supset \mathring{A}\cup\partial(A)$ 是显然的.

例 4.4.1 在实直线的通常拓扑下, $[a,b],(a,b],[a,b),(a,b)$ 这四个区间的内部都是开区间 (a,b). 它们的边界是由它们的端点组成的两点集 $\{a,b\}$.

例 4.4.2 设集合 $X = \{a,b,c\}$, 考虑它的拓扑

$$\mathcal{T} = \{X, \varnothing, \{b\}, \{c\}, \{a,b\}, \{b,c\}\},$$

则集合 $X, \varnothing, \{b\}, \{c\}, \{a,b\}, \{b,c\}$ 的内部都是它们自己, 因为它们都是该拓扑空间的开集; 集合 $\{a,c\}$ 的内点只有 c, 因为 $c \in \{c\} \subset \{a,c\}$, 并且 $\{c\}$ 是开集; 而包含 a 的开集 $\{a,b\}, X$ 都不是集合 $\{a,c\}$ 的子集; 所以集合 $\{a,c\}$ 的内部是单点集 $\{c\}$.

集合 $\{a,c\}$ 的边界是单点集 $\{a\}$, 因为 a 既不是 $\{a,c\}$ 的内点又显然不是开集 $\{b\} = \{a,c\}'$ 的内点. 由以上定理, 所以 $\overline{\{a,c\}} = \{c\}\cup\{a\} = \{a,c\}$. 这与 $\{a,c\}$ 为闭集是一致的. 此点是因为 $\{a,c\}$ 是开集 $\{b\}$ 的余集.

例 4.4.3 考察通常实数空间的有理数集 **Q**. 由于 **R** 中的任何开集都既含有理点也含无理点, 故 **Q** 无内点, 即 $\mathring{\mathbf{Q}} = \varnothing$. 同理, 无理数集也无内点. 于是 **Q** 的边界是整个实数集, 即 $\partial(\mathbf{Q}) = \mathbf{R}$.

定义 4.4.3 拓扑空间 X 的子集 A 称为在 X 中是**无处稠密的**, 如果 A 的闭包的内部是空集, 即 $\mathring{\overline{A}} = \varnothing$.

例 4.4.4 考察通常实数空间的子集 $A = \left\{1, \frac{1}{2}, \cdots, \frac{1}{n}, \cdots\right\}$. 易知 0 是其唯一的聚点, 从而 $\overline{A} = \left\{0, 1, \frac{1}{2}, \cdots, \frac{1}{n}, \cdots\right\}$. 则 A 在通常实数空间中是**无处稠密的**, 因为 A 在通常实数空间的闭包的内部是空集.

设 B 为 0 与 1 之间的有理点集, 则 B 的内部是空集. 但 B 不是无处稠密子集, 这是因为 $\overline{B} = [0,1]$, 并且闭区间 $[0,1]$ 的内部是开区间 $(0,1)$.

4.5 序列与滤子族

定义 4.5.1 设 $(X, \mathcal{T})$ 为拓扑空间, 映射 $S: \mathcal{N} \to X$ 叫做 X 中的序列或点列, 记作序列 $\{S(k)\}$. 如果 $S(k) = a_k$, 则序列也可记为 $\{a_k\}$ 或 $\{a_1, a_2, \cdots, a_n, \cdots\}$.

4.5 序列与滤子族

定义 4.5.2 设 $\{a_1, a_2, \cdots, a_n, \cdots\}$ 为拓扑空间 $(X, \mathcal{T})$ 的一个点列，a 为 X 中的一点. 我们称点列 $\{a_n\}$ 收敛于 a, 如果对于 a 的每个邻域 U, 都存在正整数 n_0, 使得当 $n > n_0$ 时, 总有 $a_n \in U$. 记作

$$\lim_{n \to \infty} a_n = a \quad \text{或} \quad a_n \to a \ (n \to \infty).$$

也就是说, 序列 $\{a_n\}$ 收敛于 a 当且仅当 a 的任何一个邻域 U 包含了点列的几乎所有的项.

定义 4.5.3 设 $\{a_1, a_2, \cdots, a_n, \cdots\}$ 为拓扑空间 $(X, \mathcal{T})$ 的一个点列，a 为 X 中的一点. 我们称 a 点是序列 $\{a_n\}$ 的聚点, 如果对于 a 的每个邻域 U 及任意正整数 n, 都存在 $k > n$ 使得 $a_k \in U$. 换句话说, a 点是序列 $\{a_n\}$ 的聚点当且仅当 a 的任何一个邻域 U 包含了点列中下标任意大的项.

例 4.5.1 令 $X = \mathbf{R}$. 如果 $a_n = \dfrac{1}{n}$, 则 0 是序列 $\{a_n\}$ 的收敛点. 如果 $a_n = (-1)^n \left(1 - \dfrac{1}{n}\right)$, 则序列 $\{a_n\}$ 有两个聚点 1 和 -1, 但是没有收敛点.

注 4.5.1 对通常的实数空间而言, 以上收敛定义正是数学分析中数列收敛的定义. 换句话说, 以上定义正是通常的实数空间数列收敛定义的本质在拓扑空间中的抽象和推广. 但下例表明, 这种推广因为拓扑的变化而与数学分析中形成的观念有很大不同.

例 4.5.2 平庸拓扑空间 X 中的任何一个序列都收敛, 而且收敛到任何一点. 这是因为在这个拓扑空间中, 任何一点的邻域都只有 X, 同时序列中的点也都是 X 中的点. 而离散空间中的两两不同的序列一定不收敛, 这是因为该拓扑空间中, 任何单点集都是开集, 从而是这点的邻域. 也就是说, 离散空间中的收敛的序列只能是形如 $\{a_1, a_2, \cdots, a_{n_0}, a, a, \cdots, a, \cdots\}$.

例 4.5.3 设 $\mathcal{T}$ 为无限集 X 上的可数余拓扑, 即这个拓扑是由 $\varnothing$ 及所有可数集的余集所构成的, 则 X 中的序列 $\{a_1, a_2, \cdots, a_n, \cdots\}$ 收敛于 a 的充要条件是该序列形如 $\{a_1, a_2, \cdots, a_{n_0}, a, a, \cdots, a, \cdots\}$, 即序列 $\{a_n\}$ 中不同于 a 的项组成的集合 A 是有限集.

充分性显然; 必要性是因为集合 A 的余集 A' 在可数余拓扑中是开集, 且 $a \in A', a_n \to a$, 所以 A' 包含了点列的几乎所有的项. 因此序列 $\{a_n\}$ 中不同于 a 的项组成的集合 A 是有限集.

定理 4.5.1 设 X 是一个拓扑空间, $A \subset X, x \in X$. 如果在集合 $A - \{x\}$ 中有一个序列 $\{x_n\}$ 收敛于 x, 则 x 是集合 A 的一个聚点.

证明 在题设下, 令 U 是 x 的任意一个邻域, 则存在自然数 N, 使得当 $n > N$ 时, 总有 $x_n \in U$, 从而 $x_n \in U \bigcap (A - \{x\})$. 故 x 是集合 A 的一个聚点.

例 4.5.4　上述定理的逆命题不成立.

设 $\mathcal{T}$ 为不可数集 X 上的可数余拓扑. 这个拓扑空间有两个特点:

(1) X 中的序列 $\{a_1, a_2, \cdots, a_n, \cdots\}$ 收敛于 a 的充要条件是该序列形如 $\{a_1, a_2, \cdots, a_{n_0}, a, a, \cdots, a, \cdots\}$(由例 4.5.3 可得).

(2) 如果 A 是 X 的不可数子集, 则 A 的导集是 X.

这是因为 X 中的任何一点的任何一个邻域 U 都包含着开邻域 V, 从而 $U' \subset V'$, 而非空开集 V' 是某个可数集, 于是 U' 也是可数集. 这样不可数子集 A 的导集就是 X, 否则必存在某点 p 的某个邻域 U, 使得 $U \bigcap (A - \{p\}) = \varnothing$. 则此时有 $A - \{p\} \subset U'$, 矛盾.

下面利用前两个特点说明例题. 设 $x_0 \in X$, 记 $A = X - \{x_0\}$, 则它是一个不可数集. 由 (2) 得 $x_0 \in A^d$, 即 x_0 是 A 的一个聚点; 可是由 (1), 在集合 $A - \{x_0\}$ 中不可能有序列收敛于 x_0.

定义 4.5.4　对序列 $\{a_k\}$ 而言, 序列 $\{a_{N(k)}\}$ 叫做序列 $\{a_n\}$ 的子序列, 如果 $N: \mathcal{N} \to \mathcal{N}$ 是个严格递增的映射. 也就是说, 序列 $\{a_{N(k)}\}$ 的第 k 项正是序列 $\{a_k\}$ 的第 $N(k)$ 项.

当序列 $\{a_k\}$ 只有一个点组成时, 称为常值序列. 明显地, 有如下结论.

定理 4.5.2　设 $\{a_k\}$ 是拓扑空间 $(X, \mathcal{T})$ 的一个点列, 则

(1) 常值序列总是收敛的;

(2) 收敛序列的子序列也总是收敛的.

上面关于序列 $\{a_n | n \in \mathcal{N}\}$ 的思想可以推广到任意集族 $\{x_i | i \in I\}$. 为了完成这一点, 必须把该集族联系上一个 I 上的滤子基 $\mathfrak{B}$, 这样我们就得到一个滤子化的集族 $\{x_i\} = \{x(i) | i \in I, \mathfrak{B}\}$. 除非特别说明, 序列 $\{a_n\}$ 总是被看成以 Fréchet 基 $\mathfrak{F} = \{s_m | m \in \mathcal{N}\}$ 为滤子基的滤子化的集族. 这里 $S_m = \{n | n \geqslant m, n, m \in \mathcal{N}\}$. 于是上述序列 $\{a_n | n \in \mathcal{N}\}$ 收敛的定义可以叙述为: a 点是序列 $\{a_n\}$ 的收敛点, 如果对于 a 的每个邻域 U, 都存在 $S \in \mathfrak{F}$, 使得

$$x(S) := \bigcup_{i \in S} \{x(i)\} \subset U.$$

同理, a 点是序列 $\{a_n\}$ 的聚点, 如果对于点 a 的任意邻域 U 及任意的 $S \in \mathfrak{F}$ 都有

$$x(S) \bigcap U \neq \varnothing.$$

以这种方式重述两个定义是为了将其推广到任意滤子化的集族. 那么 a 点是滤子化的集族 $\{x(i) | i \in I, \mathfrak{B}\}$ 的收敛点, 如果对于 a 的每个邻域 U, 都存在 $B \in \mathfrak{B}$, 使得

$$x(B) := \bigcup_{i \in B} \{x(i)\} \subset U.$$

也就是说, 滤子基 $x(\mathfrak{B})$ 部分包含在 a 的每个邻域 U 中. 因此 $x(\mathfrak{B}) \vdash \mathcal{U}_a$.

作为序列的一种特殊形式, 我们说有如下定义.

定义 4.5.5 $\{x(i)\}$ 收敛于 a, 如果 a 点是滤子化的集族 $\{x(i)|i \in I, \mathfrak{B}\}$ 的收敛点. 记作 $x_i \to a$.

同理, a 点是滤子化的集族 $\{x(i)|i \in I, \mathfrak{B}\}$ 的聚点, 如果对于点 a 的任意邻域 U 及任意的 $B \in \mathfrak{B}$, 都有

$$x(B) \bigcap U \neq \varnothing.$$

也就是说, 任意给定 a 的邻域 U, 滤子基 $x(\mathfrak{B})$ 不是部分包含在 U' 中.

令 $\{x_i\} = \{x(i)|i \in I, \mathfrak{B}\}$, $\{y_j\} = \{y(j)|j \in J, \widetilde{\mathfrak{B}}\}$ 是两个滤子化的集族. 如果 $x(\mathfrak{B}) \vdash y(\widetilde{\mathfrak{B}})$, 那么我们说 $\{x_i\}$ 是 $\{y_j\}$ 的子族, 并记作 $\{x_i\} \vdash \{y_j\}$. 易知, 序列 $\{a_n\}$ 的子序列 $\{a_{n_k}\}$ 也是 $\{a_n\}$ 的滤子化的子族.

如果 $x(\mathfrak{B})$ 是超滤子基, 则称 $\{x_i\}$ 是超滤子化的集族.

令 $\{x_i\} = \{x(i)|i \in I\}$ 是由集合 X 的元素构成的子集族, $\leqslant$ 是指标集 I 上的网格偏序关系, 那么 $S_k = \{i|i \in I, k \leqslant i\}$ 构成一个滤子基, 这是因为

(1) $S_k \neq \varnothing$, 因为 $k \in S_k$;

(2) $\forall i, \forall j, \exists k, k = \sup\{i,j\}, S_k \subset S_i \bigcap S_j$;

由集族 $\{x_i\} = \{x(i)|i \in I\}$ 和被 S_k 决定的滤子基组成的对叫做 Moore-Smith 族. 根据定义, 这是一个滤子化的集族.

定理 4.5.3 点 $p \in \overline{A}$ 当且仅当存在包含在集合 A 中的滤子化集族 $\{x_i\} = \{x(i)|i \in I, \mathfrak{B}\}$ 以 p 点为它的一个极限点.

证明 必要性. 对任意的 $V \in \mathcal{V}_p$, 因为 $\subset$ 是 $\mathcal{V}_p$ 的网格序, $(x_v) = \{x(V)|V \in \mathcal{V}_p, \subset\}$ 是一个 Moore-Smith 族. 对任意的 $U \in \mathcal{U}_p$, 可得

$$V \subset U \Rightarrow x(V) \in V \subset U.$$

因此 p 是 (x_v) 的极限点.

充分性. 假设 p 是滤子化集族 $\{x_i\} = \{x(i)|i \in I, \mathfrak{B}\}$ 的极限点. 那么, 对任意的 $U \in \mathcal{U}_p$, 可得

$$\forall B, \exists i, x_i \in U.$$

于是 $A \bigcap U \neq \varnothing$, 故 $p \in \overline{A}$.

4.6 子空间与相对拓扑

定义 4.6.1 令 $\mathcal{A}$ 为一个集族, 记

$$\mathcal{A}|_B := \{A \bigcap B | A \in \mathcal{A}\}.$$

称为集族 $\mathcal{A}$ 在集合 B 上的限制.

引理 4.6.1 设 Y 为拓扑空间 $(X,\mathcal{T})$ 的一个非空子集,则集族 $\mathcal{T}$ 在 Y 上的限制 $\mathcal{T}|_Y$ 是集合 Y 上的一个拓扑.

证明 下证 $\mathcal{T}|_Y$ 满足拓扑的三点.

(1) 因为 $\varnothing, X \in \mathcal{T}$,并且 $\varnothing \bigcap Y = \varnothing$, $X \bigcap Y = Y$,所以 $\varnothing, Y \in \mathcal{T}|_Y$.

(2) 如果 $A, B \in \mathcal{T}|_Y$,则存在 $U, V \in \mathcal{T}$,使得 $A = U \bigcap Y$, $B = V \bigcap Y$. 故 $A \bigcap B = (U \bigcap Y) \bigcap (V \bigcap Y) = (U \bigcap V) \bigcap Y$,又 $\mathcal{T}$ 是拓扑,因此 $U \bigcap V \in \mathcal{T}$,所以 $A \bigcap B \in \mathcal{T}|_Y$.

(3) 对任意的 $\widetilde{\mathcal{T}} \subset \mathcal{T}|_Y$,则

$$\bigcup_{A \in \widetilde{\mathcal{T}}} A = \bigcup_{B \in \mathcal{T}_1 \subset \mathcal{T}} (B \bigcap Y) = \left(\bigcup_{B \in \mathcal{T}_1 \subset \mathcal{T}} B\right) \bigcap Y \in \mathcal{T}|_Y,$$

这里 $\mathcal{T}_1 = \{B \in \mathcal{T} | \exists\, A \in \widetilde{\mathcal{T}}, \text{s.t. } A = B \bigcap Y\}$. 证毕.

定义 4.6.2 以上引理的拓扑称为 Y 上的相对拓扑. 而拓扑空间 $(Y, \mathcal{T}|_Y)$ 则称为拓扑空间 $(X, \mathcal{T})$ 的一个子空间. 换句话说,Y 的子集 H 是子空间开集的充要条件是存在拓扑空间 $(X, \mathcal{T})$ 的开集 C 使得 $H = C \bigcap Y$.

例 4.6.1 考虑拓扑空间 $(X, \mathcal{T})$,其中 $X = \{a, b, c, d, e\}$,它的拓扑

$$\mathcal{T} = \{X, \varnothing, \{b\}, \{a, b\}, \{b, c\}, \{a, b, c\}, \{b, c, d, e\}\}.$$

设集合 X 的子集 $Y = \{a, b, e\}$,则

$$\begin{aligned}\mathcal{T}|_Y &= \{X \bigcap Y, \varnothing \bigcap Y, \{b\} \bigcap Y, \{a, b\} \bigcap Y, \{b, c\} \bigcap Y,\\ &\quad \{a, b, c\} \bigcap Y, \{b, c, d, e\} \bigcap Y\}\\ &= \{Y, \varnothing, \{b\}, \{a, b\}, \{b, e\}\}\end{aligned}$$

为拓扑子空间 Y 的拓扑,称为 Y 上的相对拓扑. 注意到,子空间 Y 中的开集 $\varnothing, \{b\}, \{a, b\}$ 也是原拓扑空间 $(X, \mathcal{T})$ 中的开集,而子空间 Y 中的开集 $Y, \{b, e\}$ 却不是原拓扑空间 $(X, \mathcal{T})$ 中的开集.

例 4.6.2 考虑通常实数空间的子集 $A = [0, 3]$,则区间 $[0, 2)$ 是子空间 A 上的开集相对于通常的实数拓扑,这是因为

$$(-1, 2) \bigcap A = (-1, 2) \bigcap [0, 3] = [0, 2),$$

而区间 $(-1, 2)$ 是通常实数空间的开集. 同理区间 $(1, 3]$ 也是子空间 A 的开集. 但它们都不是通常实数空间的开集. 由此可见,相应于子空间是开的集合在全空间中可以是既非开集,也非闭集.

4.6 子空间与相对拓扑

定理 4.6.1 设拓扑空间 $(Y,\widetilde{\mathcal{T}})$ 为拓扑空间 $(X,\mathcal{T})$ 的一个子空间, 则
(1) $Y \subset X$, $\widetilde{\mathcal{T}} = \mathcal{T}|_Y$;
(2) 子空间 Y 的闭集族 $\widetilde{\mathcal{F}}$ 等于 X 的闭集族 $\mathcal{F}$ 在 Y 上的限制;
(3) 子空间 Y 的任意一点 y 的邻域系 $\widetilde{\mathcal{U}}_y$ 等于该点在空间 X 中的邻域系 $\mathcal{U}_y$ 在 Y 上的限制.

证明 (1) 由子空间和相对拓扑的定义;
(2) 由 (1) 得

$$\widetilde{\mathcal{F}} = \{Y - A | A \in \widetilde{\mathcal{T}}\} = \{Y - (U \cap Y) | U \in \mathcal{T}\}$$
$$= \{(X - U) \cap Y | U \in \mathcal{T}\} = \{F \cap Y | F \in \mathcal{F}\} = \mathcal{F}|_Y;$$

(3) 对任意的 $U \in \widetilde{\mathcal{U}}_y$, 则存在 $V \in \widetilde{\mathcal{T}}$, 使得 $y \in V \subset U$. 由于 $\widetilde{\mathcal{T}} = \mathcal{T}|_Y$, 故存在 $M \in \mathcal{T}$, 使得 $V = M \cap Y \in \mathcal{U}_y|_Y$. 于是由 $y \in M \cap Y \subset U$ 可得 $U \in \mathcal{U}_y|_Y$, 因此有 $\widetilde{\mathcal{U}}_y \subset \mathcal{U}_y|_Y$. 另一方面, 如果 $U \in \mathcal{U}_y|_Y$, 则存在 $G \in \mathcal{U}_y$, 使得 $U = G \cap Y$. 而由 $G \in \mathcal{U}_y$, 存在 $M \in \mathcal{T}$, 使得 $y \in M \subset G$, 从而 $y \in M \cap Y \subset G \cap Y = U$. 而 $M \cap Y \in \mathcal{T}|_Y = \widetilde{\mathcal{T}}$, 所以 $U \in \widetilde{\mathcal{U}}_y$, 即有 $\widetilde{\mathcal{U}}_y \supset \mathcal{U}_y|_Y$. 综上两点, 得证.

定理 4.6.2 拓扑空间 $(Y,\widetilde{\mathcal{T}})$ 为拓扑空间 $(X,\mathcal{T})$ 的一个子空间, $A \subset Y$, 则
(1) A 在 Y 中的导集 A_Y^d 是 A 在 X 中的导集 A_X^d 与 Y 的交;
(2) A 在 Y 中的闭包 $\overline{A_Y}$ 是 A 在 X 中的闭包 $\overline{A_X}$ 与 Y 的交.

证明 (1) 如果 $y \in A_X^d \cap Y$, 下证 $y \in A_Y^d$. 对任意的 $U \in \widetilde{\mathcal{U}}_y = \mathcal{U}_y|_Y$, 都存在 $V \in \mathcal{U}_y$, 满足 $U = V \cap Y$; 注意到 $y \in A_X^d \cap Y$, 且 $V \in \mathcal{U}_y$, 故 $V \cap (A - \{x\}) \neq \varnothing$. 于是

$$U \cap (A - \{y\}) = (V \cap Y) \cap (A - \{y\}) = V \cap [Y \cap (A - \{y\})]$$
$$= V \cap (A - \{y\}) \neq \varnothing.$$

因此 $y \in A_Y^d$; 另一方面要证, 如果 $y \in A_Y^d$, 则 $y \in A_X^d \cap Y$. 对任意的 $U \in \mathcal{U}_y$, 因为 $y \in A_Y^d$, 所以 $y \in Y$, 并且

$$U \cap (A - \{y\}) = U \cap [Y \cap (A - \{y\})] = (U \cap Y) \cap (A - \{y\}) \neq \varnothing.$$

最后是因为 $y \in A_Y^d$, 且 $U \cap Y \in \mathcal{U}_y|_Y = \widetilde{\mathcal{U}}_y$. 因此 $y \in A_X^d$; 故 $y \in A_X^d \cap Y$. 综合以上两点, 证毕.

(2) 由闭包的定义、D. M. 律及 (1) 得

$$\overline{A_Y} = A \cup A_Y^d = A \cup (A_X^d \cap Y) = (A \cup A_X^d) \cap (A \cup Y) = \overline{A_X} \cap Y.$$

注 4.6.1 实际上, 因为一个集合的导集和闭包是由它所在拓扑空间的拓扑所决定的, 而子空间 Y 上的开集是 X 上的开集与 Y 的交, 所以相应地闭集族、邻域系、集合的导集和闭包的关系也是如此.

4.7 基与子基

一个拓扑一般有足够多的开集，因为拓扑要求对有限交及任意并都是封闭的．但是我们仍然希望拓扑中存在具有代表性的一部分，它们可以代表整个开集族．

定义 4.7.1 设 $(X,\mathcal{T})$ 是一个拓扑空间，$\mathcal{B} \subset \mathcal{T}$，$\mathcal{B}$ 叫做 $\mathcal{T}$ 的一个**基**，如果每一个开集 $U \in \mathcal{T}$ 都可以写成 $\mathcal{B}$ 中某一部分元素的并，即存在 $\mathcal{B}_1 \subset \mathcal{B}$，使得 $U = \bigcup_{B \in \mathcal{B}_1} B$．

例 4.7.1 实直线 $\mathbf{R}$ 上的一切开区间所构成的族是实数集通常拓扑的一个基．因为如果 $G \subset \mathbf{R}$ 是开集，则对任意的 $p \in G$，由开集的定义知有开区间 $(p-\delta_p, p+\delta_p) \subset G$，故

$$G = \bigcup_{p \in G}(p-\delta_p, p+\delta_p).$$

例 4.7.2 离散拓扑空间由其所有的单点集组成该空间的一个基．首先，它是一个开集族，因为离散拓扑空间中的任意子集皆是开集；其次，任何一个开集，即其任何一个子集显然可以写成属于它的所有点的集合．

定理 4.7.1 设 $(X,\mathcal{T})$ 是一个拓扑空间，$\mathcal{B} \subset \mathcal{T}$，则 $\mathcal{B}$ 是拓扑空间 $(X,\mathcal{T})$ 的一个基的充要条件是对任意的 $x \in X$ 及任意的 $U \in \mathcal{U}_x$，都存在 $B \in \mathcal{B}$，满足 $x \in B \subset U$(图 4.3)．

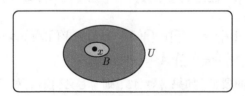

图 4.3 拓扑基图

证明 必要性．对任意的 $x \in X$ 及任意的 $U \in \mathcal{U}_x$，则存在 $V \in \mathcal{T}$，满足 $x \in V \subset U$．而 $\mathcal{B}$ 是拓扑空间 $(X,\mathcal{T})$ 的一个基，故存在 $\mathcal{B}_1 \subset \mathcal{B}$，使得 $V = \bigcup_{B \in \mathcal{B}_1} B$．又因为 $x \in V \subset U$，所以有 $B \in \mathcal{B}_1 \subset \mathcal{B}$，满足 $x \in B \subset U$．

充分性．对任意的开集 $M \in \mathcal{T}$ 及任意的 $x \in M$，则有 $M \in \mathcal{U}_x$．于是，根据题设可得：存在 $B_x \in \mathcal{B}$，满足 $x \in B_x \subset M$．因此

$$M = \bigcup_{x \in M}\{x\} \subset \bigcup_{x \in M} B_x \subset M,$$

从而 $M = \bigcup_{x \in M} B_x$，所以 $\mathcal{B}$ 是拓扑空间 $(X,\mathcal{T})$ 的一个基．

4.7 基与子基

定义 4.7.2 设 $(X, \mathcal{T})$ 是一个拓扑空间,$\mathcal{S} \subset \mathcal{T}$. 如果 $\mathcal{S}$ 的任意非空有限子族之交的全体

$$\{S_1 \cap S_2 \cap \cdots \cap S_n | S_i \in \mathcal{S}, i = 1, 2, \cdots, n\}$$

构成该拓扑空间的一个基,则称 $\mathcal{S}$ 为该拓扑空间的子基.

例 4.7.3 实直线 $\mathbf{R}$ 的每个开区间 (a, b) 都可以写成两个无限开区间 (a, ∞) 与 $(-\infty, b)$ 的交. 而实直线 $\mathbf{R}$ 上的一切开区间所构成的族是实数集通常拓扑的一个基. 所以一切无限开区间组成的族是通常实数空间的一个子基.

类似地,在局部上我们会有如下的邻域基与邻域子基的概念.

定义 4.7.3 设 $(X, \mathcal{T})$ 是一个拓扑空间,$\mathcal{U}_x$ 是 x 点的邻域系,且 $\mathcal{V}_x \subset \mathcal{U}_x$. $\mathcal{V}_x$ 叫做 $\mathcal{U}_x$ 的一个**邻域基**,如果对于每一个 $U \in \mathcal{U}_x$ 都存在 $V \in \mathcal{V}_x$,使得 $V \subset U$.

定义 4.7.4 设 $(X, \mathcal{T})$ 是一个拓扑空间,$\mathcal{U}_x$ 是 x 点的邻域系,且 $\mathcal{W}_x \subset \mathcal{U}_x$. $\mathcal{W}_x$ 叫做 $\mathcal{U}_x$ 的一个**邻域子基**,如果 $\mathcal{W}_x$ 的任意非空有限子族之交的全体

$$\{W_1 \cap W_2 \cap \cdots \cap W_n | W_i \in \mathcal{W}_x, i = 1, 2, \cdots, n\}$$

构成一个邻域基.

基与邻域基、子基与邻域子基有如下的关系.

定理 4.7.2 设 $\mathcal{B}$ 是拓扑空间 $(X, \mathcal{T})$ 的一个基,$x \in X$,则 $\mathcal{B}$ 中所有的含 x 点的元素 $\{B | x \in B, B \in \mathcal{B}\}$ 构成 x 点的邻域基.

证明 如果 $U \in \mathcal{U}_x$,则存在 $V \in \mathcal{T}$,满足 $x \in V \subset U$. 又因为 $\mathcal{B}$ 是基,所以存在 $B \in \mathcal{B}$,使得 $x \in B \subset V \subset U$,故集族 $\{B | x \in B, B \in \mathcal{B}\}$ 构成 x 点的邻域基.

定理 4.7.3 设 $\mathcal{S}$ 是拓扑空间 $(X, \mathcal{T})$ 的一个子基,$x \in X$,则 $\mathcal{S}$ 中所有的含 x 点的元素 $\mathcal{W}_x = \{S | x \in S, S \in \mathcal{S}\}$ 构成 x 点的邻域子基.

证明 因为 $\mathcal{S}$ 是拓扑空间 $(X, \mathcal{T})$ 的一个子基,所以集族

$$\mathcal{B} = \{S_1 \cap S_2 \cap \cdots \cap S_n | S_i \in \mathcal{S}, i = 1, 2, \cdots, n\}$$

是基,于是由定理 4.7.2 知 $\mathcal{B}_x = \{B | x \in B, B \in \mathcal{B}\}$ 构成 x 点的邻域基. 令

$$\widetilde{\mathcal{B}}_x = \{\widetilde{S}_1 \cap \widetilde{S}_2 \cap \cdots \cap \widetilde{S}_m | \widetilde{S}_i \in \mathcal{W}_x, i = 1, 2, \cdots, m\}.$$

下证 $\mathcal{B}_x = \widetilde{\mathcal{B}}_x$ 即可. 如果 $G \in \widetilde{\mathcal{B}}_x$,则存在自然数 m,使得 $G = \widetilde{S}_1 \cap \widetilde{S}_2 \cap \cdots \cap \widetilde{S}_m$,且 $x \in \widetilde{S}_1 \in \mathcal{S}, x \in \widetilde{S}_2 \in \mathcal{S}, \cdots, x \in \widetilde{S}_m \in \mathcal{S}$,所以 $x \in G$,且 $G \in \mathcal{B}$,因此 $G \in \mathcal{B}_x$. 故集族 $\widetilde{\mathcal{B}}_x \subset \mathcal{B}_x$. 同理可证 $\widetilde{\mathcal{B}}_x \supset \mathcal{B}_x$.

明显地,可以用一个点的邻域来定义的概念,自然也可以用邻域基来表达.

命题 4.7.1 拓扑空间 X 中的一点 x 成为集合 A 的聚点的充要条件是 X 点处一个邻域基的每个元素都含有 A 中的一个异于 x 的点.

证明 拓扑空间 X 的一个点列 $\langle a_1, a_2, \cdots, a_n, \cdots \rangle$ 收敛于 $a \in X$ 的充要条件是, a 点处一个邻域基的每个元素都含有点列中几乎所有的项.

例 4.7.4 考虑集合 $X = \{a, b, c, d\}$ 的子集族

$$\mathcal{A} = \{\{a,b\}, \{b,c\}, \{d\}\}.$$

则 $\mathcal{A}$ 中所有元素的有限交是下面的集族

$$\mathcal{B} = \{\{a,b\}, \{b,c\}, \{d\}, \{b\}, X, \varnothing\}.$$

而 $\mathcal{B}$ 中所有元素的可能的并构成如下的集族

$$\mathcal{T} = \{\{a,b\}, \{b,c\}, \{d\}, \{b\}, X, \varnothing, \{a,b,d\}, \{b,c,d\}, \{b,d\}, \{a,b,c\}\}.$$

容易验证 $\mathcal{T}$ 是 X 上的一个拓扑. 于是 $\mathcal{A}$ 是这个拓扑空间的一个子基, $\mathcal{B}$ 则是它的一个基.

注 4.7.1 $X \in \mathcal{B}$ 是根据空子集族之交为全空间得到的.

4.8 拓扑的等价定义

前面的拓扑空间的概念是用开集公理来定义的, 就是说把开集作为拓扑的原始概念来定义的. 下面的几个定理说明也可以用别的方法来定义一个集合上的拓扑, 即用 "点的邻域" 或 "集的闭包" 等作为原始概念来定义拓扑, 这种做法在点集拓扑发展的早期曾被采用. 这种做法也许显得自然一点, 但不如现在流行的从开集概念出发定义拓扑来得简洁明了.

定理 4.8.1 设 X 是一个非空集合, 并设对于任意的 $x \in X$, 都存在 X 的一个子集族 $\mathcal{U}_x$ 满足:

(1) 对于任何 $x \in X, \mathcal{U}_x \neq \varnothing$; 并且如果 $A \in \mathcal{U}_x$, 则 $x \in A$;
(2) 集族 $\mathcal{U}_x$ 对有限交运算封闭;
(3) 如果 $A \in \mathcal{U}_x, A \subset B$, 则 $B \in \mathcal{U}_x$;
(4) 对任意的 $U \in \mathcal{U}_x$, 都存在 $V \in \mathcal{U}_x$ 满足条件 $V \subset U$, 并且对于任何 $y \in V$, 都有 $V \in \mathcal{U}_y$,

则 X 上有且仅有一个拓扑 $\mathcal{T}$ 使得 $\mathcal{U}_x$ 就是 x 点的邻域系.

分析 在拓扑空间中, 开集是属于它的任何点的邻域. 这提示我们可以怎样找到本定理所需的拓扑.

证明 令

$$\mathcal{T} = \{U \mid \text{如果 } x \in U, \text{则 } U \in \mathcal{U}_x\}.$$

4.8 拓扑的等价定义

下面先证明 $\mathcal{T}$ 是 X 上的一个拓扑.

(i) 因为空集不含任何元素, 自然认为其满足 $\mathcal{T}$ 的定义, 故 $\varnothing \in \mathcal{T}$; 对于任意的 $x \in X$, 因为 (1) 有 $A \in \mathcal{U}_x$; 再由 (3) 及 $A \subset X$ 得 $X \in \mathcal{U}_x$. 因此根据 $\mathcal{T}$ 的定义, 得 $X \in \mathcal{U}_x$;

(ii) 设 $U, V \in \mathcal{T}$. 如果 $x \in U \bigcap V$, 那么由 $U, V \in \mathcal{U}_x$ 及 (2) 可得 $U \bigcap V \in \mathcal{U}_x$. 从而 $U \bigcap V \in \mathcal{T}$;

(iii) 对任意的 $\mathcal{T}_1 \subset \mathcal{T}$, 设 $x \in \bigcup_{V \in \mathcal{T}_1} V$, 则存在 $U \in \mathcal{T}_1$, 使得 $x \in U$. 又因为 $U \in \mathcal{T}_1 \subset \mathcal{T}$, 所以 $U \in \mathcal{U}_x$. 再根据 (3) 及 $U \subset \bigcup_{V \in \mathcal{T}_1} V$, 因此 $\bigcup_{V \in \mathcal{T}_1} V \in \mathcal{U}_x$. 于是 $\bigcup_{V \in \mathcal{T}_1} V \in \mathcal{T}$.

设拓扑空间 $(X, \mathcal{T})$ 在 x 点的邻域系是 $\mathcal{U}_x^*$, 现证 $\mathcal{U}_x^* = \mathcal{U}_x$.

如果 $U \in \mathcal{U}_x^*$, 则 U 是 x 的邻域. 所以存在 $V \in \mathcal{T}$, 使得 $x \in V \subset U$. 由 $\mathcal{T}$ 的定义, 知 $V \in \mathcal{U}_x$. 再由 (3) 可得 $U \in \mathcal{U}_x$; 另一方面, 如果 $M \in \mathcal{U}_x$, 由 (1) 得 $x \in M$; 再由 (4) 知存在 $V \in \mathcal{U}_x$ 满足 $V \subset M$ 并且对于任何 $y \in V$, 都有 $V \in \mathcal{U}_y$. 于是 $V \in \mathcal{T}$, 故 M 是 x 的邻域, 因此 $M \in \mathcal{U}_x^*$. 综上所述, $\mathcal{U}_x^* = \mathcal{U}_x$.

最后证唯一性. 如果 X 上还存在一个拓扑 $\widetilde{\mathcal{T}}$ 使得 $\mathcal{U}_x$ 就是 x 点的邻域系. 我们需要证明 $\widetilde{\mathcal{T}} = \mathcal{T}$. 如果 $M \in \widetilde{\mathcal{T}}$, 并设 $x \in M$, 则 $M \in \mathcal{U}_x$. 于是由 $\mathcal{T}$ 的定义可知, $M \in \mathcal{T}$. 另一方面, 如果 $M \in \mathcal{T}$, 则只要 $x \in M$ 就有 $M \in \mathcal{U}_x$. 故 $M \in \widetilde{\mathcal{T}}$.

定理 4.8.2 设 X 是一个非空集合, 并设映射 $K : \mathcal{P}(X) \to \mathcal{P}(X)$, 即对于任意的 $A \subset X$, 都存在唯一的 $K(A) \subset X$ 满足:

(1) $K(\varnothing) = \varnothing$;
(2) $A \subset K(A)$;
(3) $K(A \bigcup B) = K(A) \bigcup K(B)$;
(4) $K(K(A)) = K(A)$,

则 X 上有且仅有一个拓扑 $\mathcal{T}$ 使得 $K(A) = \overline{A}$.

分析 在一个拓扑空间中, 闭集的闭包等于它本身, 而闭集的余集是开集. 我们可以借这一点思路来定义拓扑. 另外, 我们指出满足以上条件的运算 K 必使得 $A \subset B \Rightarrow K(A) \subset K(B)$. 这是因为如果 $A \subset B$, 则 $B = A \bigcup (B - A)$. 于是由 (3) 得 $K(B) = K(A \bigcup (B - A)) = K(A) \bigcup K(B - A) \supset K(A)$.

证明 令
$$\mathcal{T} = \{U \mid K(U') = U'\}.$$

下面证明 $\mathcal{T}$ 是 X 上的一个拓扑.

(i) 由 (1) 知 $K(X') = X'$, 所以 $X \in \mathcal{T}$; 由 (2) 知 $X \subset K(X)$, 又 $X \supset K(X)$, 所以 $X = K(X)$, 即 $K(\varnothing') = \varnothing'$, 于是 $\varnothing \in \mathcal{T}$.

(ii) 设 $U, V \in \mathcal{T}$, 则 $K(U') = U'$, $K(V') = V'$, 所以由集合的运算律及 (3) 可得
$$K((U \cap V)') = K(U' \cup V') = K(U') \cup K(V') = U' \cup V' = (U \cap V)',$$
从而 $U \cap V \in \mathcal{T}$.

(iii) 对任意的 $\varnothing \neq \mathcal{T}_1 \subset \mathcal{T}$ 及任意的 $U \in \mathcal{T}_1$, 都有 $k(U') = U'$, $U \subset \bigcup_{V \in \mathcal{T}_1} V$. 于是 $U' \supset \left(\bigcup_{V \in \mathcal{T}_1} V\right)'$, 所以
$$K\left(\left(\bigcup_{V \in \mathcal{T}_1} V\right)'\right) \subset K(U') = U'.$$
因此
$$K\left(\left(\bigcup_{V \in \mathcal{T}_1} V\right)'\right) \subset \bigcap_{U \in \mathcal{T}_1} U' = \left(\bigcup_{V \in \mathcal{T}_1} V\right)',$$
再根据 (2) 得 $K\left(\left(\bigcup_{V \in \mathcal{T}_1} V\right)'\right) \supset \left(\bigcup_{V \in \mathcal{T}_1} V\right)'$, 故 $K\left(\left(\bigcup_{V \in \mathcal{T}_1} V\right)'\right) = \left(\bigcup_{V \in \mathcal{T}_1} V\right)'$, 因此 $\bigcup_{V \in \mathcal{T}_1} V \in \mathcal{T}$.

下面证明在拓扑空间 $(X, \mathcal{T})$ 中 $K(A) = \overline{A}$. 这是因为由 (4) 及拓扑的定义可知 $K(A)$ 是闭集, 而由 (2) 知它是包含 A 的闭集, 同时又因为 $\overline{A}$ 是包含 A 的最小的闭集, 故 $K(A) \supset \overline{A}$; 另一方面由 $A \subset \overline{A}$ 及分析可得 $K(A) \subset K(\overline{A}) = \overline{A}$. 因此 $K(A) = \overline{A}$.

最后证唯一性. 如果 X 上还存在一个拓扑 $\widetilde{\mathcal{T}}$ 使得 $K(A) = \overline{A}^*$. 这里 $\overline{A}^*$ 表示 X 的子集 A 在拓扑 $\widetilde{\mathcal{T}}$ 下的闭包. 我们需要证明 $\widetilde{\mathcal{T}} = \mathcal{T}$. 对任意的 $M \in \widetilde{\mathcal{T}}$, 则 $K(M') = \overline{M'}^* = M'$. 再由 $\mathcal{T}$ 的定义可知 $M \in \mathcal{T}$. 另一方面, 对任意的 $M \in \mathcal{T}$, 则 $K(M') = M'$, 于是在拓扑 $\widetilde{\mathcal{T}}$ 下 $K(M') = M' = \overline{M'}^*$. 所以在拓扑 $\widetilde{\mathcal{T}}$ 下 M' 是闭集. 故 $M \in \widetilde{\mathcal{T}}$. 证毕.

定理 4.8.3 设 X 是一个非空集合, $\mathcal{B}$ 是集合 X 的一个子集族, 即 $\mathcal{B} \subset \mathcal{P}(X)$. 如果 $\mathcal{B}$ 满足:

(1) $\bigcup_{B \in \mathcal{B}} B = X$;

(2) 如果 $B_1, B_2 \subset \mathcal{B}$, 则对于任何的 $x \in B_1 \cap B_2$, 存在 $B \subset \mathcal{B}$ 使得
$$x \in B \subset B_1 \cap B_2,$$
则 X 上有且仅有一个拓扑 $\mathcal{T}$ 使得 $\mathcal{B}$ 是这个拓扑的一个基.

分析 如果结论成立, 则子集族 $\mathcal{B}$ 的任意子族的并都是开集.

证明 令
$$\mathcal{T} = \left\{U \subset X \;\middle|\; 存在\ \mathcal{B}_1 \subset \mathcal{B}, 使得\ U = \bigcup_{B \in \mathcal{B}_1} B\right\}.$$

4.8 拓扑的等价定义

下面证明 $\mathcal{T}$ 是 X 上的一个拓扑.

(i) 由 (1) 知 $X \in \mathcal{T}$; 又 $\varnothing = \bigcup_{B \in \varnothing} B$, 所以 $\varnothing \in \mathcal{T}$.

(ii) 设 $U, V \in \mathcal{T}$, 则存在 $\mathcal{B}_1, \mathcal{B}_2 \subset \mathcal{B}$, 使得 $U = \bigcup_{B_u \in \mathcal{B}_1} B_u$, $V = \bigcup_{B_v \in \mathcal{B}_2} B_v$, 所以由集合的运算律可得

$$U \bigcap V = \left(\bigcup_{B_u \in \mathcal{B}_1} B_u \right) \bigcap \left(\bigcup_{B_v \in \mathcal{B}_2} B_v \right) = \bigcup_{B_u \in \mathcal{B}_1, B_v \in \mathcal{B}_2} (B_u \bigcap B_v).$$

下面证明对任意的 $B_u, B_v \in \mathcal{B}$ 都有 $B_u \bigcap B_v \in \mathcal{T}$. 这是因为由 (2) 对于任何的 $x \in B_u \bigcap B_v$, 都存在 $B_x \subset \mathcal{B}$ 使得

$$x \in B_x \subset B_u \bigcap B_v.$$

所以

$$B_u \bigcap B_v = \bigcup_{x \in B_u \bigcap B_v} \{x\} \subset \bigcup_{x \in B_u \bigcap B_v} B_x \subset B_u \bigcap B_v.$$

于是 $B_u \bigcap B_v = \bigcup_{x \in B_u \bigcap B_v} B_x \Rightarrow B_u \bigcap B_v \in \mathcal{T}$, 即 $B_u \bigcap B_v$ 是 $\mathcal{B}$ 中的一部分元素的并, 从而 $U \bigcap V$ 也是 $\mathcal{B}$ 中的一部分元素的并, 因此 $U \bigcap V \in \mathcal{T}$.

(iii) 设 $\mathcal{T}_1 \subset \mathcal{T}$, 则对任意的 $U \in \mathcal{T}_1$, 都存在 $\mathcal{B}_1 \in \mathcal{B}$ 使得 $U = \bigcup_{B_u \in \mathcal{B}_1} B_u$, 所以

$$\bigcup_{U \in \mathcal{T}_1} U = \bigcup_{U \in \mathcal{T}_1} \left(\bigcup_{B_u \in \mathcal{B}_U} B_u \right) = \bigcup_{B_u \in \bigcup_{U \in \mathcal{T}_1} \mathcal{B}_U} B_u.$$

因此 $\bigcup_{U \in \mathcal{T}_1} U \in \mathcal{T}$.

以上证明了 $\mathcal{T}$ 是 X 上的一个拓扑. 并且由 $\mathcal{T}$ 的定义, 显然 $\mathcal{B}$ 是这个拓扑的一个基, 证毕.

下面需证明唯一性. 设 $\widetilde{\mathcal{T}}$ 是 X 上的另一个以 $\mathcal{B}$ 为基的拓扑, 则对于任意的 $A \in \widetilde{\mathcal{T}}$, 集合 A 总可以写成 $\mathcal{B}$ 中一部分元素的并, 所以 $A \in \mathcal{T}$; 另一方面, 如果 $U \in \mathcal{T}$, 则由 $\mathcal{T}$ 的定义集合 U 也总可以写成 $\mathcal{B}$ 中一部分元素的并. 而 $\mathcal{B}$ 是 $\widetilde{\mathcal{T}}$ 的子族, 且集族 $\widetilde{\mathcal{T}}$ 是集合 X 上的拓扑, 因此 $U \in \widetilde{\mathcal{T}}$. 证毕.

定理 4.8.4 设 X 是一个非空集合, $\mathcal{S}$ 是集合 X 的一个子集族, 即 $\mathcal{S} \subset \mathcal{P}(X)$. 如果 $\bigcup_{S \in \mathcal{S}} S = X$, 则 X 上有且仅有一个拓扑 $\mathcal{T}$ 使得 $\mathcal{S}$ 是这个拓扑的一个子基. 事实上, 若记

$$\mathcal{B} = \{S_1 \bigcap S_2 \bigcap \cdots \bigcap S_n | S_i \in \mathcal{S}, i = 1, 2, \cdots, n\},$$

则

$$\mathcal{T} = \left\{ U \subset X \,\middle|\, \text{存在 } \mathcal{B}_1 \subset \mathcal{B}, \text{ 使得 } U = \bigcup_{B \in \mathcal{B}_1} B \right\}.$$

证明 令 $\mathcal{B}, \mathcal{T}$ 为上面所述,明显地 $\mathcal{B}$ 满足以上定理的条件,所以由该定理得 $\mathcal{T}$ 是 X 上的一个以 $\mathcal{B}$ 为基的拓扑. 所以 $\mathcal{S}$ 是子基.

再证唯一性. 设 $\widetilde{\mathcal{T}}$ 是 X 上的另一个以 $\mathcal{S}$ 为子基的拓扑. 则由子基的定义可知以上的 $\mathcal{B}$ 也是拓扑 $\widetilde{\mathcal{T}}$ 的基. 再由定理的唯一性知 $\widetilde{\mathcal{T}} = \mathcal{T}$.

4.9 积 拓 扑

这节研究由作为拓扑空间的诸集合的笛卡儿积产生的新的集合上的由原拓扑导出的拓扑.

4.9.1 有限积拓扑

定理 4.9.1 设 $(X_1, \mathcal{T}_1), (X_2, \mathcal{T}_2), \cdots, (X_n, \mathcal{T}_n)$ 为 n 个拓扑空间,记 $X = X_1 \times X_2 \times \cdots \times X_n$,

$$\mathcal{B} = \{U_1 \times U_2 \times \cdots \times U_n | U_i \in \mathcal{T}_i,\ i = 1, 2, \cdots, n\}.$$

则 X 上有一个唯一的拓扑以 $\mathcal{B}$ 为基.

证明 (1) 因为 $X = X_1 \times X_2 \times \cdots \times X_n \in \mathcal{B}$,所以 $X = \bigcup_{B \in \mathcal{B}} B$;

(2) 如果 $U = U_1 \times U_2 \times \cdots \times U_n$, $V = V_1 \times V_2 \times \cdots \times V_n$,其中 $U_i, V_i \in \mathcal{T}_i, i = 1, 2, \cdots, n$,则

$$U \bigcap V = (U_1 \times U_2 \times \cdots \times U_n) \bigcap (V_1 \times V_2 \times \cdots \times V_n)$$
$$= (U_1 \bigcap V_1) \times (U_2 \bigcap V_2) \times \cdots \times (U_n \bigcap V_n).$$

又因为 $\mathcal{T}_i$ 是拓扑,所以对每一个 i, $U_i \bigcap V_i \in \mathcal{T}_i$. 因此 $U \bigcap V \in \mathcal{B}$.

于是根据定理结论成立.

定义 4.9.1 设 $(X_1, \mathcal{T}_1), (X_2, \mathcal{T}_2), \cdots, (X_n, \mathcal{T}_n)$ 为 n 个拓扑空间,则 $X = X_1 \times X_2 \times \cdots \times X_n$ 上的以上定理中的那个以

$$\mathcal{B} = \{U_1 \times U_2 \times \cdots \times U_n | U_i \in \mathcal{T}_i,\ i = 1, 2, \cdots, n\}$$

为基的唯一拓扑 $\mathcal{T}$ 叫做拓扑空间 $(X_1, \mathcal{T}_1), (X_2, \mathcal{T}_2), \cdots, (X_n, \mathcal{T}_n)$ 的积拓扑. 拓扑空间 $(X, \mathcal{T})$ 叫做拓扑空间 $(X_1, \mathcal{T}_1), (X_2, \mathcal{T}_2), \cdots, (X_n, \mathcal{T}_n)$ 的积空间.

定理 4.9.2 设拓扑空间 $(X, \mathcal{T})$ 为拓扑空间 $(X_1, \mathcal{T}_1), (X_2, \mathcal{T}_2), \cdots, (X_n, \mathcal{T}_n)$ 的积空间,且对每个 $i \in \{1, 2, \cdots, n\}$, $\mathcal{B}_i$ 是 $\mathcal{T}_i$ 的一个基. 则

$$\mathcal{B} = \{B_1 \times B_2 \times \cdots \times B_n | B_i \in \mathcal{B}_i,\ i = 1, 2, \cdots, n\}$$

是积拓扑 $\mathcal{T}$ 的一个基.

证明 根据定义,
$$\mathcal{B} = \{U_1 \times U_2 \times \cdots \times U_n | U_i \in \mathcal{T}_i,\ i=1,2,\cdots,n\}$$

是积拓扑的基. 所以我们只要证明 $\mathcal{B}$ 中的元素显然有 $\mathcal{B}_1 \subset \mathcal{B} \subset \mathcal{T}$. 根据定理, 我们只需证明对任意的 $x \in X$ 及任意的 $G \in \mathcal{U}_x$, 都存在 $B \in \mathcal{B}_1$, 使得 $x \in B \subset G$. 这是因为 $\mathcal{B}$ 是积拓扑的基, 所以存在 $U = U_1 \times U_2 \times \cdots \times U_n$, 满足 $x \in U \subset G$. 从而有 $x_1 \in U_1,\ x_2 \in U_2,\cdots,x_n \in U_n$. 由于 $U_i \in \mathcal{T}_i$, $\mathcal{B}_i$ 是 $\mathcal{T}_i$ 的基, 因此存在 $B_i \in \mathcal{B}_i$, 使得 $x_i \in B_i \subset U_i$. 所以有

$$x \in B = B_1 \times B_2 \times \cdots \times B_n \subset U_1 \times U_2 \times \cdots \times U_n \subset G.$$

例 4.9.1 在通常的实直线空间中, 所有的开区间组成它的一个基. 根据以上定理, 所有的形如 $(a_1,b_1) \times (a_2,b_2) \times \cdots \times (a_n,b_n)$ 就组成了 n 维欧氏空间的一个基.

4.9.2 任意积拓扑

定义 4.9.2 设 $\{X_\alpha\}_{\alpha \in J}$ 是指标集为 J 的拓扑空间族, 积空间

$$\prod_{\alpha \in J} X_\alpha$$

上的一个拓扑基, 取所有形如

$$\prod_{\alpha \in J} U_\alpha$$

的集族, 其中 U_α 是 X_α 中的开集 $(\alpha \in J)$. 由这个基生成的拓扑叫做箱拓扑.

因为 $\prod_{\alpha \in J} X_\alpha$ 本身是一个基元素, 所以 $\{\prod_{\alpha \in J} U_\alpha\}$ 满足基的第一个条件; 又因为其任意两个元素之交是另一个基元素

$$\Big(\prod_{\alpha \in J} U_\alpha\Big) \cap \Big(\prod_{\alpha \in J} V_\alpha\Big) = \prod_{\alpha \in J} \big(U_\alpha \cap V_\alpha\big).$$

所以它满足基的第二个条件. 不过箱拓扑并不是经常使用的.

下面的推广是由子基给出的. 设映射

$$\pi_\beta : \prod_{\alpha \in J} X_\alpha \to X_\beta$$

将积空间的每一个元素对应其第 β 个坐标, 即

$$\pi_\beta((x_\alpha)_{\alpha \in J}) = x_\beta.$$

这里称 π_β 为关于指标 β 的投影映射.

定义 4.9.3 设 φ_β 是集族

$$\varphi_\beta = \{\pi_\beta^{-1}(U_\beta) | U_\beta \text{ 是} X_\beta \text{ 中的开集}\}.$$

令 φ 为 $\varphi = \prod_{\beta \in J} \varphi_\beta$. 易证 φ 为 $\prod_{\alpha \in J} X_\alpha$ 的子基. 则由子基 φ 生成的拓扑叫做积拓扑. 具有这种拓扑的 $\prod_{\alpha \in J} X_\alpha$ 称为积空间.

由子基 φ 生成的基 $\mathcal{B}$ 中的典型元素可以这样描述: 若 $\beta_1, \beta_2, \cdots, \beta_n$ 是指标集 J 中不同指标的有限集, U_{β_i} 是 X_{β_i} 中的开集 $(i = 1, 2, \cdots, n)$, 则

$$B = \pi_{\beta_1}^{-1}(U_{\beta_1}) \bigcap \pi_{\beta_2}^{-1}(U_{\beta_2}) \bigcap \cdots \bigcap \pi_{\beta_n}^{-1}(U_{\beta_n})$$

是 $\mathcal{B}$ 的一个元素.

以上的这个基元素可以描述如下: 点 $x = (x_\alpha) \in B$ 当且仅当 x 的第 β_1 个坐标在 U_{β_1} 中, 第 β_2 个坐标在 U_{β_2} 中等. 如果指标 α 不是 $\beta_1, \beta_2, \cdots, \beta_n$ 中的一个, 那么 x 的 α 个坐标就没有限制. 于是 B 可以写成积的形式

$$B = \prod_{\alpha \in J} U_\alpha.$$

当 $\alpha \neq \beta_1, \beta_2, \cdots, \beta_n$ 时, $U_\alpha = X_\alpha$.

综上所述可得如下定理.

定理 4.9.3(箱拓扑与积拓扑的比较) 集合 $\prod X_\alpha$ 上的箱拓扑以形如 $\prod U_\alpha$ 的集合作为基元素, 其中 U_α 为 X_α 中的开集. 集合 $\prod X_\alpha$ 上的积拓扑以形如 $\prod U_\alpha$ 的集合作为基元素, 其中 U_α 为 X_α 中的开集, 并且除了有限多个 α 外, 其他的 $U_\alpha = X_\alpha$.

下面再列出两个定理, 证明留给读者.

定理 4.9.4 设每个拓扑空间 X_α 的拓扑基为 $\mathbf{B}_\alpha$, 则所有形如

$$\prod_{\alpha \in J} B_\alpha$$

的集族 (其中 $B_\alpha \in \mathbf{B}_\alpha$) 是 $\prod_{\alpha \in J} X_\alpha$ 上箱拓扑的一个基.

具有相同形式的集族, 若只对于有限多个指标 α, $B_\alpha \in \mathbf{B}_\alpha$; 而对其他的, 若都有 $B_\alpha = X_\alpha$, 则集族 $\{\prod_{\alpha \in J} B_\alpha\}$ 就是 $\prod_{\alpha \in J} X_\alpha$ 上积拓扑的一个基.

定理 4.9.5 设对于每个 $\alpha \in J$, A_α 为 X_α 的一个子空间, 则无论是箱拓扑还是积拓扑, $\prod A_\alpha$ 都是 $\prod X_\alpha$ 的一个子空间.

习 题 4

1. 设 $\mathcal{T}$ 是正整数集 $\mathbf{N}$ 的一个子集族,
$$\mathcal{T} = \{\varnothing\} \bigcup \{E_n\},$$
其中 $E_n = \{1, 2, \cdots, n\}$. 证明 $(\mathbf{N}, \mathcal{T})$ 是一个拓扑空间.

2. 证明 (定理 4.5.2): 设 $\{a_k\}$ 是拓扑空间 $(X, \mathcal{T})$ 的一个点列, 则
(1) 常值序列总是收敛的;
(2) 收敛序列的子序列也总是收敛的.

3. 当 $n = 2, 3, 4$ 时, 计算:
(1) 含 n 个点的集合一个有多少个拓扑?
(2) 总结这些拓扑的特点.

4. 已知集合 $X = \{a, b, c, d\}$, 下列集族中, (　　) 是 X 上的拓扑.
(A) $\{X, \varnothing, \{a, b\}, \{a, c, d\}\}$;　　　　(B) $\{X, \varnothing, \{c, b\}, \{a, c, d\}\}$;
(C) $\{X, \varnothing, \{a\}, \{a, c, d\}\}$;　　　　(D) $\{X, \varnothing, \{c, d\}, \{a, c, d\}\}$.

5. 已知集合 $X = \{a, b, c, d\}$, 其拓扑 $\mathcal{T} = \{X, \varnothing, \{a\}\}$, 则 $\overline{\{b\}} = ($　　$)$.
(A) X;　　　　(B) $\varnothing$;　　　　(C) $\{b\}$;　　　　(D) $\{b, c, d\}$.

6. 设 $\mathcal{T}_1, \mathcal{T}_2$ 是集合 X 上的两个拓扑. 证明 $\mathcal{T}_1 \bigcap \mathcal{T}_2$ 也是 X 上的拓扑. 举例说明 $\mathcal{T}_1 \bigcup \mathcal{T}_2$ 可以不是 X 上的拓扑.

7. 设 $(X, \mathcal{T})$ 是一个拓扑空间, ∞ 是任何一个不属于 X 的元素. 令 $X^* = X \bigcup \{\infty\}$, $\mathcal{T}^* = \mathcal{T} \bigcup \{X^*\}$. 证明 $(X^*, \mathcal{T}^*)$ 是一个拓扑空间.

8. 设 $\mathcal{T}$ 是 $\mathbf{N}$ 的一个子集族, 它等于
$$\mathcal{T} = \{\varnothing\} \bigcup \{E_n\},$$
其中 $E_n = \{n, n+1, n+2, \cdots\}$.
(1) 证明 $\mathcal{T}$ 是 $\mathbf{N}$ 的拓扑;
(2) 把含 5 的开集都列出来;
(3) 求集合 $A = \{3, 8, 21, 36\}$ 的导集;
(4) 求 $\mathbf{N}$ 的满足 $E' = \mathbf{N}$ 的子集 E;
(5) 写出 $(\mathbf{N}, \mathcal{T})$ 的所有闭集;
(6) 求集合 $A = \{3, 8, 21, 56\}$ 和 $B = \{3, 6, 9, 12, \cdots\}$ 的闭包.

9. 在实直线的通常拓扑下, 下列各个区间是否是 0 的一个邻域?
(1) $(0, 1]$;　　(2) $(-1, 0]$;　　(3) $\left(-\dfrac{1}{2}, 1\right]$;　　(4) $\left[0, \dfrac{1}{2}\right]$.

10. 设 $\mathbf{R}$ 是实数集, 证明如下的 $\mathbf{R}$ 的子集族都是 $\mathbf{R}$ 上的拓扑.
(1) 子集族 $\mathcal{T}_1$ 由 $\mathbf{R}, \varnothing$ 和区间 $(-n, n)$ 组成, 其中 n 是任意正整数;
(2) 子集族 $\mathcal{T}_2$ 由 $\mathbf{R}, \varnothing$ 和区间 $[-n, n]$ 组成, 其中 n 是任意正整数;

(3) 子集族 $\mathcal{T}_3$ 由 $\mathbf{R}, \varnothing$ 和区间 $[n, \infty)$ 组成, 其中 n 是任意正整数.

11. 求下列集合 A 的导集和闭包.
(1) 已知集合 A 是有限补空间 X 的一个无限子集;
(2) 已知集合 A 是实数空间 $\mathbf{R}$ 的有理数子集;
(3) 已知集合 A 是可数补空间 X 的一个无限子集;
(4) 已知集合 A 是上述第 7 题中的单点集 $\{\infty\}$;
(5) 已知集合 A 是实数空间 $\mathbf{R}$ 的无理数子集.

12. 证明: 若 Y 是拓扑空间 X 的子空间, A 是 Y 的一个子集, 则 A (作为 Y 的子空间) 的子空间拓扑与 A (作为 X 的子空间) 的子空间拓扑是相同的.

13. 考虑作为 $\mathbf{R}$ 的子空间的 $Y = [-1, 1]$, 下列哪些集合是 Y 的开集? 哪些集合是 $\mathbf{R}$ 的开集? 并分别计算它们在 Y 中和在 $\mathbf{R}$ 中的闭包.

$$A = \left\{x \,\middle|\, \frac{1}{3} < |x| < 1\right\};$$

$$B = \left\{x \,\middle|\, \frac{1}{3} < |x| \leqslant 1\right\};$$

$$C = \left\{x \,\middle|\, \frac{1}{3} \leqslant |x| < 1\right\};$$

$$D = \left\{x \,\middle|\, \frac{1}{3} \leqslant |x| \leqslant 1\right\}.$$

14. 设 $A \subset X$, $B \subset Y$, 证明在拓扑空间 $X \times Y$ 中总有
(1) $\overline{A \times B} = \overline{A} \times \overline{B}$;
(2) $(A \times B)^\circ = A^\circ \times B^\circ$;
(3) $\partial(A \times B) = (\partial(A) \times \overline{B}) \bigcup (\overline{A} \times \partial(B))$.

15. 设 A 是拓扑空间 X 的闭集, B 是拓扑空间 Y 的闭集, 证明 $A \times B$ 是拓扑空间 $X \times Y$ 上的闭集.

16. 考虑作为 $\mathbf{R}$ 的下列子集族:

$$\mathcal{B}_1 = \{(a,b) | a < b\},$$

$$\mathcal{B}_2 = \{[a,b) | a < b\},$$

$$\mathcal{B}_3 = \{(a,b] | a < b\},$$

$$\mathcal{B}_4 = \{G | \mathbf{R} - G \text{ 为有限集}\},$$

$$\mathcal{B}_5 = \mathcal{B}_1 \bigcup \left\{B - K \,\middle|\, B \in \mathcal{B}_1,\ K = \left\{\frac{1}{n} \,\middle|\, n \in \mathbf{N}\right\}\right\},$$

$$\mathcal{B}_6 = \{(a, +\infty) | a \in \mathbf{R}\},$$

$$\mathcal{B}_7 = \{(-\infty, a) | a \in \mathbf{R}\}.$$

(1) 证明: 以上的每个 $\mathcal{B}_i$ 都是 $\mathbf{R}$ 上一个拓扑的基;
(2) 对这 7 个拓扑进行比较;

(3) 证明：$\mathcal{B}_6 \bigcup \mathcal{B}_7$ 是 $\mathbf{R}$ 上一个拓扑的子基，并且它生成的拓扑与 $\mathcal{B}_1$ 生成的拓扑相同．

17. 设 X 是一个集合，$\{\mathcal{T}_s\}_{s \in S}$ 是集合 X 的一个拓扑族，其中指标集 $S \neq \emptyset$．证明：

(1) 集族 $\bigcup_{s \in S} \mathcal{T}_s$ 是 X 的某一个拓扑 $\mathcal{T}$ 的一个子基；

(2) 如果 $\widetilde{\mathcal{T}}$ 是 X 的一个拓扑，并且对于每一个 $s \in S$ 都有 $\mathcal{T}_s \subset \widetilde{\mathcal{T}}$，则 $\mathcal{T} \subset \widetilde{\mathcal{T}}$．

18. 求出 $\mathbf{R}^2$ 的下列子集中的每一个的边界和内部：

(1) $A = \{x \times y | y = 0\}$；

(2) $B = \{x \times y | x > 0, y \neq 0\}$；

(3) $C = A \times B$；

(4) $D = \{x \times y | x$ 是有理数$\}$；

(5) $E = \{x \times y | 0 < x^2 + y^2 \leqslant 1\}$；

(6) $F = \{x \times y | x \neq 0, xy \leqslant 1\}$．

19. 证明 U 是拓扑空间 X 的开集当且仅当 $\partial(U) = \overline{U} - U$．

20. 设 X 是一个拓扑空间，A, B 是它的子集．证明：

(1) $\overline{A} = A \bigcup \partial(A)$，$A^\circ = A - \partial(A)$；

(2) $\partial(A^\circ) \subset \partial(A)$，$\partial(\overline{A}) \subset \partial(A)$；

(3) $\partial(A \bigcup B) \subset \partial(A) \bigcup \partial(B)$，$(A \bigcup B)^\circ \supset A^\circ \bigcup B^\circ$；

(4) $\partial(\partial(A)) \subset \partial(A)$；

(5) $A \bigcap B \bigcap \partial(A \bigcap B) = A \bigcap B \bigcap (\partial(A) \bigcup \partial(B))$；

(6) $\partial(A) = \emptyset$ 当且仅当 A 既是开集又是闭集；

(7) 如果 $A^d \subset B \subset A$，那么 B 是一个闭集．

21. 考虑 $X = \{a, b, c, d, e, f\}$ 上的拓扑

$$\mathcal{T} = \{X, \emptyset, \{a\}, \{a, b\}, \{a, c, d\}, \{a, b, c, d\}, \{a, b, e\}, \{a, b, e, f\}\}.$$

(1) 给出 X 的所有闭集；

(2) 求集合 $\{a\}, \{b\}, \{c, d\}$ 的闭包；

(3) 求集合 $\{c\}, \{e, f\}, \{b, c, d\}$ 的内部和边界；

(4) 写出点 c, e 的所有邻域；

(5) 写出集合 $A = \{c, d, f\}$ 的相对拓扑．

22. 考察实直线 $\mathbf{R}$ 的通常拓扑下正整数集 $\mathbf{N}$ 的相对拓扑．

23. 设 $\mathcal{T}$ 是实直线 $\mathbf{R}$ 的有限余拓扑，$\langle a_1, a_2, \cdots \rangle$ 是 $\mathbf{R}$ 的两两不同的序列．证明：序列 $\langle a_n \rangle$ 收敛于任意实数．

24. 证明：若 p 是集合 A 的一个聚点，则 p 也是集合 $A - \{p\}$ 的一个聚点．

25. 证明：有限余拓扑空间中，任意点的任意邻域都是开集，而任意集合的导集都是闭集．

26. 设 X 和 Y 是两个拓扑空间，G 和 E 分别是 X 和 Y 的子空间，证明 $G \times E$ 作为积空间的拓扑与 $G \times E$ 作为积空间 $X \times Y$ 的子空间的拓扑是相同的．

27. 设 X 是一个集合，则 X 的子集族 $\mathcal{B}$ 和 $\widetilde{\mathcal{B}}$ 是 X 的同一个拓扑的两个基的充分必要条件是 $\mathcal{B}$ 和 $\widetilde{\mathcal{B}}$ 满足条件：

(1) 若 $x \in B \subset \mathcal{B}$，则存在 $\widetilde{B} \in \widetilde{\mathcal{B}}$，使得 $x \in \widetilde{B} \subset B$；

(2) 若 $x \in \widetilde{B} \subset \widetilde{\mathcal{B}}$, 则存在 $B \in \mathcal{B}$, 使得 $x \in B \subset \widetilde{B}$.

28. 证明实数集 **R** 有一个拓扑以集族

$$\{[a,\infty)|a \in \mathbf{R}\} \bigcup \{(-\infty,b]|b \in \mathbf{R}\}$$

为它的一个基, 并说明这个拓扑的特点.

29. 证明实数集 **R** 有一个拓扑 $\mathcal{T}$ 以集族 $\{(a,\infty)|a \in \mathbf{R}\}$ 为它的一个基, 并且

(1) 将 $\mathcal{T}$ 明确地表示出来;

(2) 设 $A \subset \mathbf{R}$, 求 A 在拓扑空间 $(X,\mathcal{T})$ 中的闭包. 实数集的这个拓扑通常称为它的右手拓扑.

30. 任何拓扑空间中每一个子集的导集都是闭集.

第5章 连续映射与拓扑同胚

映射是连接两个空间的重要数学工具,是数学研究的重要内容.

5.1 连续映射

定义 5.1.1 设 $(X, \mathcal{T}_X), (Y, \mathcal{T}_Y)$ 是两个拓扑空间,$f: X \to Y$ 是映射. 如果 Y 中的每个开集的原像都是 X 的开集, 即对于任意的 $U \in \mathcal{T}_Y$, 都有 $f^{-1}(U) \in \mathcal{T}_X$, 则称 f 相对于拓扑 $\mathcal{T}_X$ 和 $\mathcal{T}_Y$ 连续, 简称从 X 到 Y 连续映射.

例 5.1.1 设集合 $X = \{a, b, c, d\}$, $Y = \{1, 2, 3, 4, 5\}$, 考虑它们的拓扑

$$\mathcal{T}_X = \{X, \varnothing, \{a\}, \{b\}, \{a,b\}, \{b,c\}, \{a,b,c\}\},$$
$$\mathcal{T}_Y = \{Y, \varnothing, \{1\}, \{2\}, \{1,2\}, \{2,3\}, \{1,2,3\}, \{2,3,4,5\}\}.$$

并研究图 5.1 所表示的两个映射 $f: X \to Y$ 和 $g: X \to Y$.

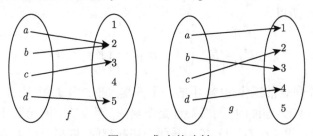

图 5.1 集合的映射

映射 f 是连续的, 因为 Y 的所有开子集的 f 原像都是 X 中的开集: 具体的就是 $Y, \{2,3\}, \{1,2,3\}, \{2,3,4,5\}$ 这四个开集的 f 原像分别是集合 $\{a,b,c\}$ 和 X, 开集 $\varnothing, \{1\}$ 的 f 原像都是空集, 而开集 $\{2\}, \{1,2\}$ 的 f 原像都是 $\{a,b\}$, 它们都是 X 的开集. 而映射 g 是不连续的, 因为 Y 的开子集 $\{2\}$ 的 g 原像为 $\{c\}$, 它不是 X 中的开集.

例 5.1.2 设 $(X, \mathcal{T}_X), (Y, \mathcal{T}_Y)$ 是两个拓扑空间. 证明常值映射 $f: X \to Y$ 总是连续映射.

证明 不妨设对于任意的 $x \in X$, $f(x) = a$. 于是对于 Y 的任意开集 U,

$$f^{-1}(U) = \begin{cases} X, & a \in U, \\ \varnothing, & a \notin U. \end{cases}$$

而 $X, \varnothing \in \mathcal{T}_X$, 所以 f 连续.

例 5.1.3 设 $\{\mathcal{T}_\gamma | \gamma \in \Gamma\}$ 是 X 上的拓扑族, 映射 $f: X \to Y$ 对于每个 $\mathcal{T}_\gamma$ 都连续, 则 f 对于交拓扑 $\bigcap_{\gamma \in \Gamma} \mathcal{T}_\gamma$ 也是连续的.

证明 设 U 是 Y 的任意一个开集, 由于映射 $f: X \to Y$ 对于每个 $\mathcal{T}_\gamma$ 都连续, 故对于任意的 $\gamma \in \Gamma$, 都有 $f^{-1}(U) \in \mathcal{T}_\gamma$. 因此 $f^{-1}(U) \in \bigcap_{\gamma \in \Gamma} \mathcal{T}_\gamma$, 所以 f 对于交拓扑 $\bigcap_{\gamma \in \Gamma} \mathcal{T}_\gamma$ 也是连续的.

由开集和闭集的对偶关系, 连续映射的特征也可以用闭集来描述.

定理 5.1.1 设 $(X, \mathcal{T}_X), (Y, \mathcal{T}_Y)$ 是两个拓扑空间. 则映射 $f: X \to Y$ 连续当且仅当 Y 中的任何闭集的逆像都是 X 中的闭集.

证明 设 U 是 Y 的闭集, 则存在 Y 的开集 V 满足 $U = V'$, 所以

$$f^{-1}(U) = f^{-1}(V') = [f^{-1}(V)]'.$$

因此 $f^{-1}(U)$ 是 Y 的闭集当且仅当 $f^{-1}(V)$ 是 Y 的一个开集, 这又当且仅当映射 $f: X \to Y$ 为连续的.

命题 5.1.1 设 $(X, \mathcal{T}_X), (Y, \mathcal{T}_Y)$ 是两个拓扑空间. 映射 $f: X \to Y$ 连续当且仅当 Y 的一个基中的每个集合的逆像是 X 中的一个开集.

证明 设 $\mathcal{B}$ 是拓扑空间 Y 的一个基. 若 U 是 Y 的开集, 则存在 $\mathcal{B}_1 \subset \mathcal{B}$, 使得 $U = \bigcup_{B \in \mathcal{B}_1} B$, 所以

$$f^{-1}(U) = f^{-1}\left(\bigcup_{B \in \mathcal{B}_1} B\right) = \bigcup_{B \in \mathcal{B}_1} f^{-1}(B).$$

因此若 $\mathcal{B}$ 的每个集合的逆像是 X 中的一个开集, 则 $f^{-1}(U)$ 也是 X 中的开集, 于是映射 $f: X \to Y$ 为连续的. 而必要性是明显的, 因为基中的元素都是开集.

命题 5.1.2 设 $(X, \mathcal{T}_X), (Y, \mathcal{T}_Y)$ 是两个拓扑空间, 映射 $f: X \to Y$ 连续当且仅当 Y 的一个子基中的每个集的逆像是 X 中的一个开集.

证明 设 $\mathcal{S}$ 是拓扑空间 Y 的一个子基. 则集族

$$\mathcal{B} = \{S_1 \cap S_2 \cap \cdots \cap S_n | S_i \in \mathcal{S}, i = 1, 2, \cdots, n\}$$

是 Y 的一个基. 于是对任意的 $B \subset \mathcal{B}$, 都存在 $S_i \in \mathcal{S}, i = 1, 2, \cdots, m$, 使得 $B = S_1 \cap S_2 \cap \cdots \cap S_m$. 所以

$$f^{-1}(B) = f^{-1}\left(\bigcap_{i=1}^m S_i\right) = \bigcap_{i=1}^m f^{-1}(S_i).$$

若 Y 的子基 $\mathcal{S}$ 中的每个集的逆像是 X 中的一个开集, 即每个 $f^{-1}(S_i)$ 都是 X 的开集, 则由开集对于有限交的封闭性得 $f^{-1}(B)$ 为开集. 再由命题 5.1.1, 即有映射 $f: X \to Y$ 为连续的. 必要性显然, 因为子基中的元素都是开集.

例 5.1.4 实直线上的绝对值函数 $f(x) = |x|$ 是连续的. 这是因为对任意的开区间 $U = (a,b)$, 都有

$$f^{-1}(U) = \begin{cases} \varnothing, & a < b \leqslant 0, \\ (-b,b), & a < 0 < b, \\ (-b,-a) \bigcup (a,b), & a > b \geqslant 0. \end{cases}$$

于是在各种情况下 $f^{-1}(U)$ 都是开集, 并且所有的开区间族构成通常实数空间的一个基. 再由命题 5.1.2 即得.

定理 5.1.2 设 $(X, \mathcal{T}_X), (Y, \mathcal{T}_Y), (Z, \mathcal{T}_Z)$ 是三个拓扑空间, $f: X \to Y$, $g: Y \to Z$ 是两个连续映射, 则 $g \circ f: X \to Z$ 也是连续映射.

证明 对任意的 $U \in \mathcal{T}_Z$, 因为 g 连续, 所以 $g^{-1}(U) \in \mathcal{T}_Y$; 又因为 f 连续, 所以 $f^{-1}(g^{-1}(U)) \in \mathcal{T}_X$, 即 $(g \circ f)^{-1}(U) \in \mathcal{T}_X$. 故 $g \circ f: X \to Z$ 也是连续映射.

定义 5.1.2 设 $(X, \mathcal{T}_X)$ 是一个拓扑空间, x 是 X 中的一点, A 是 X 的子集. 如果 $x \in \overline{A}$, 即 $x \in A$ 或者 x 是 A 的聚点, 则称点 x 无穷接近于集合 A. 因为 $\overline{A} = A \bigcup \partial(A)$, 所以点 x 无穷接近于集合 A 当且仅当 $x \in A$ 或者 x 是集合 A 的边界点. 易知, 点 x 无穷接近于集合 A 当且仅当对任意的 $U \in \mathcal{U}_x$, 都有 $U \bigcap A \neq \varnothing$.

连续函数的特征也可以用保持无穷接近的性质来刻画.

命题 5.1.3 设 $(X, \mathcal{T}_X), (Y, \mathcal{T}_Y)$ 是两个拓扑空间. 映射 $f: X \to Y$ 连续当且仅当以下条件之一成立:

(1) 对任意的 $x \in X$ 及任意的 $A \subset X$, 有 x 无穷接近于 $A \Rightarrow f(x)$ 无穷接近于 $f(A)$, 即 $x \in \overline{A} \Rightarrow f(x) \in \overline{f(A)}$ 或 $f(\overline{A}) \subset \overline{f(A)}$.

(2) 对于任意的 $B \subset Y$, 总有 $f^{-1}(\overline{B}) \supset \overline{f^{-1}(B)}$.

证明 已知 f 连续, 若存在 $U \in \mathcal{U}_{f(x)}$ 使得 $U \bigcap f(A) = \varnothing$, 故 $f^{-1}(U) \bigcap A = \varnothing$. 因为 $U \in \mathcal{U}_{f(x)}$, 所以存在开集 V 满足 $f(x) \in V \subset U$, 故 $x \in f^{-1}(V) \subset f^{-1}(U)$. 又 f 连续可知 $f^{-1}(V) \in \mathcal{T}_X$, 因此 $f^{-1}(U) \in \mathcal{U}_x$. 而 $f^{-1}(U) \bigcap A = \varnothing$, 这与 x 无穷接近于 A 矛盾, 故 (1) 成立.

若 (1) 成立, 则对于任意的 $B \subset Y$, 即 $f^{-1}(B) \subset X$, 由 (1) 可得

$$f(\overline{f^{-1}(B)}) \subset \overline{f(f^{-1}(B))}.$$

而 $f(f^{-1}(B)) \subset B$, 所以

$$f(\overline{f^{-1}(B)}) \subset \overline{B}.$$

故 $f^{-1}(\overline{B}) \supset \overline{f^{-1}(B)}$. (1)$\Rightarrow$(2) 得证;

最后证若 (2) 成立, 则 f 连续. 对任意的 $U \in \mathcal{T}_Y$, 即有 $U' \in \mathcal{F}_Y$. 由 (2) 可得 $f^{-1}(U') = f^{-1}(\overline{U'}) \supset \overline{f^{-1}(U')}$. 而 $f^{-1}(U') \subset \overline{f^{-1}(U')}$, 于是 $f^{-1}(U') = \overline{f^{-1}(U')}$, 因此 $f^{-1}(U') \in \mathcal{F}_X$, 故 $f^{-1}(U) \in \mathcal{T}_X$. 所以 f 连续.

定理 5.1.3(粘接引理) 设 A, B 为拓扑空间 X 中两个闭集 (或开集) 且 $X = A \bigcup B$. Y 是一个拓扑空间, $f: A \to Y$, $g: B \to Y$ 都是连续函数. 若对于任意 $x \in A \bigcap B$, 都有 $f(x) = g(x)$, 则存在一个连续函数 $h: X \to Y$ 满足

当 $x \in A$ 时, $h(x) = f(x)$;

当 $x \in B$ 时, $h(x) = g(x)$.

证明 设 U 为 Y 中一个闭集, 由初等集合论有

$$h^{-1}(U) = f^{-1}(U) \bigcup g^{-1}(U).$$

因为 f 连续, 所以 $f^{-1}(U)$ 为 A 中闭集. 类似地, $g^{-1}(U)$ 是 B 中闭集, 从而也是 X 中闭集. 于是它们的并集 $h^{-1}(U)$ 是 X 中闭集. 证毕.

在一点的连续性

前面是把连续性概念作为一种全局的性质来定义的, 就是说, 它对映射在整个定义域 X 上的一种性态加以刻画.

当然, 也可以给出相应的局部性概念即在一点连续的概念.

定义 5.1.3 设 $(X, \mathcal{T}_X), (Y, \mathcal{T}_Y)$ 是两个拓扑空间, $x \in X$. 如果对任意的 $U \in \mathcal{U}_{f(x)}$, 总有 $f^{-1}(U) \in \mathcal{U}_x$, 即 $f(x)$ 的任意邻域 U 的原像 $f^{-1}(U)$ 是 x 点的邻域, 则称映射 $f: X \to Y$ 在 x 点连续.

注意: 考虑实直线 $\mathbf{R}$ 上的通常拓扑, 则对于函数 $f: \mathbf{R} \to \mathbf{R}$ 而言, 上述定义就是连续性的 $\varepsilon\text{-}\delta$ 定义. 即这里的连续概念是通常数学分析中连续概念的推广和创新.

命题 5.1.4 设 $(X, \mathcal{T}_X), (Y, \mathcal{T}_Y)$ 是两个拓扑空间, 则映射 $f: X \to Y$ 连续当且仅当映射 f 在 X 的每一点都连续.

证明 必要性. 对任意的 $x \in X$ 及任意的 $U \in \mathcal{U}_{f(x)}$, 总存在 $V \in \mathcal{T}_Y$, 满足 $f(x) \in V \subset U$. 于是 $x \in f^{-1}(V) \subset f^{-1}(U)$. 因为 f 连续, 所以 $f^{-1}(V) \in \mathcal{T}_X$. 因此 $f^{-1}(U) \in \mathcal{U}_x$, 故映射 $f: X \to Y$ 在任意 x 点连续.

充分性. 对任意的 $U \in \mathcal{T}_Y$ 及任意的 $x \in f^{-1}(U)$, 故 $U \in \mathcal{U}_{f(x)}$. 由已知得, $f^{-1}(U) \in \mathcal{U}_x$, 所以 $f^{-1}(U) \in \mathcal{T}_X$, 即 f 连续.

例 5.1.5 设单点集 $\{p\}$ 是拓扑空间 X 的开集, 求证: 对于任何拓扑空间 Y, 任何映射 $f: X \to Y$ 在 p 点都连续.

证明 对于任意的 $U \in \mathcal{U}_{f(p)}$, 自然有 $p \in \{p\} \subset f^{-1}(U)$.

定义 5.1.4 考察映射 $f: X \to Y$ 及点 $a \in X$. 若对 X 中任何收敛于 a 的序列 $\{a_n\}$ 来说, Y 中的序列 $\{f(a_n)\}$ 都收敛于 $f(a)$, 即

$$a_n \to a \Rightarrow f(a_n) \to f(a),$$

则称 f 在 a 点序列连续.

5.1 连续映射

在一点序列连续与连续之间有以下的关系.

命题 5.1.5 若映射 $f: X \to Y$ 在点 $a \in X$ 连续, 则它在 a 点序列连续.

证明 对任意的 $U \in \mathcal{U}_{f(a)}$, 因为 f 在点 a 连续, 所以 $f^{-1}(U) \in \mathcal{U}_a$. 又因为 $a_n \to a$, 于是存在自然数 n_0, 满足当 $n > n_0$ 时, 总有 $a_n \in f^{-1}(U)$. 因此 $f(a_n) \in U$, 故 $f(a_n) \to f(a)$.

注 5.1.1 上述命题的逆命题是不成立的. 例如, 考察实数集合 $\mathbf{R}$ 上这样的拓扑 $\mathcal{T}_1$, 它由空集及可数集的余集所构成. 在这种拓扑下, 序列 $\{a_n\}$ 收敛于 a, 当且仅当它具有以下的形式 (见例 4.5.3)

$$a_1, a_2, \cdots, a_n, a, a, a, \cdots.$$

因此对于任意映射 $f: (\mathbf{R}, \mathcal{T}_1) \to (\mathbf{R}, \mathcal{T})$ ($\mathcal{T}$ 是通常拓扑) 来说, 显然序列

$$f(a_1), f(a_2), \cdots, f(a_n), f(a), f(a), f(a), \cdots$$

总是收敛于 $f(a)$ 的. 换句话说, 任何定义在 $(\mathbf{R}, \mathcal{T}_1)$ 上的映射总是序列收敛的. 但是另一方面, 由 $f(x) = x$ 定义的映射 $f: (\mathbf{R}, \mathcal{T}_1) \to (\mathbf{R}, \mathcal{T})$ 却是不连续的. 这是因为 $f^{-1}[(0,1)] = (0,1)$ 不是拓扑空间 $(\mathbf{R}, \mathcal{T}_1)$ 中的开集.

连续映射具有性质: 开集的逆像是开集, 闭集的逆像是闭集. 这自然会使人提出以下两种类型的映射.

定义 5.1.5 (1) 映射 $f: X \to Y$ 称为开映射, 如果它把开集映射成开集;
(2) 映射 $f: X \to Y$ 称为闭映射, 如果它把闭集映射成闭集.

定理 5.1.4 设拓扑空间 $(X, \mathcal{T})$ 为拓扑空间 $(X_1, \mathcal{T}_1), (X_2, \mathcal{T}_2), \cdots, (X_n, \mathcal{T}_n)$ 的积空间, 则每个投射 $p_i: X \to X_i$ 都是满的连续开映射.

证明 明显地, p_i 是满射. 对任意的 $U \in \mathcal{T}_i$, 由于 $p_i^{-1}(U) = X_1 \times \cdots \times X_{i-1} \times U \times X_{i+1} \times \cdots \times X_n \in \mathcal{T}$, 所以 p_i 是连续映射.

令 $\mathcal{B}$ 为积拓扑定义中 X 的那个基. 由于一族集合的并的像等于先求这一族集合中每一个集合的像然后再求并, 所以要证 p_i 是一个开映射, 只需验证, $\mathcal{B}$ 中任何一个元素的 p_i 像是积空间 X 中的开集即可. 但这是明显的, 因为如果 $U_i \in \mathcal{T}_i$, 则 $p_i(U_1 \times U_2 \times \cdots \times U_i \times \cdots \times U_n) = U_i \in \mathcal{T}_i$.

一般来说, 开映射不必是闭的; 闭映射也不必是开的. 事实上, 在下一例子中的函数是开的和连续的, 但不是闭的.

例 5.1.6 考虑由积空间 $\mathbf{R} \times \mathbf{R}$ 到 x 轴 $\mathbf{R}$ 的投射 $p((x,y)) = x$. 前面已知它是开的和连续的映射, 但是考虑闭集

$$A = \{(x,y) | xy \geqslant 1, x > 0\},$$

则 $p(A) = (0, \infty)$, 所以它不是闭映射.

定理 5.1.5 设映射 $f: A \to \prod_{\alpha \in J} X_\alpha$ 定义为 $f(x) = (f_\alpha(x))_{\alpha \in J}$. 其中对每个 α, $f_\alpha: A \to X_\alpha$. 若 $\prod_{\alpha \in J} X_\alpha$ 有积拓扑, 则 f 连续当且仅当每个 f_α 都连续.

证明 设 p_β 是积空间到其第 β 个因子空间上的投影映射, 则它是连续的. 若 f 连续, 则 $f_\beta = p_\beta \circ f$ 是两个连续函数的复合, 故 f_β 连续.

反之, 设每个 f_β 连续. 要证明 f 连续, 只要证明每个子基元素在 f 下的原像是 A 中的开集就行. 对于 $\prod_{\alpha \in J} X_\alpha$ 的积拓扑, 其典型子基元素是 $p_\beta^{-1}(U_\beta)$, 其中 β 是某个指标, U_β 是 X_β 中的开集. 因为 $f_\beta = p_\beta \circ f$, 所以

$$f^{-1}(p_\beta^{-1}(U_\beta)) = f_\beta^{-1}(U_\beta).$$

又因为 f_β 连续, 所以这个集合是 A 中的开集. 证毕.

上面的定理对于箱拓扑不成立. 见下面的例子.

例 5.1.7 考虑 $\mathbf{R}$ 的可数无限积 $\mathbf{R}^\omega$

$$\mathbf{R}^\omega = \prod_{n \in \mathbf{N}} X_n,$$

其中对于每个 $n \in \mathbf{N}$, $X_n = \mathbf{R}$. 映射 $f: \mathbf{R} \to \mathbf{R}^\omega$ 定义为

$$f(t) = (t, t, \cdots),$$

其第 n 个分量映射 $f_n(t) = t$. 由于每个分量映射 $f_n: \mathbf{R} \to \mathbf{R}$ 都连续, 所以是积拓扑时, f 是连续的. 然而当 $\mathbf{R}^\omega$ 取箱拓扑时, f 不连续. 例如对于箱拓扑取基元素

$$B = (-1, 1) \times \left(-\frac{1}{2}, \frac{1}{2}\right) \times \left(-\frac{1}{3}, \frac{1}{3}\right) \times \cdots.$$

可以断定 $f^{-1}(B)$ 不是 $\mathbf{R}$ 中的开集. 因为如果 $f^{-1}(B)$ 是 $\mathbf{R}$ 中的开集, 它必定包含 0 在内的某个区间 $(-\sigma, \sigma)$, 从而有 $f((-\sigma, \sigma)) \subset B$. 两边同时用 P_n 作用, 则对于所有的 n 有

$$f_n((-\sigma, \sigma)) = (-\sigma, \sigma) \subset \left(-\frac{1}{n}, \frac{1}{n}\right).$$

这是一个矛盾.

5.2 拓扑空间上的数值映射

这一节关注连续映射的特殊情况数值连续映射 (映射的像集是通常实数空间的子集). 此时, 数值映射 $f: X \to \mathbf{R}$ 在一点 $x_0 \in X$ 连续, 是作为拓扑空间的 X 和 $\mathbf{R}$ 的映射在 x_0 连续; 换句话说, 对任意的 $\varepsilon > 0$, 都存在 $U \in \mathcal{U}_{x_0}$, 使得

$$x \in U \ \Rightarrow \ |f(x) - f(x_0)| < \varepsilon.$$

5.2 拓扑空间上的数值映射

在一定的情况下, 连续的思想有点太严格. 于是被动引进下半连续和上半连续的概念.

定义 5.2.1　定义在拓扑空间 X 上的数值映射 f 叫做在 x_0 点是下半连续的, 如果对每一个 $\varepsilon > 0$, 都存在 $U \in \mathcal{U}_{x_0}$, 使得

$$x \in U \;\Rightarrow\; f(x) > f(x_0) - \varepsilon.$$

数值映射 f 叫做在 x_0 点是上半连续的, 如果对每一个 $\varepsilon > 0$, 都存在 $U \in \mathcal{U}_{x_0}$, 使得

$$x \in U \;\Rightarrow\; f(x) < f(x_0) + \varepsilon.$$

数值映射 f 叫做在 X 上下 (上) 半连续, 如果它在 X 的每一点都是下 (上) 半连续的.

注 5.2.1　注意到 f 在 x_0 点是连续的当且仅当它在 x_0 点既是下半连续又是上半连续的. 此外, 上半连续的性质可以通过下半连续的性质得到, 这是因为可以作一个替换, 即将 $f(x)$ 替换成 $-f(x)$. 因此, 只考虑下半连续一种情况就行.

例 5.2.1　考虑一个不透明物体 Y 的摄影底片 X, 物体可以看作是由三维空间中的点组成的, 而底片是由平面上的点组成的, 它们都可以被看成是拓扑空间. 令 h 是这样的一个映射: 对任意的 $x \in X$, 其像 $y \in Y$ 满足其在底片上的对应点就是 x. 对任意的 $x \in X$, 令 $f(x)$ 为拍照者与 $h(x)$ 的实际距离. 这样定义的数值映射 f 不一定连续, 但一定是上半连续的.

例 5.2.2　令 f 是一个定义在闭区间 $[0,1]$ 上的数值映射, 并且是连续可导的. 集合 $C_f = \{(x, f(x)) | x \in [0,1]\}$ 叫做 f 的表示曲线. 数值

$$l(C_f) = \int_0^1 \sqrt{1 + (f'(x))^2}\, \mathrm{d}x$$

叫做曲线 C_f 的长度. 如果 C_f 和 C_g 是两条曲线, 则

$$d(C_f, C_g) = \sup\{|f(x) - g(x)| : x \in [0,1]\}$$

叫做两条曲线间的距离. 在这个定义之下, 所有这样的曲线族构成一个度量空间 (从而也是一个拓扑空间), 记为 $\mathcal{C}$.

令 $C_1, C_2, \cdots$ 是其中的一个曲线序列, 其定义为: C_1 是以单位线段 $[0,1]$ 为直径的半圆, C_2 是分别以线段 $\left[0, \frac{1}{2}\right]$ 和 $\left[\frac{1}{2}, 1\right]$ 为直径的两个半圆的并, C_3 是分别以线段 $\left[0, \frac{1}{4}\right]$, $\left[\frac{1}{4}, \frac{1}{2}\right]$, $\left[\frac{1}{2}, \frac{3}{4}\right]$, $\left[\frac{3}{4}, 1\right]$ 为直径的四个半圆的并, 以此类推 (图 5.2).

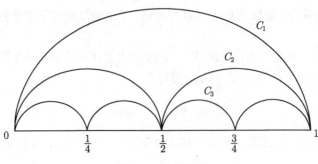

图 5.2　曲线序列

清楚地, 这个 $\mathcal{C}$ 中的曲线序列存在极限, 它是线段 [0,1]. 然而, 这些曲线的长度为

$$l(C_1) = \frac{\pi}{2};$$
$$l(C_2) = 2 \times \pi \times \frac{1}{4} = \frac{\pi}{2};$$
$$l(C_3) = 4 \times \pi \times \frac{1}{8} = \frac{\pi}{2}, \cdots.$$

因此, 序列 $\{l(C_n)\}$ 并不收敛到 $l([0,1])$. 这证明 $l(C)$ 是 $\mathcal{C}$ 中的一个不连续映射, 但可以证明它是下半连续的.

定理 5.2.1　数值映射 f 下半连续的充要条件是, 对每一个数 λ, 集合 $S_\lambda = \{x|x \in X, f(x) > \lambda\}$ 是开集.

证明　可以验证形如区间 $(\lambda, +\infty)$ 的集族 $\mathcal{D}$ 构成实数集 $\mathbf{R}$ 上的一个拓扑. 则从下半连续的定义立即可以得到: f 是下半连续的当且仅当它是从拓扑空间 X 到拓扑空间 $(\mathbf{R}, \mathcal{D})$ 的连续映射. 因为 $S_\lambda = f^{-1}((\lambda, +\infty))$, 所以其是 X 中的开集.

推论 5.2.1　数值映射 f 下半连续的充要条件是, 对每一个数 λ, 集合 $T_\lambda = \{x|x \in X, f(x) \leqslant \lambda\}$ 是闭集.

定理 5.2.2　如果 K 是 X 的紧子集, 则下半连续映射 f 可以在 K 上取到最小值 $m = \inf\limits_{x \in K} f(x)$.

证明　令 μ 满足 $\mu > m$, 则 $T_\mu = \{x|x \in X, f(x) \leqslant \mu\}$ 是非空的 K 的闭子集. 因此, 根据有限交公理可得

$$\bigcap_{\mu > m} T_\mu \neq \varnothing.$$

对这个交中的点 x_0, 即得 $f(x_0) = m$.

定理 5.2.3　如果 $\{f_i | i \in I\}$ 是一个下半连续映射族, 则映射 $g(x) = \sup\limits_{i \in I} f_i$ 也是下半连续的.

5.2 拓扑空间上的数值映射

证明 令 x_0 为 X 中的任意一点. 对任意的 $\varepsilon > 0$, 存在指标 $i \in I$ 满足

$$f_i(x_0) > g(x_0) - \varepsilon.$$

因为 f_i 是下半连续的, 故存在 $U \in \mathcal{U}_{x_0}$ 使得

$$x \in U \Rightarrow f_i(x) > f_i(x_0) - \varepsilon > g(x_0) - 2\varepsilon.$$

因此有

$$x \in U \Rightarrow g(x) \geqslant g(x_0) - 2\varepsilon.$$

于是 g 在 x_0 点是下半连续的, 再根据 x_0 的任意性定理得证.

定理 5.2.4 如果 $f_1, f_2, \cdots, f_n$ 是一个下半连续映射序列, 则映射

$$h(x) = \inf_{i \in I} f_i(x) \quad (i = 1, 2, \cdots, n)$$

也是下半连续的.

证明 令 x_0 为 X 中的任意一点. 因为对任意指标 i, f_i 是下半连续的, 所以对任意的 $\varepsilon > 0$, 必存在 $U_i \in \mathcal{U}_{x_0}$ 使得

$$x \in U_i \Rightarrow f_i(x) > f_i(x_0) - \varepsilon.$$

如果 $x_0 \in \bigcap_{i \in I} U_i$, 则对所有的 i 都有

$$f_i(x) > f_i(x_0) - \varepsilon.$$

从而

$$h(x) = \inf_{i \in I} f_i(x) \geqslant \inf\{f_i(x_0) - \varepsilon\} = h(x_0) - \varepsilon.$$

故 h 是下半连续的.

定理 5.2.5 如果 f, g 是两个下半连续数值映射, 则映射 $f + g$ 也是下半连续的.

证明 集合

$$\{x | f(x) + g(x) > a\} = \bigcup_{\lambda} (\{x | f(x) > a - \lambda\} \bigcap \{x | g(x) > \lambda\})$$

是开集的并, 故是开集.

定理 5.2.6 如果 f, g 是两个下半连续正数值映射, 则映射 $f \cdot g$ 也是下半连续的.

证明 若 $\alpha > 0$, 则集合

$$\{x | f(x) \cdot g(x) > \alpha\} = \bigcup_{\lambda > 0} \left(\{x | f(x) > \lambda\} \bigcap \left\{x \big| g(x) > \frac{\alpha}{\lambda}\right\}\right)$$

是开集的并, 故是开集.

5.3 由映射诱导的拓扑

5.3.1 商拓扑

定义 5.3.1 设 $(X, \mathcal{T}_X)$ 是一个拓扑空间，Y 是一个集合. 映射 $f: X \to Y$ 是一个满射，易知 Y 的子集族

$$\mathcal{T}_1 = \{U \in Y | f^{-1}(U) \in \mathcal{T}_X\}$$

是 Y 上的一个拓扑，称为 Y 上的相对于映射 f 而言的商拓扑.

明显地，在上述定义的条件下，Y 的拓扑 $\mathcal{T}_1$ 是 Y 的商拓扑当且仅当在拓扑空间 $(Y, \mathcal{T}_1)$ 中 $F \subset Y$ 是一个闭集的充要条件是 $f^{-1}(F)$ 是 X 中的一个闭集.

定理 5.3.1 设 $(X, \mathcal{T}_X)$ 是一个拓扑空间，Y 是一个集合. 映射 $f: X \to Y$ 是一个满射，则

(1) 若 Y 上取商拓扑 $\mathcal{T}_1$，那么 f 是连续映射；

(2) 商拓扑是使映射 f 连续的最大的拓扑，即如果 $\widetilde{\mathcal{T}}$ 是 Y 上的一个使得 f 连续的拓扑，则 $\widetilde{\mathcal{T}} \subset \mathcal{T}_1$.

证明 (1) 由商拓扑的定义；

(2) 因为在拓扑 $\widetilde{\mathcal{T}}$ 下，f 是连续的. 故对任意的 $U \in \widetilde{\mathcal{T}}$，都有 $f^{-1}(U) \in \mathcal{T}_X$，再由商拓扑的定义可知 $f^{-1}(U) \in \mathcal{T}_1$，所以 $\widetilde{\mathcal{T}} \subset \mathcal{T}_1$.

定义 5.3.2 若 X 和 Y 是两个拓扑空间，$f: X \to Y$. 如果它是一个满射并且 Y 的拓扑是对于映射 f 而言的商拓扑，则称映射 f 是一个商映射.

显然商映射是连续的，利用该点有如下定理.

定理 5.3.2 设 $(X, \mathcal{T}_X), (Y, \mathcal{T}_Y), (Z, \mathcal{T}_Z)$ 是三个拓扑空间，$f: X \to Y$ 是商映射. 则映射 $g: Y \to Z$ 连续当且仅当映射 $g \circ f: X \to Z$ 连续.

证明 必要性是因为商映射是连续的，且连续映射的复合还是连续映射. 下证充分性：对任意的 $U \in \mathcal{T}_Z$，因为 $g \circ f: X \to Z$ 连续，所以 $(g \circ f)^{-1}(U) \in \mathcal{T}_X$，即 $f^{-1}(g^{-1}(U)) \in \mathcal{T}_X$. 又 f 是商映射，故 $g^{-1}(U) \in \mathcal{T}_Y$，因此 g 是连续映射.

下面的定理给出判断一个拓扑是否是商拓扑的条件.

定理 5.3.3 设 $(X, \mathcal{T}_X), (Y, \mathcal{T}_Y)$ 是两个拓扑空间，如果映射 $f: X \to Y$ 是一个连续的满射，同时又是开映射 (或闭映射)，则 Y 上的拓扑 $\mathcal{T}_Y$ 便是相对于满射 f 而言的商拓扑.

证明 这里只证开映射时的情形，闭映射类似. 令 $\mathcal{T}_1$ 是相对于满射 f 而言的 Y 上的商拓扑. 我们需要证明 $\mathcal{T}_1 = \mathcal{T}_Y$. 因为商拓扑是使映射 f 连续的最大的拓扑，故 $\mathcal{T}_1 \supset \mathcal{T}_Y$；另一方面，如果 $U \in \mathcal{T}_1$，因为 f 连续，故 $f^{-1}(U) \in \mathcal{T}_X$. 又 f 是开映射，所以 $f(f^{-1}(U)) \in \mathcal{T}_Y$，因此 $U \in \mathcal{T}_Y$. 则 $\mathcal{T}_1 \subset \mathcal{T}_Y$. 故 $\mathcal{T}_1 = \mathcal{T}_Y$，结论得证.

5.3 由映射诱导的拓扑

定义 5.3.3 设 $(X, \mathcal{T}_X)$ 是一个拓扑空间, R 是 X 中的一个等价关系. 商集 X/R 的 (相对于自然投射 $p: X \to X/R$ 而言的) 商拓扑 $\mathcal{T}_R$ 称为 X/R 的 (相对于等价关系 R 而言的) 商拓扑, 拓扑空间 $(X/R, \mathcal{T}_R)$ 称为拓扑空间 X 的 (相对于等价关系 R 而言的) 商空间.

按照一个拓扑空间中给定等价关系的方法来得到商空间是构造新的拓扑空间的一个重要技术. 下面给出几个例子.

例 5.3.1 在通常的实数空间 $\mathbf{R}$ 中给定等价关系

$$S = \{(x, y) \in \mathbf{R} \times \mathbf{R} | \text{或者 } x, y \text{ 都是无理数}; \text{或者 } x, y \text{ 都是有理数}\}.$$

所得到的商空间 $\mathbf{R}/S$ 实际上便是由两个点构成的平庸空间. 也说成是 "在实数空间中将所有有理点和所有无理点分别粘合 (或等同) 为一点所得到的商空间".

5.3.2 弱拓扑

设 X 是一个集合, $(Y_i, \mathcal{T}_i)(i \in I)$ 是一组拓扑空间. 映射 $f_i : X \to Y_i$. 现在考虑两个问题:

(1) 如何构造 X 上的一个拓扑使得每个 f_i 都连续? 如果有的话, 如何找一个最经济的, 即开集最少的拓扑 $\mathcal{T}$ 都连续?

注意 X 上的离散拓扑就可以使得每个 f_i 都连续. 当然这个拓扑远不是最经济的. 事实上它是最贵的, 即开集最多的. 接下来我们会看到每个 f_i 都连续的 X 上的一个最经济的拓扑 $\mathcal{T}$ 总是存在的, 称为相对于 f_i 的 X 上的弱拓扑或初值拓扑.

对任意的 $W_i \in \mathcal{T}_i$, 由于 f_i 都连续, 故 $f_i^{-1}(W_i) \in \mathcal{T}$. 当 W_i 取遍 Y_i 的所有开集, 指标 i 取遍 I 时, 我们得到集合 X 的一个子集族, 记作 $\{U_\gamma\}_{\gamma \in \Gamma}$, 其中的每个元素必是拓扑 $\mathcal{T}$ 中的开集. 当然, 这个子集族本身可能构不成拓扑. 因此, 有如下的问题.

(2) 给定 X 的子集族 $\{U_\gamma\}_{\gamma \in \Gamma}$, 如何构造使得所有的 U_γ 都是开集的 X 上的最经济的拓扑?

因为拓扑对于有限交和任意并是封闭的, 所以可以这样构造所需的拓扑. 首先, 考虑集族 $\{U_\gamma\}_{\gamma \in \Gamma}$ 的任意有限交, 即 $\bigcap_{\gamma \in \Lambda} U_\gamma$, 其中 $\Lambda \subset \Gamma$ 是有限集. 这样我们得到 X 的一个新的子族 Φ. 它包含子集族 $\{U_\gamma\}_{\gamma \in \Gamma}$, 并且对于有限交运算是封闭的. 但是, 它可能对任意并运算不封闭. 接下来, 我们由 Φ 及其任意并组成集族 Υ. 可是这样又并不清楚 Υ 对有限交是否封闭了.

引理 5.3.1 集族 Υ 对有限交是封闭的.

证明 因为 $Y_i \in \mathcal{T}_i$, 所以 $X \in \{U_\gamma\}_{\gamma \in \Gamma}$. 故 $\bigcup_{\gamma \in \Gamma} U_\gamma = X$, 于是由定理 4.8.4 知存在 X 上的一个唯一的拓扑 $\mathcal{T}$, 以集族 $\{U_\gamma\}_{\gamma \in \Gamma}$ 为子基. 因此其任意非空有限

子族之交的全体 $\bigcap_{\gamma \in \Lambda} U_\gamma$(其中 $\Lambda \subset \Gamma$ 是有限集), 即 Φ 是这个拓扑 $\mathcal{T}$ 的基. 从而 Φ 及其任意并组成的集族 Υ, 根据唯一性知, 它就是拓扑 $\mathcal{T}$. 故 Υ 对有限交是封闭的.

于是上述过程构造了一个满足条件的拓扑 $\mathcal{T}$, 它的性质总结在下面的定理中.

定理 5.3.4 (1) 相对于拓扑 $\mathcal{T}$, 对每一个 $i \in I$, f_i 都是连续的;

(2) $\mathcal{T}$ 是 X 上所有那样一类拓扑的交, 对于每个这样的拓扑来说, 每个 f_i 都是连续的;

(3) $\mathcal{T}$ 是 X 上使得每个 f_i 都是连续的这类拓扑中最经济的、最小的或最粗糙的一个;

(4) 对任意的 $W_i \in \mathcal{T}_i$, 所有的形如 $f_i^{-1}(W_i)$ 的集合组成 $\mathcal{T}$ 的一个子基.

注 5.3.1 在构造集族 Υ 时, 我们不能交换集合运算的顺序, 即不能先做任意并再作有限交. 因为如果这样的话, 得到的集族自然对有限交是封闭的了, 但是却不能保证对任意并运算的封闭了. 后果是还得再作一次任意并才行.

综上所述, X 的弱拓扑 $\mathcal{T}$ 可以通过形如 $f_i^{-1}(W_i)$ 的所有集合的有限交后, 再作任意并得到. 因此在这个弱拓扑下, 对任意的 $x \in X$ 及任意的 $V_i \in \mathcal{U}_{f_i(x)}$, 我们得到 $x \in X$ 的一个邻域基 $\bigcap_{\text{finite}} f_i^{-1}(V_i)$.

在集合 X 的弱拓扑 $\mathcal{T}$ 下, 我们有如下命题.

命题 5.3.1 若 $\{x_n\}$ 是 X 中的一个序列. 那么对任意的 $i \in I$, $x_n \to x$ 当且仅当 $f_i(x_n) \to f_i(x)$.

证明 必要性是因为 f_i 总是连续的, 而在一点连续蕴涵着序列连续. 下证充分性: 令 $U \in \mathcal{U}_x$, 由弱拓扑的定义可得 U 具有形式 $U = \bigcap_{i \in J} f_i^{-1}(V_i)$, 其中 $J \subset I$ 是有限集. 因为 $f_i(x_n) \to f_i(x)$, 所以对每一个 $i \in J$, 必存在自然数 N_i 满足, 只要 $n > n_0$, 总有 $f_i(x_n) \in V_i$. 因此对任意的 $n > N = \max_{i \in J} N_i$, 都有 $x_n \in U$, 即 $x_n \to x$.

命题 5.3.2 若 $(Z, \mathcal{T}_Z)$ 是一个拓扑空间, $g: Z \to X$ 是一个映射. 那么 g 是连续的当且仅当对任意的 $i \in I$, $f_i \circ g: Z \to Y_i$ 都是连续的.

证明 如果 g 是连续的, 则对任意的 $i \in I$, $g \circ f_i$ 也是连续的. 另一方面, 我们需要证明对任意的 $U \in \mathcal{T}$, 都有 $g^{-1}(U) \in \mathcal{T}_Z$. 但由弱拓扑的定义可得 U 具有形式 $U = \bigcup_{\text{arbitrary}} \bigcap_{\text{finite}} f_i^{-1}(V_i)$, 其中 $V_i \in Y_i$. 因此

$$g^{-1}(U) = \bigcup_{\text{arbitrary}} \bigcap_{\text{finite}} g^{-1}(f_i^{-1}(V_i)) = \bigcup_{\text{arbitrary}} \bigcap_{\text{finite}} (f_i \circ g)^{-1}(V_i)$$

是 Z 中的开集, 因为映射 $f_i \circ g$ 是连续映射.

我们知道一个拓扑空间 $(X, \mathcal{T})$ 是由集 X 连同由它的某个满足某些公理的子集族 $\mathcal{T}$ 所构成的.

在两个拓扑空间 $(X, \mathcal{T}_X)$ 与 $(Y, \mathcal{T}_Y)$ 之间可以有各种各样的映射. 前面我们特

别讨论了连续映射、开映射与闭映射而不是讨论任意映射，是因为这几类映射保持拓扑空间的某些结构。

现在假设有一一对应 $f: X \to Y$，则它诱导一个由 X 的势集 (即 X 的一切子集所构成的集组) 到 Y 的势集的一一映射 $f: \mathcal{P}(X) \to \mathcal{P}(Y)$。若此诱导的映射也把 X 的拓扑 $\mathcal{T}_X$ 映射到 Y 的拓扑 $\mathcal{T}_Y$ 上，能在 X 中的开集与 Y 中的开集之间建立一个一一对应，则从拓扑观点看来，$(X, \mathcal{T}_X)$ 与 $(Y, \mathcal{T}_Y)$ 是一致的。

定义 5.3.4 拓扑空间 $(X, \mathcal{T}_X)$ 与 $(Y, \mathcal{T}_Y)$ 称为同胚或称为拓扑等价，如果存在一个一一对应 (既单又满的映射) $f: X \to Y$，使得 f 与 f^{-1} 都是连续映射。这时的映射 f 称为一个同胚映射。

同胚映射的条件 f^{-1} 连续是指，对于 X 的每一个开集 U，它在 $f^{-1}: Y \to X$ 下的原像是 Y 中的开集。但是，U 在映射 f^{-1} 下的原像就是 U 在映射 f 下的像，如图 5.3 所示。于是，同胚又可以定义为：一个一一映射 $f: X \to Y$ 是同胚，使得 $f(U)$ 为开集的充要条件是 U 为开集。

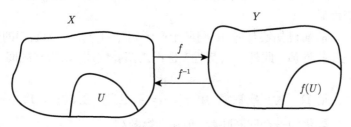

图 5.3 同胚映射

例 5.3.2 设 $(X, \mathcal{T}_X)$ 与 $(Y, \mathcal{T}_Y)$ 为两个离散空间，则其中任何一个空间到另一个空间的映射都是连续映射。因此它们同胚的充要条件是只要存在集合 X 到 Y 的一一对应，即它们等势就行。

例 5.3.3 设 $X = (-1, 1)$，则有函数 $f(x) = \tan\left(\dfrac{\pi x}{2}\right)$ 定义的映射 $f: (-1, 1) \to \mathbf{R}$ 是既单又满的连续函数，其逆 f^{-1} 也是连续的，故 $(-1, 1)$ 与实直线 $\mathbf{R}$ 同胚。

例 5.3.4 设 $f(x) = 3x + 1$，则函数 $f: \mathbf{R} \to \mathbf{R}$ 是一个同胚映射。这是因为若令 $g(y) = \dfrac{1}{3}(y - 1)$，则 $g: \mathbf{R} \to \mathbf{R}$，并且对任意的实数 x, y 都有 $f(g(y)) = y$，$g(f(x)) = x$。因此 f 是一个一一映射且 $g = f^{-1}$。而它们的连续性是显然的 (图 5.4)。

因为一一对应的逆和复合仍然是一一对应，所以有如下结论。

命题 5.3.3 在任何拓扑空间族中，同胚的关系是一个等价关系。

于是，根据等价关系的基本定理可知可以按拓扑等价关系进行分类。

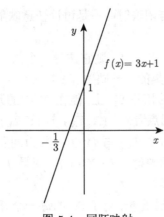

图 5.4 同胚映射

关于集合的某个性质 p 如果满足以下条件,"若有一个拓扑空间 $(X,\mathcal{T})$ 具有性质 p, 则每个与它同胚的拓扑空间也具备这个性质", 那么此性质 p 称为一个拓扑性质或拓扑不变性质.

例 5.3.5 前面已知实直线 $\mathbf{R}$ 同胚于开区间 $(-1,1)$. 因为它们的长度不同, 所以长度不是拓扑性质. 此外, "有界性" 也不是拓扑性质, 因为开区间 $(-1,1)$ 有界而 $\mathbf{R}$ 无界.

例 5.3.6 记 $\mathbf{R}_+$ 为正实数集, 用 $f(x) = \dfrac{1}{x}$ 定义的函数 $f: \mathbf{R}_+ \to \mathbf{R}_+$ 是由正实数集到正实数集的一个同胚映射. 现在考察数列

$$1, \frac{1}{2}, \frac{1}{3}, \cdots, \frac{1}{n}, \cdots$$

在同胚映射 f 下, 它对应数列

$$1, 2, 3, \cdots, n, \cdots.$$

前者是 Cauchy 数列, 而后者则不是, 因此 "是 Cauchy 序列" 这个性质不是一个拓扑性质.

拓扑学的主要任务就是研究某些拓扑性质 (诸如紧致性、连通性等) 所产生的结果. 事实上, 可以说拓扑学就是研究拓扑不变性质的学科.

习 题 5

1. 数值映射 $f: \mathbf{R} \to \mathbf{R}$ 在点 $a \in \mathbf{R}$ 是连续的, 当且仅当对每一个收敛于 a 的序列 $\{a_n\}$, 序列 $\{f(a_n)\}$ 收敛于 $f(a)$.

2. 利用连续的定义证明, 下列集合是 $\mathbf{R}^2$ 的闭子集:

(1) $A = \{(x,y) | xy = 1\}$;

(2) $B = \{(x,y) | x^2 + y^2 = 1\}$;

(3) $C = \{(x,y) | x^2 + y^2 \leqslant 1\}$.

3. 证明：(1) 从任意拓扑空间到平庸空间的任何映射都是连续映射；

(2) 从离散空间到任意拓扑空间的任何映射都是连续映射；

(3) 从任意拓扑空间到任意拓扑空间的常值映射都是连续映射.

4. 设 X 和 Y 是两个拓扑空间，$f: X \to Y$. 证明以下两个条件等价:

(1) f 连续;

(2) 对于 Y 的任何一个子集 W，W 的内部的原像包含于 W 的原像的内部，即 $f^{-1}(B^\circ) \subset (f^{-1}(B))^\circ$.

5. 设 X 和 Y 是两个拓扑空间，映射 $f: X \to Y$ 满足条件：对于 X 的任何一个子集 A，A 的像的内部包含于 A 的内部，即 $(f(A))^\circ \subset f(A^\circ)$.

(1) 证明：如果 f 是一个满射，则 f 连续;

(2) 举例说明当 f 不是满射时 f 不一定是连续映射.

6. 求证闭区间 $[a,b]$ 同胚于闭单位区间 $[0,1]$.

7. 设实函数 $f: \mathbf{R} \to \mathbf{R}$ 为 $f(x) = x^2$，证明 f 不是开映射.

8. 设单点集 $\{a\}$ 是拓扑空间 X 的一个开集，证明对于任何拓扑空间 Y，则任何映射 $f: X \to Y$ 在 a 点都连续.

9. 已知 $\mathcal{T}$ 是实数集合 $\mathbf{R}$ 的通常拓扑，$\mathcal{U}$ 是实数集合 $\mathbf{R}$ 的上限拓扑，即由一切形如 $(a,b]$ 的左开右闭的区间作为基而生成的拓扑，设 $f: \mathbf{R} \to \mathbf{R}$ 为

$$f(x) = \begin{cases} x, & x \leqslant 1, \\ x+1, & x > 1. \end{cases}$$

如图 5.5 所示. 求证：(1) f 不是 $\mathcal{T} - \mathcal{T}$ 连续的；(2) f 是 $\mathcal{U} - \mathcal{U}$ 连续的.

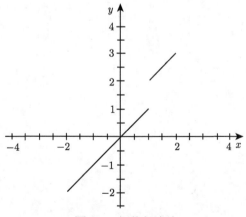

图 5.5 拓扑与连续

10. 已知 $f: X \to Y$，求证：

(1) f 是闭映射当且仅当对每一个 $A \subset X$ 都有 $\overline{f(A)} \subset f(\overline{A})$;

(2) f 是开映射当且仅当对每一个 $A \subset X$ 都有 $(f(A))^\circ \subset f(A^\circ)$.

11. 设 X 和 Y 是两个拓扑空间, 则映射 $f: X \to Y$ 连续当且仅当对于 Y 的任何一个子集 B 都有 $f^{-1}(A^\circ) \subset (f^{-1}(A))^\circ$.

12. 已知 $f: X \to Y$ 连续, $A \subset X$, $f|_A$ 是 f 在 A 上的限制, 试证明 $f|_A: A \to Y$ 也是连续映射.

第6章 具有某些特殊公理的拓扑空间

研究拓扑不变性质是点集拓扑学的基本课题之一. 本章我们主要学习分离性公理、紧致性公理、连通性公理和可数性公理这些拓扑不变性质. 这些公理都是我们通过对通常实数空间的拓扑性质有充分了解的情况下, 模仿实数空间的拓扑性质逐步建立起来的.

分离性公理是研究在拓扑空间中开集在区分不同的点之间的作用后的结果, 本章首先学习点与点之间的分离性 T_2, T_1, T_0, 再学习点与集合以及集合与集合的分离性; 紧致性和可数性是处理具有不可数多个点的一般拓扑空间的一种把握不可数的方法, 虽然一般拓扑空间不可数、开集族不可数, 但它们可能有可数稠密子集, 或者有可数基或者可数邻域基; 连通性是另一种分离性, 是区分拓扑空间不同子集的隔离程度, 以及在拓扑的意义下整个拓扑空间是否是一个整体的问题.

6.1 分离性公理

6.1.1 Hausdorff 空间、T_1-空间、T_0-空间

定义 6.1.1 设 X 是一个拓扑空间. 如果它的任意不同的两点 x,y 各自存在 $U \in \mathcal{U}_x, V \in \mathcal{U}_y$, 使得 $U \bigcap V = \varnothing$, 即任意不同的两点都各自存在邻域不交, 则称 X 是 Hausdorff 空间或 T_2-空间.

定义 6.1.2 设 X 是一个拓扑空间. 如果它的任意不同的两点 x,y, 既存在 $U \in \mathcal{U}_x$, 使得 $y \notin U$; 又存在 $V \in \mathcal{U}_y$, 使得 $x \notin V$, 则称 X 是半分离空间或 T_1-空间.

定义 6.1.3 设 X 是一个拓扑空间. 如果它的任意不同的两点 x,y, 或者存在 $U \in \mathcal{U}_x$, 使得 $y \notin U$; 或者存在 $V \in \mathcal{U}_y$, 使得 $x \notin V$, 则称 X 是 T_0-空间.

明显地, T_2-空间 $\Rightarrow T_1$-空间 $\Rightarrow T_0$-空间.

例 6.1.1 任何一个平庸空间都不是 T_0-空间, 从而也不是 T_1-空间和 T_2-空间.

例 6.1.2 任何一个多于一点的离散空间都是 T_2-空间, 从而也是 T_1-空间和 T_0-空间.

例 6.1.3 (Alexandroff-Urysohn) 令 X 表示实直线. 对于任意给定的 $\varepsilon > 0$, 如果 $x < 0$, 记
$$B_\varepsilon(x) = [x - \varepsilon, x + \varepsilon];$$

如果 $x > 0$, 记

$$B_\varepsilon(x) = [x-\varepsilon, x+\varepsilon] \bigcup [-x-\varepsilon, -x+\varepsilon] - (-x).$$

则集族 $\{B_\varepsilon(x)| \varepsilon > 0, x \in X\}$ 可以构成 X 上一个拓扑的基. 在这个拓扑下, 因为

$$B_\varepsilon(x) \bigcap B_{\varepsilon'}(-x) \neq \varnothing,$$

所以它不是 T_2-空间. 然而显然它是 T_1-空间.

定理 6.1.1 拓扑空间 X 是 T_0-空间当且仅当 X 中任意不同的两点 x, y 各自有不同的闭包, 即 $\overline{\{x\}} \neq \overline{\{y\}}$.

证明 必要性. 若 X 是 T_0-空间, $x, y \in X$, $x \neq y$. 则或者存在 $U \in \mathcal{U}_x$, 使得 $y \notin U$; 或者存在 $V \in \mathcal{U}_y$, 使得 $x \notin V$. 对于前者, 由于 $U \bigcap \{y\} = \varnothing$, 所以 $x \notin \overline{\{y\}}$; 同理可证后一种情形有 $y \notin \overline{\{x\}}$. 于是总有 $\overline{\{x\}} \neq \overline{\{y\}}$.

充分性. 设 X 中任意不同的两点 x, y 各自有不同的闭包, 即 $\overline{\{x\}} \neq \overline{\{y\}}$. 于是或者 $\overline{\{x\}} - \overline{\{y\}} \neq \varnothing$, 或者 $\overline{\{y\}} - \overline{\{x\}} \neq \varnothing$. 当 $\overline{\{x\}} - \overline{\{y\}} \neq \varnothing$ 成立时, 必有 $x \notin \overline{\{y\}}$ (这是因为如果 $x \in \overline{\{y\}}$, 那么 $\overline{\{x\}} \subset \overline{\{y\}}$, 故 $\overline{\{x\}} - \overline{\{y\}} = \varnothing$). 因此可以推出 x 存在一个开邻域 $\overline{\{y\}}'$ 不包含 y. 同理, 当 $\overline{\{y\}} - \overline{\{x\}} \neq \varnothing$ 成立时, y 存在一个开邻域 $\overline{\{x\}}'$ 不包含 x. 所以 X 是 T_0-空间.

定理 6.1.2 拓扑空间 X 是 T_1-空间当且仅当 X 中任意单点集都是闭集.

证明 必要性. 任意给定 $x \in X$, 因为 X 是 T_1-空间, 所以对任意的 $y \neq x$, 即 $y \in \{x\}'$, 都存在 $U \in \mathcal{U}_y$, 使得 $x \notin U$. 故 $U \subset \{x\}'$. 于是集合 $\{x\}'$ 是属于它的任何一点的邻域, 因此 $\{x\}'$ 是开集. 从而单点集 $\{x\}$ 是闭集.

充分性. 对任意的 $x \neq y$, 由已知单点集 $\{x\}, \{y\}$ 都是闭集. 所以 $\{x\}', \{y\}'$ 都是开集, 于是 x 有一个开邻域 $\{y\}'$ 显然不包含 y; 同时 y 也有一个开邻域 $\{x\}'$ 显然不包含 x. 故 X 是 T_1-空间.

注 6.1.1 因为任何一个有限子集都可以写成它的每一个元素的并集, 即

$$\{x_1, x_2, \cdots, x_n\} = \{x_1\} \bigcup \{x_2\} \bigcup \cdots \bigcup \{x_n\},$$

并且拓扑空间的闭集对有限并运算封闭. 因此拓扑空间 X 是 T_1-空间当且仅当 X 中任意有限子集都是闭集.

例 6.1.4 是 T_1-空间, 但是非 T_2-空间的例子.

设集合 X 是一个含有无限多个点的有限补空间. 根据其拓扑的定义, 其任意有限子集都是闭集, 故 X 是 T_1-空间. 但是它不是 T_2-空间. 这是因为其任何两个非空的开集都是有限集的补集, X 是一个无限集, 所以它们一定是相交的.

定理 6.1.3 设拓扑空间 X 是 T_1-空间, $A \subset X$, $x \in X$. 则 x 是 A 的聚点当且仅当 x 的每一个邻域 U 中都含有 A 的无限多个点, 即 $U \bigcap A$ 是个无限集.

证明 充分性显然. 下证必要性. 如果 x 是 A 的聚点, 但是存在某个开邻域 U 使得 $U \bigcap A$ 是有限集. 则集合 $B = U \bigcap A - \{x\}$ 也是有限集, 从而是闭集. 于是 $U - B$ 是一个开集, 并且 $U - B \in \mathcal{U}_x$. 另外,

$$(U - B) \bigcap (A - \{x\}) = (U \bigcap B') \bigcap (A - \{x\})$$

$$= [U \bigcap (A - \{x\})] \bigcap (B') = B \bigcap B' = \varnothing.$$

这蕴涵着 x 不是 A 的聚点, 与题设矛盾. 故 $U \bigcap A$ 是个无限集.

定理 6.1.4 拓扑空间 X 是 T_2-空间当且仅当每一个滤子化的集合 $\{x_i\}$ 中至多有一个极限点.

证明 假设 X 不是 T_2-空间. 那么必存在两点 x_1 和 x_2, 对任意的 $U \in \mathcal{U}_{x_1}$, 任意的 $U \in \mathcal{U}_{x_2}$, 都有 $U \bigcap V \neq \varnothing$. 记 $x(U, V)$ 表示 $U \bigcap V$ 中的一点. 定义为

$$(x_{U,V}) = \{x(U,V) | (U,V) \in \mathcal{V}_{x_1} \times \mathcal{V}_{x_2}; \subset\}$$

的滤子化的集族以 x_1 作为其极限点. 这是因为对任意的 $G \in \mathcal{U}_{x_1}$,

$$U \times V \subset G \times V_0 \Rightarrow x(U, V) \in U \subset G.$$

同理 x_1 也是其极限点. 于是它至少有两个极限点. 因此每一个滤子化的集族 (x_i) 中至多有一个极限点的拓扑空间 X 是 T_2-空间.

反之, 若拓扑空间 X 是 T_2-空间. 令 $(x_i) = \{x(i) | i \in I, \mathcal{B}\}$ 为 X 中的一个滤子化的集族. 假设 x_1 和 x_2 是其两个不同的极限点 $x_1 \neq x_2$. 则存在 $U \in \mathcal{U}_{x_1}$, $V \in \mathcal{U}_{x_2}$, 使得 $U \bigcap V = \varnothing$. 于是相应的存在 $B_1, B_2 \in \mathcal{B}$, 满足

$$x(B_1) \subset U; \quad x(B_2) \subset V.$$

因此 $x(B_1) \bigcap x(B_2) \subset U \bigcap V = \varnothing$. 这是一个矛盾, 因为 $x(\mathcal{B})$ 是一个滤子基, 从而 $x(B_1) \bigcap x(B_2) \neq \varnothing$.

定理 6.1.5 Hausdorff 空间中收敛序列的极限点唯一.

证明 若 $\{x_n\}$ 是 Hausdorff 空间中的一个序列. 假设存在不同的两点 a, b, 使得 $\lim\limits_{n \to \infty} x_n = a$, 并且 $\lim\limits_{n \to \infty} x_n = b$. 由于空间是 Hausdorff 空间, 故存在 $U \in \mathcal{U}_a$, $V \in \mathcal{U}_b$, 使得 $U \bigcap V = \varnothing$. 于是存在 $m_1, m_2 \in \mathcal{Z}$, 使得当 $n > m_1$ 时, $x_n \in U$; 当 $n > m_2$ 时, $x_n \in V$. 这样当 $n > \max\{m_1, m_2\}$ 时, 必有 $x_n \in U \bigcap V$. 这与 $U \bigcap V = \varnothing$ 矛盾.

注 6.1.2 在 T_1-空间中以上定理不成立. 比如设拓扑空间 X 是上例的空间, $\{x_n\}$ 是 X 中的一个两两不同的序列, 即当 $n \neq m$ 时, $x_n \neq x_m$. 此时对于任何的 $x \in X$ 及任意的 $U \in \mathcal{U}_x$ 因为 U' 是一个有限集, 故存在 N, 使得当 $n \geqslant N$ 时, $x_n \in U$, 即 $\lim\limits_{n \to \infty} x_n = x$, 所以 T_1-空间中收敛序列的极限点不唯一.

6.1.2 正则、正规、T_3-空间、T_4-空间

类似于点的邻域的概念，我们也可以定义一个集合的邻域的概念.

定义 6.1.4 设 X 是一个拓扑空间，$A, U \subset X$. 如果 $A \subset U^\circ$，则称集合 U 是集合 A 的邻域.

定义 6.1.5 设 X 是一个拓扑空间. 如果它的任意点 x 和不包含这点的任何一个闭集 A 都各自存在不交的开邻域，则称 X 是正则空间.

定义 6.1.6 设 X 是一个拓扑空间. 如果它的任意两个不同的闭集 A, B 都各自存在不交的开邻域，则称 X 是正规空间.

正则、正规与 T_2, T_1, T_0 并无必然的联系.

例 6.1.5 正则且正规但非 T_0 的例子. 记 $X = \{a, b, c\}$，$\mathcal{T} = \{\varnothing, X, \{a\}, \{b, c\}\}$. 易知 $(X, \mathcal{T})$ 是一个拓扑空间. 注意到该拓扑空间的闭集族为 $\mathcal{F} = \{\varnothing, X, \{a\}, \{b, c\}\}$ $= \mathcal{T}$. 于是根据定义 $(X, \mathcal{T})$ 是正则也是正规空间；又注意到点 b, c，包含 b 的开集 $\{b, c\}, X$ 都包含 c；同时包含 c 的开集 $\{b, c\}, X$ 都包含 b，因此 $(X, \mathcal{T})$ 不是 T_0-空间，从而也非 T_2, T_1.

例 6.1.6 拓扑 T_2-空间但非正则也非正规空间的例子.

记实数空间 $\mathbf{R}$ 的通常拓扑为 $\mathcal{T}$. 令

$$K = \left\{\frac{1}{n} \middle| n \in \mathbf{N}\right\}; \quad \mathcal{T}_1 = \{G - E | G \in \mathcal{T}, E \subset K\}.$$

可以验证 $(\mathbf{R}, \mathcal{T}_1)$ 是实数集上的另一个拓扑空间. 当 $E = \varnothing$ 时，$\mathcal{T}_1 = \mathcal{T}$. 故 $\mathcal{T}_1 \supset \mathcal{T}$，也就是说，这个新拓扑空间包含通常拓扑的所有开集并且还多. 于是，由于通常拓扑空间是 T_2- 空间，得新空间 $(\mathbf{R}, \mathcal{T}_1)$ 也是 T_2-空间.

下面证明空间 $(\mathbf{R}, \mathcal{T}_1)$ 不是正则也不是正规的. 注意到 $\mathbf{R} - K \in \mathcal{T}_1$，则 K 是新空间的闭集，并且 $0 \notin K$. 由于 0 是序列 $\left\{\frac{1}{n} \middle| n \in \mathbf{N}\right\}$（即 K）在通常拓扑下的极限点，从而也是 $\mathcal{T}_1$ 下的极限点，故不可能存在 0 的开邻域与 K 不交. 又注意到单点集 $\{0\}$ 也是闭集，所以其也不是正规的.

定义 6.1.7 正则的 T_1-空间叫做 T_3-空间；正规的 T_1-空间叫做 T_4-空间；

明显地，T_4-空间 $\Rightarrow T_3$-空间 $\Rightarrow T_2$-空间 $\Rightarrow T_1$-空间 $\Rightarrow T_0$-空间.

例 6.1.7 离散空间是正规空间，也是 T_4-空间. 从而离散空间满足以上所说的所有分离性公理.

定理 6.1.6 一个拓扑空间 X 是正则空间当且仅当它是局部闭的，即任意 $x \in X$ 的任意一个邻域都包含着 x 的一个闭邻域.

证明 假设 X 是正则空间，$x \in X$，U 是 x 的开邻域. 因为 $A = U'$ 是闭集，所以必存在 x 的开邻域 V 与闭集 A 的开邻域 G，使得 $V \cap G = \varnothing$. 于是

$$\overline{V} \subset \overline{G'} = G' \subset A' = U.$$

因此 U 包含着 x 的一个闭邻域 $\overline{V}$.

反之,若任意 $x \in X$ 的任意一个邻域 U 都包含着 x 的一个闭邻域. 令 A 是任意的一个不包含 x 的闭集,则 A' 是 x 的一个开邻域. 于是必存在被包含在 A' 中的 x 的一个闭邻域 V. 故 $A \subset W = V'$. 此外由于 V 是 x 的一个闭邻域,所以存在开集 G,使得 $x \in G \subset V$. 从而 $G \cap W \subset V \cap V' = \varnothing$,即有 $G \cap W = \varnothing$. 故 X 是正则空间. 如图 6.1 所示.

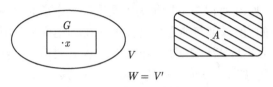

图 6.1 正则空间的邻域

类似地,关于正规空间有如下定理.

定理 6.1.7 一个拓扑空间 X 是正规空间当且仅当 X 的任意闭集 A 的任意一个邻域都包含 A 的一个闭邻域. 如图 6.2 所示.

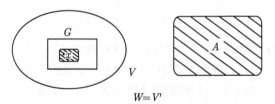

图 6.2 正规空间的邻域

6.1.3 Urysohn 引理和 Tietze 定理

本节涉及的 Urysohn 引理断言正规空间上存在着某种连续实值函数. 它是证明许多重要定理的一个必需的工具. 这些定理中有一个就是本节要证明的 Tietze 扩张定理;另一个就是 Urysohn 度量化定理.

定理 6.1.8 (Urysohn 引理) 设 A, B 是正规空间 X 的两个不相交的闭集, $[a, b]$ 是通常实数空间的闭区间. 则存在一个连续映射

$$f: X \to [a, b]$$

使得

$$f(x) = \begin{cases} a, & x \in A, \\ b, & x \in B. \end{cases}$$

证明 我们只要就区间 $[0, 1]$ 的情形来讨论即可,一般情形都可以由此推出.

利用空间的正规性作出 X 的开集族 U_p, 其中下标 p 是一个有理数, 然后再利用这些集合来确定需要的连续函数 f.

第一步. 设 P 是区间 $[0,1]$ 中所有的有理数的集合. 对于任意的 $p \in P$, 定义 X 中一个开集 U_p, 使当 $p < q$ 时, 总有

$$\overline{U_p} \subset U_q.$$

于是集列 $\{U_p\}$ 全序化, 这种序与下标集关于实直线上通常的序相同.

因为 P 是可数的, 所以可归纳定义集合 U_p. 确切地说是利用递归定义原理以某种方式将 P 中的元素排成无穷序列. 不妨设 1 和 0 是序列最前面的两个元素.

现在定义集合 U_p 如下: 首先, 令 $U_1 = X - B$. 其次, 因为 A 是包含在开集 U_1 中的闭集, 根据 X 的正规性可以选择一个开集 U_0, 使得

$$A \subset U_0 \quad 且 \quad \overline{U_0} \subset U_1.$$

归纳地, 令 P_n 表示序列中前 n 个有理数的集合, 并假设对于所有的 $p \in P_n$, 都已经定义了满足条件

$$p < g \Rightarrow \overline{U_p} \subset U_q \tag{$*$}$$

的开集 U_p. 设 r 表示序列中下一个有理数, 接下来定义 U_r.

考虑集合 $P_{n+1} = P_n \bigcup \{r\}$. 它是区间 $[0,1]$ 中有限的全序子集, 这个序是由通常实直线上的 $<$ 导出的. 在一个有限的全序集内, 每一个元素 (除了最小元和最大元外) 都有一个紧接前元和一个紧接后元. 这个全序集 P_{n+1} 的最小元是 0, 最大元是 1, 而 r 既不是 0 又不是 1, 所以 r 在 P_{n+1} 中有一个紧接前元 p 和一个紧接后元 q. 于是集合 U_p 和 U_q 已有定义并且由归纳假设, 有 $\overline{U_p} \subset U_q$. 利用 X 的正规性, 我们能找到 X 的一个开集 U_r, 使得

$$\overline{U_p} \subset U_r, \quad \overline{U_r} \subset U_q.$$

下面证明对于 P_{n+1} 中每一对元素 $(*)$ 成立. 若这两个元素都属于 P_n, 则由归纳假定, $(*)$ 成立. 若它们中有一个是 r, 另一个是 P_n 中的点 s, 那么在 $s \leqslant p$ 的情况下,

$$\overline{U_s} \subset \overline{U_p} \subset U_r.$$

在 $s \geqslant q$ 的情况下,

$$\overline{U_r} \subset \overline{U_q} \subset U_s.$$

于是对于 P_{n+1} 中每一对元素 $(*)$ 成立.

由归纳法, 对于所有的 $p \in P$, U_p 已有定义.

6.1 分离性公理

第二步. 令

$$当 p < 0 时, U_p = \varnothing;$$

$$当 p > 1 时, U_p = X.$$

这样就可以把上述定义扩张到 $\mathbf{R}$ 中所有的有理数 p 上. 可以验证, 对任一对有理数 p 和 q,

$$p < g \Rightarrow \overline{U_p} \subset U_q$$

仍然是正确的.

第三步. 给定 $x \in X$, 我们定义 $Q(x)$ 为如下有理数 p 的集合: 与 p 对应的开集 U_p 包含 x, 即

$$Q(x) = \{p | x \in U_p\}.$$

因为对于 $p < 0$, x 不在 U_p 中, 所以 $Q(x)$ 不含小于 0 的数. 又因为对于 $p > 1$, x 都在 U_p 中, 所以 $Q(x)$ 包含大于 1 的每一个数. 故 $Q(x)$ 是下有界的, 并且它的下确界是区间 $[0,1]$ 中的一点. 于是规定

$$f(x) = \inf Q(x).$$

第四步. 证明 $f(x)$ 就是所求的函数. 若 $x \in A$, 则对于每一个 $p \geqslant 0$, 有 $x \in U_p$. 所以 $Q(x)$ 等于非负有理数集, 从而 $f(x) = 0$. 类似地, 若 $x \in B$, 则没有 $p \leqslant 1$ 使得 $x \in U_p$. 于是 $Q(x)$ 由所有大于 1 的有理数集构成, 从而 $f(x) = 1$.

下面证明 f 是连续的. 首先证明

(1) $x \in \overline{U_r} \Rightarrow f(x) \leqslant r$;

(2) $x \notin U_r \Rightarrow f(x) \geqslant r$.

(1) 成立是因为如果 $x \in \overline{U_r}$, 则对任何 $s > r$, 总有 $x \in U_s$. 所以, Q_r 包含所有大于 r 的有理数, 于是由定义有

$$f(x) = \inf Q(x) \leqslant r.$$

(2) 成立是因为如果 $x \notin U_r$, 则对于任何 $s < r$, 总有 $x \notin U_s$. 所以, Q_r 不包含小于 r 的有理数, 于是

$$f(x) = \inf Q(x) \geqslant r.$$

给定 X 中的一点 x_0 和 $\mathbf{R}$ 中包含点 $f(x_0)$ 的一个开区间 (c,d), 要证明 f 的连续性, 只需要找到 x_0 的一个邻域 U, 使得 $f(U) \subset (c,d)$. 选取有理数 p 和 q, 使得

$$c < p < f(x_0) < q < d.$$

现在证明 $U_q - \overline{U_p}$ 就是所需要的 x_0 的邻域 U. 先证明 $x_0 \in U$. $x_0 \in U_q$ 是显然的, 这是因为如果 $x_0 \notin U_q$, 则由 (2) 可以推出 $f(x_0) \geqslant q$; $x_0 \notin \overline{U_p}$ 也是必然的, 因为若 $x_0 \in \overline{U_p}$, 则可由 (1) 推出 $f(x) \leqslant p$. 所以 $x_0 \in U$. 如图 6.3 所示.

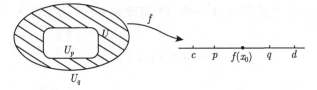

图 6.3 Urysohn 引理函数的连续性

其次证明 $f(U) \subset (c,d)$. 设 $x \in U$, 则 $x \in U_q \subset \overline{U_q}$, 于是由 (1) 有 $f(x) \leqslant q$. 而 $x \notin \overline{U_p}$, 于是 $x \notin U_p$, 故由 (2) 有 $f(x) \geqslant p$. 因此 $f(x) \in (p,q) \subset (c,d)$. 证毕.

注 6.1.3 对证明过程中的集合 P, 假设先用标准方式将 P 中的元素排成无穷序列
$$P = \left\{1, 0, \frac{1}{2}, \frac{1}{3}, \frac{2}{3}, \frac{1}{4}, \frac{3}{4}, \frac{1}{5}, \frac{2}{5}, \frac{3}{5}, \cdots\right\}.$$

在定义了 U_0, U_1 之后, 可以再定义 $U_{\frac{1}{2}}$, 使得 $\overline{U_0} \subset U_{\frac{1}{2}}$ 且 $\overline{U_{\frac{1}{2}}} \subset U_1$. 于是在 $U_0, U_{\frac{1}{2}}$ 之间有相应的 $U_{\frac{1}{3}}$, 在 $U_{\frac{1}{2}}, U_1$ 之间有相应的 $U_{\frac{2}{3}}$, 等等. 如图 6.4 所示.

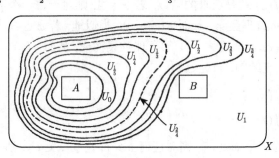

图 6.4 Urysohn 引理函数的连续性

定理 6.1.9 (Tietze 扩张定理) 设 X 是一个正规空间, A 是 X 的闭子集. 则 A 到 $\mathbf{R}$ 的闭区间 $[a,b]$ 中的任何连续映射都可以扩张为整个 X 到 $[a,b]$ 中的一个连续映射.

证明 思路是在整个空间上构造一个连续函数序列 S_n, 使得序列 S_n 一致收敛, 并且 S_n 在 A 上的限制随着 n 增大而逼近 f. 于是极限函数是连续的, 并且它在 A 上的限制等于 f.

第一步. 在整个 X 上构造一个特殊函数 g, 使得 g 在集合 A 上可以相当精确地逼近 f.

考虑 $f: A \to \mathbf{R}$, 可以断言存在一个连续函数 $f: X \to \mathbf{R}$, 使得

当 $x \in X$ 时, $|g(x)| \leqslant \frac{1}{3}r$;

当 $a \in A$ 时, $|g(a) - f(a)| \leqslant \frac{2}{3}r$.

下面构造这个函数 g.

将区间 $[-r, r]$ 三等分为

$$I_1 = \left[-r, -\frac{1}{3}r\right], \quad I_2 = \left[-\frac{1}{3}r, \frac{1}{3}r\right], \quad I_3 = \left[\frac{1}{3}r, r\right].$$

令

$$B = f^{-1}(I_1), \quad C = f^{-1}(I_3).$$

因为 f 是连续的, 所以 B 和 C 是 A 中不相交的闭子集. 因此, 它们是 X 中的闭集. 由 Urysohn 引理, 存在一个连续函数 $g: X \to \left[-\frac{1}{3}r, \frac{1}{3}r\right]$ 满足对于任意的 $x \in B$, $f(x) = -\frac{1}{3}r$, 而对于任意的 $x \in C$, $f(x) = \frac{1}{3}r$. 于是对任意的 $x \in A$, $f(x) \leqslant \frac{1}{3}r$. 下面证明对任意的 $a \in A$ 都有 $|g(a) - f(a)| \leqslant \frac{2}{3}r$. 实际上, 若 $a \in B$, 则 $g(a), f(a)$ 都在 I_1 中; 若 $a \in C$, 则 $g(a), f(a)$ 都在 I_3 中; 若 $a \notin B \cup C$, 则 $g(a), f(a)$ 都在 I_2 中. 故对任意的 $a \in A$ 都有 $|g(a) - f(a)| \leqslant \frac{2}{3}r$. 如图 6.5 所示.

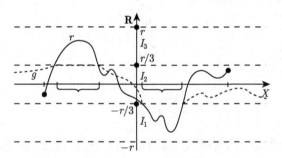

图 6.5 Tietze 扩张定理

第二步. 现在就 $f: A \to [-1, 1]$ 来证明 Tietze 定理.

首先应用第一步的结果到函数 $f: A \to [-1, 1]$, 即 $r = 1$ 的情形. 由第一步可以得到 X 的实值函数 g_1, 满足

当 $x \in X$ 时, $|g_1(x)| \leqslant \frac{1}{3}$;

当 $a \in A$ 时, $|f(a) - g_1(a)| \leqslant \frac{2}{3}$.

考虑函数 $f - g_1$. 则 $f - g_1: A \to \left[-\dfrac{2}{3}, \dfrac{2}{3}\right]$, 再由第一步可得 X 的实值函数 g_2, 使得

当 $x \in X$ 时, $|g_2(x)| \leqslant \dfrac{1}{3} \cdot \dfrac{2}{3}$;

当 $a \in A$ 时, $|f(a) - g_1(a) - g_2(a)| \leqslant \left(\dfrac{2}{3}\right)^2$.

然后类似地, 再应用第一步的结果到函数 $f - g_1 - g_2$ 上. 于是可得到 X 上的实值函数列 $g_1, g_2, \cdots, g_n$ 使得

当 $a \in A$ 时, $|f(a) - g_1(a) - \cdots - g_n(a)| \leqslant \left(\dfrac{2}{3}\right)^n$.

应用第一步的结果到函数 $f - g_1 - \cdots - g_n$ 上, 则 $f - g_1 - \cdots - g_n: A \to \left[-\dfrac{2}{3}, \dfrac{2}{3}\right]$, 于是可得到一个定义在 X 上的实值函数 g_{n+1} 使得

当 $x \in X$ 时, $|g_{n+1}(x)| \leqslant \dfrac{1}{3} \cdot \left(\dfrac{2}{3}\right)^n$;

当 $a \in A$ 时, $|f(a) - g_1(a) - \cdots - g_{n+1}(a)| \leqslant \left(\dfrac{2}{3}\right)^{n+1}$.

由归纳法, 对于所有的 n, 函数 g_n 有定义.

现在对于任意的 $x \in X$, 定义

$$g(x) = \sum_{n=1}^{\infty} g_n(x).$$

选择几何级数

$$\dfrac{1}{3} \sum_{n=1}^{\infty} \left(\dfrac{2}{3}\right)^{n-1}$$

作为比较级数, 由于这个几何级数收敛于 1, 故 $g(x)$ 收敛, 且 $|g(x)| \leqslant 1$. 从而 $g: X \to [-1, 1]$.

下证对任意的 $a \in A$, 有 $g(a) = f(a)$. 设

$$S_n = \sum_{m=1}^{n} g_m(x).$$

则 $g(x)$ 是部分和序列 $S_n(x)$ 的极限. 由于对任意的 $a \in A$ 总有

$$|f(a) - S_n(a)| = \left| f(a) - \sum_{m=1}^{n} g_m(a) \right| \leqslant \left(\dfrac{2}{3}\right)^n.$$

由此得出对于所有的 $a \in A$, $S_n(a) \to f(a)$. 因此对于 $a \in A$ 有 $g(a) = f(a)$.

为了证明 g 是连续的, 需证明序列 S_n 一致收敛于 g. 这可以由分析中级数判别法的 M-判别法得到, 也可以直接证明如下: 注意到, 若 $k > n$, 则

$$|S_k(x) - S_n(x)| = \left| \sum_{m=n+1}^{k} g_m(a) \right|$$

$$\leqslant \frac{1}{3} \sum_{m=n+1}^{k} \left(\frac{2}{3}\right)^{m-1}$$

$$\leqslant \frac{1}{3} \sum_{m=n+1}^{\infty} \left(\frac{2}{3}\right)^{m-1} = \left(\frac{2}{3}\right)^n.$$

固定 n, 令 $k \to \infty$, 于是对于所有的 $x \in X$, $|g(x) - S_n(x)| \leqslant \left(\frac{2}{3}\right)^n$. 所以序列 S_n 一致收敛于 g. 证毕.

例 6.1.8 在 Urysohn 引理和 Tietze 定理中所讨论的集合是闭集这个条件是必需的. 例如, 集合 $A = (0,1)$, $B = (1,2)$ 是正规空间 **R** 中两个不相交的子集, 就不存在连续函数 $f: \mathbf{R} \to [0,1]$ 把 A 变为 0, 把 B 变为 1. 否则 f 将 $\overline{A} \cap \overline{B}$ 中的点 1 能变成什么值呢?

6.1.4 完全正则空间

Urysohn 引理说明: 如果 X 中每一对不相交的闭集能用不相交的开集分离, 则它们也能用一个连续函数分离. 现在可能会提出这样的问题: Urysohn 引理的证明是否能推广到正则空间上, 既然在正则空间上能用不相交的开集来分离点和闭集, 那么是否也能用连续函数来分离点和闭集呢?

初看似乎可以像 Urysohn 引理的一样, 先取一点 a 和一个不含点 a 的闭集 B, 定义 $U_1 = X - B$, 然后利用 X 的正则性, 选取包含点 a 的一个开集 U_0, 使得它的闭包含在 U_1 中. 但在紧接着下一步的证明中, 就遇到了困难. 设 p 是序列中在 0 和 1 后面的一个有理数, 要想找到一个开集 U_p, 使得 $\overline{U_0} \subset U_p$, 并且 $\overline{U_p} \subset U_1$, 只有正则性就不行了.

事实上, 能够用一个连续函数来分离点和闭集, 这比要求能用不相交的开集来分离它们的条件更强. 下面把这一条件当作一个新的分离公理 —— 完全正则公理.

定义 6.1.8 设 X 是一个拓扑空间. 如果它的任意点 x 和不包含这点的任何一个闭集 A 都存在一个连续映射 $f: X \to [0,1]$ 使得 $f(x) = 0$ 及对于任何的 $y \in B$ 都有 $f(y) = 1$, 则称 X 是完全正则空间.

完全正则的 T_1-空间叫做 Tychonoff 空间或者 $T_{3.5}$-空间.

定理 6.1.10　每一个完全正则空间 X 都是正则空间.

证明　设 $a \in X$, B 是 X 中的一个不包含点 a 的闭集, 则存在连续映射 $f: X \to [0,1]$ 使得 $f(a) = 0$ 及对于任何的 $y \in B$ 都有 $f(y) = 1$. 所以有 $f^{-1}\left(\left[0, \frac{1}{3}\right)\right)$ 和 $f^{-1}\left(\left(\frac{2}{3}, 1\right]\right)$ 分别是包含点 a 和不包含这点的任何一个闭集 B 的开邻域, 并且显然它们无交. 故 X 是一个正则空间.

定理 6.1.11　每一个正则且正规的空间 X 都是完全正则空间.

证明　设 $a \in X$, B 是 X 中的一个不包含点 a 的闭集. 因为 X 是一个正则空间, 根据定理 6.1.6, 点 a 有一个开邻域 U 使得 $\overline{U} \subset B'$. 令 $A = \overline{U}$, 于是 A 和 B 是 X 中两个无交的闭集. 又因为 X 是一个正规空间, 由 Urysohn 引理可知, 存在一个连续映射 $f: X \to [0,1]$ 使得对于任何的 $x \in A$, $f(x) = 0$ 及对于任何的 $y \in B$ 都有 $f(y) = 1$. 因为 $a \in A$, 故 $f(a) = 0$. 所以 X 是一个完全正则空间.

6.2　紧　致　性

定义 6.2.1　一个集族 $\{A_i | i \in I\}$ 叫做集合 B 的覆盖, 如果 $\bigcup_{i \in I} A_i \supset B$. 集族 $\{A_i | i \in I\}$ 叫做拓扑空间 X 的开覆盖, 是指集族 $\{A_i | i \in I\}$ 是 X 的一个开集族且其是 X 的一个覆盖, 即 $\bigcup_{i \in I} A_i = X$.

定义 6.2.2　一个拓扑空间叫做紧的, 如果其任何一个开覆盖都有有限子覆盖. 一个拓扑空间的子集 A 叫紧集, 是指它作为拓扑子空间是紧的; 换句话说, A 叫紧集, 如果任何一个其并包含 A 的开集族都存在有限子族的并也包含 A.

例 6.2.1　令拓扑空间 X 是实数集上的通常拓扑. 则集合 $A = [0, 1]$ 是紧集. 以下用反证法证明, 假设有 $\mathcal{H} = \{G_i | i \in I\}$ 是拓扑空间 X 的子集 A 的一个开覆盖, 且其不存在有限子覆盖. 将 $A = [0, 1]$ 分成两段 $\left[0, \frac{1}{2}\right]$ 和 $\left[\frac{1}{2}, 1\right]$, 则至少有一段不能被 $\mathcal{H}$ 的有限子族覆盖; 记 $[a_1, b_1]$ 表示这段. 再将 $[a_1, b_1]$ 分成两段 $\left[a_1, \frac{a_1 + b_1}{2}\right]$ 和 $\left[\frac{a_1 + b_1}{2}, b_1\right]$, 则至少有一段不能被 $\mathcal{H}$ 的有限子族覆盖, 记 $[a_2, b_2]$ 表示这段. 继续下去, 得到一族线段序列 $[a_n, b_n]$. 序列 $\{a_1, a_2, \cdots\}$ 是递增序列且存在上界 1; 序列 $\{b_1, b_2, \cdots\}$ 是递减序列且存在下界 0. 因此, 序列 $\{a_1, a_2, \cdots\}$ 存在极限 a_0, 序列 $\{b_1, b_2, \cdots\}$ 存在极限 b_0. 但是 $|b_n - a_n| \to 0$, 故 $a_0 = b_0$. 令 $a_0 \in G \in \mathcal{H}$(因为 $\mathcal{H}$ 是覆盖, 于是总存在 G 覆盖 a_0), 则对足够大的 n, $[a_n, b_n] \subset G$. 这与 $[a_n, b_n]$ 的定义矛盾. 故其不存在有限子覆盖是错误的, 所以 $A = [0, 1]$ 是紧集.

例 6.2.2   在实直线上给予通常拓扑,则开区间 $(0,1)$ 不是紧集. 例如, 考察开集族

$$\mathcal{G} = \left\{ \left(\frac{1}{3},1\right), \left(\frac{1}{4},\frac{1}{2}\right), \left(\frac{1}{5},\frac{1}{3}\right), \left(\frac{1}{6},\frac{1}{4}\right), \cdots \right\}.$$

注意到 $(0,1) = \bigcup_{n=1}^{\infty} G_n$, 其中 $G_n = \left(\dfrac{1}{n+2}, \dfrac{1}{n}\right)$. 因此 $\mathcal{G}$ 是 $(0,1)$ 的一个开覆盖, 但是它没有有限子覆盖. 因为如果令

$$\mathcal{G}^* = \{(a_1,b_1),(a_2,b_2),\cdots,(a_n,b_n)\}$$

是它的任意一个有限子族, 设 $\varepsilon = \min\{a_1,a_2,\cdots,a_n\}$, 则 $\varepsilon > 0$. 且

$$(a_1,b_1)\bigcup(a_2,b_2)\bigcup\cdots\bigcup(a_n,b_n) = (\varepsilon,1).$$

但是 $(0,\varepsilon]$ 与 $(\varepsilon,1)$ 不交, 于是 $\mathcal{G}^*$ 不是 $(0,1)$ 的覆盖. 故开区间 $(0,1)$ 不是紧集.

定义 6.2.3   一个拓扑空间叫做局部紧的, 如果其任何一点都存在由紧集构成的局部邻域基.

例 6.2.3   通常的实数空间不是紧的, 但它是局部紧的. 其每一点 x 处的局部邻域基就是 $B_\varepsilon(x) = [x - \varepsilon, x + \varepsilon]$.

例 6.2.4   设 $\widehat{\mathbf{R}}$ 表示 $\{\mathbf{R}\bigcup -\infty \bigcup +\infty\}$. $\widehat{\mathbf{R}}$ 上的拓扑定义如下:
(1) 通常实数空间的开集;
(2) 包含区间 $(\lambda, +\infty)$ 的通常实数空间的开集与 $+\infty$ 的并集;
(3) 包含区间 $(-\infty, \lambda)$ 的通常实数空间的开集与 $-\infty$ 的并集.
通过类似于例 6.2.1 的讨论, 可以证明赋予以上拓扑的 $\widehat{\mathbf{R}}$ 是个紧空间.

例 6.2.5   通常实数空间的上无界子集 A 是非紧集; 这是因为由长度为 1 的开区间所组成的 A 的开覆盖没有有限子覆盖.

例 6.2.6   显然任何拓扑空间的有限子集都是紧集.

定理 6.2.1 (Bolzano-Weierstrass)   任何紧空间的任何无限子集都存在聚点.

证明   假设存在无限子集 A 没有聚点. 则对任意的 $x \in X$, 都存在 x 的开邻域 U_x 使得 $U_x \bigcap (A - \{x\}) = \varnothing$. 这样集族 $\{U_x | x \in X\}$ 就构成了 X 的一个开覆盖. 因为 X 是紧空间, 故存在有限覆盖 $U(x_1), U(x_2), \cdots, U(x_n)$. 由于 $U(x_i)$ 至多包含 A 的一个点 (x_i 是唯一的可能点), 因此 A 是有限集.

定理 6.2.2   Hausdorff 拓扑空间中的紧集都是闭子集.

证明   令 K 是 Hausdorff 空间 X 中的紧集, 对任意的 $x \in X, x \notin K$. 如果 $y \in K$, 则存在 y 的开邻域 U_y 与 x 的开邻域 V_x^y 满足 $U_y \bigcap V_x^y = \varnothing$. 于是集族 $\{U_y | y \in K\}$ 构成了 K 的一个开覆盖, 又因为 K 是紧集, 所以存在有限子覆盖 $U_{y_1}, U_{y_2}, \cdots, U_{y_n}$. 因为 $V = \bigcap_{k=1}^{n} V_x^{y_k}$ 与 $U = \bigcup_{i=1}^{n} U_{y_i}$ 不交. 因此, K 是闭集.

紧空间的子集不一定是紧的. 例如 $[0,1]$ 是紧的, 但是其子集 $(0,1)$ 却不是紧的. 然而有如下定理.

定理 6.2.3 紧拓扑空间 X 中的闭子集 A 是紧集.

证明 设 $\mathcal{G}=\{G_i|i\in I\}$ 是 A 的任意一个开覆盖. 由于 A 是闭集, 则 $\{G_i|i\in I\}\bigcup A'$ 是 X 的一个开覆盖. 因为 X 是紧空间, 故存在有限子覆盖 $G_{i_1},G_{i_2},\cdots,G_{i_m}$, A'. 于是 $\mathcal{G}$ 的有限族 $G_{i_1},G_{i_2},\cdots,G_{i_m}$ 可以覆盖 A. 因此 A 是紧集.

推论 6.2.1 通常实数空间 $\mathbf{R}$ 中的子集 A 是紧集当且仅当 A 是闭集并且是有界的.

证明 由定理 6.2.2 知 A 是闭集, 由例 6.2.5 知 A 是有界集; 反之, 如果 A 是通常实数空间 $\mathbf{R}$ 中的闭集并且是有界的, 则 A 必被包含在一段线段中, 而通常实数空间的线段都是紧集, 从而由定理 6.2.3 知它是紧集.

定理 6.2.4 紧 Hausdorff 拓扑空间 X 是 T_4-空间.

证明 显然只需证明 X 是正规空间即可. 先证 X 是正则的. 对 X 的任意闭集 F, 由于 X 是紧空间, 故 F 是紧集. 对任意的 $x\in X, x\notin F$. 如果 $y\in F$, 则存在 y 的开邻域 U_y 与 x 的开邻域 V_x^y 满足 $U_y\bigcap V_x^y=\varnothing$. 于是集族 $\{U_y|y\in F\}$ 构成了 F 的一个开覆盖, 又因为 F 是紧集, 所以存在有限子覆盖 $U_{y_1},U_{y_2},\cdots,U_{y_n}$. 于是开集 $V=\bigcap_{k=1}^n V_x^{y_k}$ 与开集 $U=\bigcup_{i=1}^n U_{y_i}$ 不交. 而 $x\in V, F\subset U$, 故 X 是正则的 (图 6.6).

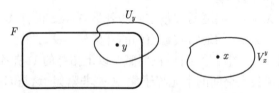

图 6.6 正则、正规 Venn 图

下面利用正则性来证明正规性. 令 F 和 B 是 X 中任意两个不交的闭集. 如果 $x\in F$, 则 $x\notin B$, 由正则性可知, 存在 x 的开邻域 V_x 及 B 的开邻域 U_x 不交. 于是集族 $\{V_x|x\in F\}$ 构成了 F 的一个开覆盖, 又因为 F 是紧集, 所以存在有限子覆盖 $V_{x_1},V_{x_2},\cdots,V_{x_n}$. 若记 $M=\bigcup_{i=1}^n V_{x_i}, W=\bigcap_{k=1}^n U_{x_k}$, 则 M 和 W 分别是 F 和 B 的不交的开邻域, 因此 X 是正规的.

定理 6.2.5 拓扑空间 X 的有限多个紧子集的并仍是紧集; Hausdorff 拓扑空间 X 中的任意多个紧子集的交仍是紧子集.

证明 令 A 是拓扑空间 X 的有限多个紧子集 $K_1,K_2,\cdots,K_n$ 的并. 设 $\mathcal{A}$ 是 A 的任意一个开覆盖. 因为 K_1 是紧集及 $\mathcal{A}$ 覆盖 K_1, 故其存在有限子覆盖; 同理, 对其他的 $K_2,\cdots,K_n$ 也都各自存在有限子覆盖. 这样, 这些个有限子覆盖的有限

并就是 A 的一个开覆盖. 因有限集的有限并还是有限集, 因此 A 的任意一个开覆盖都有可数子覆盖. 因为 Hausdorff 拓扑空间中的紧子集都是闭集, 于是任意多个紧子集的交就是任意多个闭集的交. 而拓扑空间中任意多个闭集的交集还是闭集, 由以上定理知紧空间中的闭子集都是紧的, 故 Hausdorff 拓扑空间 X 中的任意多个紧子集的交仍是紧子集.

定理 6.2.6 令 $f: X \to Y$ 是连续映射. 若 K 是 X 中的紧集, 则 $f(K)$ 是 Y 中的紧集.

证明 **证法一** 设 $\{G_i | i \in I\}$ 是 $f(K)$ 的任意一个开覆盖, 由于 f 连续, 故 $\{f^{-1}(G_i) | i \in I\}$ 是 K 的一个开覆盖. 这是因为

$$\bigcup_{i \in I} G_i \supset f(K) \Rightarrow f^{-1}\left(\bigcup_{i \in I} G_i\right) \supset f^{-1}(f(K)) \supset K.$$

又因为 K 是紧集, 所以存在有限子覆盖 $f^{-1}(G_{i_1}), f^{-1}(G_{i_2}), \cdots, f^{-1}(G_{i_n})$. 因此 $G_{i_1}, G_{i_2}, \cdots, G_{i_n}$ 就是 $f(K)$ 的一个开覆盖, 这是因为

$$\bigcup_{m=1}^{n} f^{-1}(G_{i_m}) = f^{-1}\left(\bigcup_{m=1}^{n} G_{i_m}\right) \supset K \Rightarrow f\left[f^{-1}\left(\bigcup_{m=1}^{n} G_{i_m}\right)\right] \supset f(K).$$

而

$$\bigcup_{m=1}^{n} G_{i_m} \supset f\left[f^{-1}\left(\bigcup_{m=1}^{n} G_{i_m}\right)\right].$$

从而 $f(K)$ 是 Y 中的紧集.

证法二 设 $\mathcal{G} = \{G_i | i \in I\}$ 是 $f(A)$ 的任意一个开覆盖, 即 $f(A) \subset \bigcup_{i \in I} G_i$, 则

$$A \subset f^{-1}[f(A)] \subset f^{-1}\left(\bigcup_{i \in I} G_i\right) = \bigcup_{i \in I} f^{-1}(G_i).$$

因此 $\{f^{-1}(G_i) | i \in I\}$ 构成了 A 的一个开覆盖 (因为 f 连续). 由于 A 是紧集, 故存在有限子覆盖 $f^{-1}(G_{i_1}), f^{-1}(G_{i_2}), \cdots, f^{-1}(G_{i_m})$, 即

$$A \subset f^{-1}(G_{i_1}) \bigcup f^{-1}(G_{i_2}) \bigcup \cdots \bigcup f^{-1}(G_{i_m})$$
$$= f^{-1}(G_{i_1} \bigcup G_{i_2} \bigcup \cdots \bigcup G_{i_m}).$$

从而

$$f(A) \subset f\left[f^{-1}(G_{i_1} \bigcup G_{i_2} \bigcup \cdots \bigcup G_{i_m})\right] \subset G_{i_1} \bigcup G_{i_2} \bigcup \cdots \bigcup G_{i_m}.$$

即 $\mathcal{G}$ 的有限子族 $G_{i_1}, G_{i_2}, \cdots, G_{i_m}$ 可以覆盖 $f(A)$. 因此 $f(A)$ 也是紧集.

推论 6.2.2 令 $f: X \to \mathbf{R}$ 是连续映射. 若 K 是 X 中的紧集, 则 f 可以在 K 上取到最大值和最小值.

证明　由已知条件及定理 6.2.6 可得, $f(K)$ 是 $\mathbf{R}$ 中的紧集. 再由推论 6.2.1 知 $f(K)$ 是有界的和闭的. 从而 f 可以在 K 上取到最大值和最小值.

定义 6.2.4　集族 $\{A_i | i \in I\}$ 称为具有有限交性, 如果它的任何有限子族都有非空的交.

例 6.2.7　考虑如下的开区间族

$$\mathcal{A} = \left\{ (0,1), \left(0, \frac{1}{2}\right), \left(0, \frac{1}{3}\right), \cdots \right\},$$

则 $\mathcal{A}$ 具有有限交性. 这是因为任取其中 m 个区间

$$(0, a_1), (0, a_2), \cdots, (0, a_m).$$

令 $b = \min\{a_1, a_2, \cdots, a_m\} > 0$, 则

$$(0, a_1) \bigcap (0, a_2) \bigcap \cdots \bigcap (0, a_m) = (0, b) \neq \varnothing.$$

注 6.2.1　$\mathcal{A}$ 的所有元素之交集为空集.

例 6.2.8　考虑如下的无界闭区间族

$$\mathcal{B} = \{\cdots, (-\infty, -2], (-\infty, -1], (-\infty, 0], (-\infty, 1], (-\infty, 2], \cdots\}.$$

注意 $\mathcal{B}$ 所有元素之交集为空集, 即

$$\bigcap_{n \in \mathbf{Z}} B_n = \varnothing, \quad \text{这里} \quad B_n = (-\infty, n].$$

但 $\mathcal{B}$ 的任何有限子族都有非空的交, 即 $\mathcal{B}$ 具有有限交性.

利用有限交性, 可以由拓扑空间的闭集族来刻画紧性.

定理 6.2.7　设 X 是拓扑空间, 则下列条件是等价的.
(1) X 是紧空间;
(2) X 中任意具有有限交性的闭集族具有非空的交;
(3) X 中每个滤子化的集族存在至少一个聚点;
(4) X 中每个超滤子化的集族存在收敛点.

证明　我们证明 $(1) \Leftrightarrow (2) \Leftrightarrow (3) \Leftrightarrow (4)$.

$(1) \Rightarrow (2)$. 设 $\mathcal{G} = \{G_i | i \in I\}$ 是 X 中的具有有限交性的闭集族. 如果 $\bigcap_{i \in I} G_i = \varnothing$, 则集族 $\{G_i' | i \in I\}$ 构成了 X 的一个开覆盖. 根据 (1), 存在有限子覆盖 $G_{i_1}', G_{i_2}', \cdots, G_{i_m}'$. 于是

$$G_{i_1}' \bigcup G_{i_2}' \bigcup \cdots \bigcup G_{i_m}' = X.$$

所以
$$G_{i_1}\bigcap G_{i_2}\bigcap\cdots\bigcap G_{i_m} = \varnothing.$$
这与有限交性矛盾, 从而 $\bigcap_{i\in I} G_i \neq \varnothing$.

(2) $\Rightarrow$ (1). 设 $\mathcal{G} = \{G_i | i \in I\}$ 是 X 的任意一个开覆盖, 并记 $F_i = G_i'$. 如果 $\{G_i | i \in I\}$ 不包含有限子覆盖, 则闭集族 $\{F_i | i \in I\}$ 的任意有限子族之交集为非空的. 根据 (2), $\bigcap_{i\in I} F_i \neq \varnothing$. 这与 $\mathcal{G}$ 是 X 的一个覆盖相矛盾, 从而 (1) 成立.

(2) $\Rightarrow$ (3). 设 $\{x(i) | i \in I, \mathcal{B}\}$ 是 X 的一个滤子化的集族. 因为 $x(\mathcal{B})$ 是一个滤子基, 所以其任意有限子族之交集为非空集, 从而其相应的闭包集族的任意有限子族之交集为非空集. 根据 (2), 可得 $\bigcap_{B\in\mathcal{B}} \overline{x(B)} \neq \varnothing$, 则对 $a \in \bigcap_{B\in\mathcal{B}} \overline{x(B)}$ 及任意的 $U \in \mathcal{U}_a$ 和任意的 $B \in \mathcal{B}$, 有
$$U \bigcap x(B) \neq \varnothing.$$
从而 (3) 成立.

(3) $\Rightarrow$ (2). 设 $\mathcal{G} = \{G_i | i \in I\}$ 是 X 中的具有有限交性的闭集族. 如果 $\bigcap_{i\in I} G_i = \varnothing$, 则集族 $\{G_i' | i \in I\}$ 构成了 X 的一个开覆盖. 根据 (1), 存在有限子覆盖 $G_{i_1}', G_{i_2}', \cdots, G_{i_m}'$. 于是
$$G_{i_1}' \bigcup G_{i_2}' \bigcup \cdots \bigcup G_{i_m}' = X.$$
所以
$$G_{i_1}\bigcap G_{i_2}\bigcap\cdots\bigcap G_{i_m} = \varnothing.$$
这与有限交性矛盾, 从而 $\bigcap_{i\in I} G_i \neq \varnothing$. 那么其所有的有限子族之交集的全体构成一个滤子基 $\mathcal{B}$. 在每一个 $B \in \mathcal{B}$ 中选择一点 $x(B)$, 因此, 根据假设 (3), 滤子化的集族 $\{x(B) | B \in \mathcal{B}, \subset\}$ 存在聚点 a. 从而, 对任意的 $U \in \mathcal{U}_a$ 和任意的 $B_0 \in \mathcal{B}$ 只要 $B_0 \bigcap U \neq \varnothing$, 就存在 $B \subset B_0$ 使得
$$x(B) \in U.$$
因为 B_0 是闭集, 所以 $a \in B_0$. 注意到 B_0 的任意性, 所以 a 属于所有的 F_i, 故 (2) 成立.

(3) $\Rightarrow$ (4). 设 $x(\mathcal{B})$ 是 X 的一个超滤子化的基, 根据定理可知, 其每一个聚点都是收敛点.

(4) $\Rightarrow$ (3). 根据定理可知, 存在超滤子化的基 $x(\mathcal{B}_0)$ 满足 $x(\mathcal{B}_0) \vdash x(\mathcal{B})$, 则 $\{x(i) | i \in I, \mathcal{B}\}$ 以 $\{x(i) | i \in I, \mathcal{B}_0\}$ 的收敛点作为聚点.

定理 6.2.8 设 X 是 Hausdorff 空间, 则对任意两个不相交的紧子集, 必存在各自不交的开邻域.

证明 设 A, B 是 X 的两个不交紧子集. 对任意的 $a \in A$, $b \in B$, 存在两开集 V_{ab} 和 U_b, $a \in V_{ab}$, $b \in U_b$, 使得 $V_{ab} \cap U_b = \varnothing$. 显然 $B \subset \bigcup_{b \in B} U_b$, 由紧性, 存在有限个 $U_{b_1}, U_{b_2}, \cdots, U_{b_n}$, 满足 $B \subset \bigcup_{k=1}^n U_{b_k} = U_a$. 记 $V_a = \bigcap_{k=1}^n V_{ab_k}$, 则 $U_a \cap V_a = \varnothing$. 令 a 取遍 A 中所有的点时, 就有 $A \subset \bigcup_{a \in A} V_a$. 由 A 的紧性, 存在有限个 $V_{a_1}, V_{a_2}, \cdots, V_{a_m}$ 覆盖 A. 取 $V = \bigcup_{k=1}^m V_{a_k}$, $U = \bigcap_{k=1}^m U_{a_k}$, 则 $A \subset U$, $B \subset V$, 且 $U \cap V = \varnothing$.

关于紧空间的一个重要定理如下.

定理 6.2.9 设 $X, X_i, i \in I$ 都是拓扑空间, 且 $x = \prod_{i \in I} X_i$, 则 X 是紧空间当且仅当对任意的 $i \in I$, 都有 X_i 是紧空间.

这里不给出证明, 感兴趣的读者可以参看 Siegel, Higgins 等的相关著作. 下面是关于局部紧空间的几个结论.

定理 6.2.10 (1) 局部紧空间的闭子空间是局部紧的;

(2) 设 X 是局部紧空间, $f: X \to Y$ 是满的、连续映射, 则 Y 也是局部紧的;

(3) 设 $X = \prod_{i \in I} X_i$ 是拓扑空间的乘积, $X_i \neq \varnothing, \forall i \in I$. 那么 X 是局部紧的当且仅当对每个 $i \in I$, 都有 X_i 是局部紧的, 且除有限个 i 之外, X_i 是紧的.

证明 (1) 设 X 是局部紧空间, Y 是 X 的闭子空间, $y \in Y \subset X$. 则在 X 中存在 y 的紧邻域 A, 由子空间的定义, $Y \cap A$ 是 A 的闭集, 显然它非空. 从而 $Y \cap A$ 是紧集, 它就是 y 在 Y 中的紧邻域.

(2) 对任意的 $y \in Y$, 由于 f 是满射, 故有 $x \in X$, 使得 $f(x) = y$. 设 U 是 x 在 X 中的紧邻域, 则 $f(U)$ 是 Y 中的紧集. 又 $y = f(x) \in f(U)$, 故 $f(U)$ 是 y 的紧邻域.

(3) 设 X_i 是局部紧的 ($\forall i \in I$), 且除了有限多个之外都是紧的. 则对任意的 $x = (x_i) \in X$, 对每个 i, 存在 $U_i \subset X_i$ 是点 x_i 的紧邻域, 且对几乎所有的 i, 都有 $U_i = X_i$. 故 $\prod_{i \in I} U_i$ 是 x 的紧邻域.

另一方面, 设 $X = \prod_{i \in I} X_i$ 是局部紧的, $f_i: X \to X_i$ 是开的映上的连续映射, 由 (2) 可知每个 X_i 是局部紧的. 设 $x \in X$ 有紧邻域 U, 则根据乘积拓扑定义可知除有限个 i 以外, 都有 $f_i(U) = X_i$, 因此除有限个之外, X_i 都是紧的.

定理 6.2.11 设 X 是局部紧的 Hausdorff 空间, Y 是 X 的紧子集, U 是 Y 的开邻域, 则存在开集 V, 其闭包为紧集, 且 $Y \subset V \subset \overline{V} \subset U$.

证明 首先考虑 X 是紧空间, Y 是 X 的紧子集, U 是 Y 的开邻域, $X \setminus U$ 是闭集, 故为紧集. 由定理 6.2.8 可知, 存在两个不交的开集 W_1 和 W_2 使得 $Y \subset W_1$, $X \setminus U \subset W_2$, 于是有 $W_1 \subset X \setminus W_2 \subset U$. 因此 $\overline{W_1} \subset X \setminus W_2 \subset U$. 令 $V = W_1$, 则 $\overline{V} = \overline{W_1}$ 是紧集, 且 $Y \subset V \subset \overline{V} \subset U$.

现在设 X 是局部紧的, Y 是 X 的紧子集, U 是 Y 的开邻域, 对每个 $y \in Y$, 存在 y 在 X 中的紧邻域 U_x^y, 使得 $\bigcup_{y \in Y} U_x^y \supset Y$. 由于 Y 是紧的, 故存在 $y_1, y_2, \cdots, y_n \in$

6.2 紧致性

Y 有 $W = \bigcup_{i=1}^{n} U_x^{y_i} \subset Y$. 由定理 6.2.5 知 W 紧. 从而 $U \cap W$ 是 Y 在紧空间 W 中的开邻域, 综合以上论述, 命题得证.

定理 6.2.12 设 X 是局部紧的 Hausdorff 空间, 则 X 的任意一个开子集都是局部紧的.

证明 设 Y 是 X 的开子集, 对任一 $y \in Y$, $\{y\}$ 是闭集, 因而是局部紧的. 从而 $\{x\}$ 是紧集, Y 是 $\{x\}$ 的开邻域. 故有定理 6.2.11 知存在 x 的紧邻域 $V \subset Y$.

定义 6.2.5 拓扑空间 X 叫 σ-紧的, 如果存在可数个紧子集 $X_1, X_2, \cdots, X_n$, 使得 $X = \bigcup_{k=1}^{n} X_k$. 拓扑空间 X 叫可数紧的, 如果 X 的每个可数开覆盖都存在有限子覆盖. 拓扑空间 X 叫局部可数紧的, 如果 X 的每个点存在开邻域, 其闭包为可数紧子空间.

例 6.2.9 (1) 任何紧空间是局部紧的;

(2) 任何离散空间都是局部紧的, 对离散空间中任一点, 显然该点组成的单点集就是它的紧邻域;

(3) $\mathbf{R}, \mathbf{C}$ 都是局部紧的, 然而有理数 $\mathbf{Q}$ 却不是局部紧的, 这是因为对任意的 $r \in \mathbf{Q}$, r 的任一邻域包含 $(r - \varepsilon_1, r + \varepsilon_1)$. 在此区间中必有一个无理数 a, 它可以用有理数无限逼近, 即 $\mathbf{Q}$ 中存在无穷点列 $a_1, a_2, \cdots, a_n, \cdots$ 满足 $\lim\limits_{n \to \infty} a_n = a$, $a \neq \mathbf{Q}$. 这说明 r 的任何邻域都不是列紧的, 从而非紧的.

定理 6.2.13 (Tychonoff 乘积定理) 任何一族紧致空间的积空间都是紧致空间.

证明 设 $\{X_\gamma\}_{\gamma \in \Gamma}$ 是一族紧致空间. 令 ℓ 为积空间 $X = \prod_{\gamma \in \Gamma} X_\gamma$ 定义中的那个子基.

设 $\mathbb{A}$ 是积空间 X 的一个覆盖, 由 ℓ 的元素构成. 对于每一个 $\gamma \in \Gamma$, 令

$$\ell_\gamma = \{U_\gamma | P_\gamma^{-1}(U_\gamma) \in \mathbb{A}\}.$$

我们断定: 存在 γ_0 使得 ℓ_{γ_0} 是 X_{γ_0} 的一个开覆盖. 因为若不然, 则对于每一个 $\gamma \in \Gamma$, ℓ_γ 不是 X_γ 的覆盖. 则此时存在

$$x_\gamma \in X_\gamma - \bigcup_{C \in \ell_\gamma} C,$$

定义 $x \in X$ 使得对于每一个 $\gamma \in \Gamma$ 有 $x(\gamma) = x_\gamma$. 则

$$x \subsetneq \bigcup_{A \in \mathbb{A}} A,$$

也就是说 $\mathbb{A}$ 将不是 X 的覆盖, 这与关于 $\mathbb{A}$ 的假设矛盾.

因此 ℓ_{γ_0} 有一个有限子族, 设为 $\mathbb{D}_{\gamma_0}$, 覆盖 X_{γ_0}. 于是

$$\{p_{\gamma_0}^{-1}(D) | D \in \mathbb{D}_{\gamma_0}\}$$

便是 A 的一个有限子覆盖. 证毕.

注 6.2.2 定理 6.2.13 的证明实际上使用了 Alexander 子基定理, 其证明留作习题.

6.3 连 通 性

定义 6.3.1 一个拓扑空间叫做不连通空间, 如果该空间存在由两个开集组成的分割. 如果一个拓扑空间不是不连通的, 称为连通空间. 拓扑空间 $(X,\mathcal{T})$ 的子集 A 叫做 X 的连通子集, 如果拓扑子空间 $(A,\mathcal{T}|_A)$ 是连通空间. 换句话说, A 是 X 的连通子集, 则以下条件不能同时成立:

$$\begin{cases} G_1, G_2 \in \mathcal{T}; \\ A \subset G_1 \bigcup G_2; \\ G_1 \bigcap G_2 \bigcap A = \varnothing; \\ G_1 \bigcap A \neq \varnothing; \\ G_2 \bigcap A \neq \varnothing. \end{cases} \quad (S*)$$

明显地, 多于一点的离散空间是不连通空间, 任何一个平庸拓扑空间都是连通空间.

定理 6.3.1 一个拓扑空间是不连通空间当且仅当以下条件之一成立:
(1) 存在由两个闭集组成的分割;
(2) 存在既开又闭的非空真子集.

证明 若 X 是不连通空间, 则存在非空开集 U,V 使得 $U \bigcap V = \varnothing$ 且 $U \bigcup V = X$. 因为 $U = V'$, V 是开集, 所以 U 是闭集. 同理因为 $V = U'$, U 是开集, 所以 V 是闭集.

下证 (1) $\Rightarrow$ (2). 如果闭集 U,V 组成 X 的分割, 则 U,V 非空, 且 $U = V'$. 又因为 V 是闭集, 所以 U 也是开集, 故 U 是既开又闭的非空真子集.

最后证若拓扑空间 X 存在既开又闭的非空真子集 U, 则 X 是不连通空间. 这是因为令 $V = U'$, 所以 V 是开集, 且 $U \bigcap V = \varnothing$ 且 $U \bigcup V = X$. 因此, 该空间存在由两个开集组成的分割, 所以 X 是不连通空间.

例 6.3.1 在任何拓扑空间中, 单点集和空集都是连通子集. 有理数集作为通常实数空间的子空间是不连通空间, 这是因为设 r 是一个无理数时, 集合 $(-\infty,r) \bigcap \mathbf{Q} = (-\infty,r] \bigcap \mathbf{Q}$ 就是有理数空间的一个既开又闭的非空真子集.

例 6.3.2 通常的实数空间是连通的. 假设存在不交的开集 G_1, G_2 使得 $G_1 \bigcup G_2 = \mathbf{R}$. 集合 $G_1(G_2)$ 是不交开区间 $D_1^j(D_2^j)$ 的并. 如果 G_1, G_2 都是非空的, 则存

6.3 连通性

在 $a \in G_1, b \in G_2$. 不失一般性, 假设 $a < b$. 因为线段 $[a, b]$ 是紧的, 故它可以被形如 D_1^j 或 D_2^j 的有限多个元素覆盖. 如果 $a \in D_1^i = (\lambda, \mu)$, 则 $\mu \in [a, b]$; 但是 μ 不属于任何一个被选择的区间, 矛盾. 于是 G_1, G_2 有一个是空集, 故 $\mathbf{R}$ 是连通的.

例 6.3.3 在 T_1-空间中 X, $A = \{x_1, x_2\}(x_1 \neq x_2)$ 是不连通的子集. 只是因为 x_1 存在开邻域 U 不包含 x_2, 同时 x_2 存在开邻域 V 不包含 x_1. 令 $G_1 = U, G_2 = V$, 则其满足条件 $(S*)$ 同时成立, 所以 A 是不连通子集. 当然由于 $\{x_1\}$, $\{x_2\}$ 是两个闭集, 且组成 A 的一个分割, 于是由定理 6.3.1 也得 A 是不连通子集.

定理 6.3.2 如果 A_1 和 A_2 是两个相交的连通子集, 则 $A = A_1 \bigcup A_2$ 也是连通子集.

证明 假设 A 是不连通的, 则存在开集 G_1 和 G_2 使得

$$\begin{cases} A \subset G_1 \bigcup G_2; \\ G_1 \bigcap G_2 \bigcap A = \varnothing; \\ G_1 \bigcap A \neq \varnothing; \\ G_2 \bigcap A \neq \varnothing. \end{cases}$$

令 $a \in A_1 \bigcap A_2$, 不失一般性, 假设

$$a \in G_1, \quad G_2 \bigcap A_1 \neq \varnothing.$$

于是有

$$\begin{cases} A_1 \subset G_1 \bigcup G_2; \\ G_1 \bigcap G_2 \bigcap A_1 = \varnothing; \\ G_1 \bigcap A_1 \neq \varnothing; \\ G_2 \bigcap A_1 \neq \varnothing. \end{cases}$$

从而 A_1 是不连通的, 矛盾.

推论 6.3.1 如果 $A_1, A_2, \cdots, A_n$ 是满足 $A_i \bigcap A_{i+1} \neq \varnothing (i = 1, 2, \cdots, n-1)$ 的连通子集族, 则 $A = \bigcup_{i=1}^n A_i$ 也是连通子集.

证明 根据定理 6.3.2, $A_1 \bigcup A_2$ 是连通子集; 再一次根据定理 6.3.2 $A_1 \bigcup A_2 \bigcup A_3 = (A_1 \bigcup A_2) \bigcup A_3$ 是连通子集, 归纳即得.

推论 6.3.2 如果 $\mathcal{A} = \{A_i | i \in I\}$ 是满足 $\mathcal{A}$ 的所有元素之交非空的连通子集族, 则 $\mathcal{A}$ 的所有元素之并集也是连通子集.

相似的证明可以适用于这种情况.

推论 6.3.3 如果连通子集族 $\mathcal{A} = \{A_i | i \in I\}$ 满足: 存在 A_0 使得其与 $\mathcal{A}$ 的所有元素都相交, 则 $\mathcal{A}$ 的所有元素之并集也是连通子集.

证明 集族 $\mathcal{A}_0 = \{A_0 \bigcup A_i | A_i \in \mathcal{A}\}$ 满足推论 6.3.2 的条件.

定理 6.3.3 如果 A 是连通子集, 则 $\overline{A}$ 也是连通子集.

证明 假设 $\overline{A}$ 是不连通的, 则存在开集 G_1 和 G_2 使得

$$\begin{cases} \overline{A} \subset G_1 \bigcup G_2; \\ G_1 \bigcap G_2 \bigcap \overline{A} = \varnothing; \\ G_1 \bigcap \overline{A} \neq \varnothing; \\ G_2 \bigcap \overline{A} \neq \varnothing. \end{cases}$$

则

$$\begin{cases} A \subset G_1 \bigcup G_2; \\ G_1 \bigcap G_2 \bigcap A = \varnothing; \\ G_1 \bigcap A \neq \varnothing \ (\text{否则 } A \subset G_1', \text{从而 } \overline{A} \subset G_1'); \\ G_2 \bigcap A \neq \varnothing \ (\text{否则 } A \subset G_2', \text{从而 } \overline{A} \subset G_2'). \end{cases}$$

从而 A 是不连通的, 矛盾.

定理 6.3.4 如果 $f: X \to Y$ 是连续映射, A 是 X 的连通子集, 那么 $f(A)$ 是 Y 的连通子集.

证明 假设 $f(A)$ 是不连通的, 则存在开集 G_1 和 G_2 使得

$$\begin{cases} f(A) \subset G_1 \bigcup G_2, \\ G_1 \bigcap G_2 \bigcap f(A) = \varnothing, \\ G_1 \bigcap f(A) \neq \varnothing, \\ G_2 \bigcap f(A) \neq \varnothing. \end{cases}$$

则

$$\begin{cases} A \subset f^{-1}(G_1) \bigcup f^{-1}(G_2), \\ f^{-1}(G_1) \bigcap f^{-1}(G_2) \bigcap A = \varnothing, \\ f^{-1}(G_1) \bigcap A \neq \varnothing, \\ f^{-1}(G_2) \bigcap A \neq \varnothing. \end{cases}$$

从而 A 是不连通的, 矛盾.

定理 6.3.5 在通常实数空间 $\mathbf{R}$ 中, A 是连通子集当且仅当 A 是区间.

证明 像例 6.3.2 可以证明通常实数空间的区间是连通的; 现在假设 A 是通常实数空间的连通子集. 要证明它是区间, 只要证明对任意的 $a, b \in A$, 都有 $(a, b) \subset A$

6.3 连 通 性

就行. 如果不真, 则存在 $c \in (a,b)$ 使得 $c \notin A$. 于是 $G_1 = (-\infty, c)$, $G_2 = (c, \infty)$ 为覆盖 A 的不交开集, 这与已知 A 是连通子集矛盾.

推论 6.3.4 如果 A 是拓扑空间 X 的连通子集, 映射 f 是定义在 X 上的数值映射, 则对任意的 $c \in [\inf_{x \in A} f(x), \sup_{x \in A} f(x)]$, 都存在相应的 $y \in A$ 使得 $f(y) = c$.

证明 由于 f 是拓扑空间 X 到通常实数空间的连续映射, 则由定理 6.3.4 知 $f(A)$ 是通常实数空间的连通子集. 再由定理 6.3.5, 可得 $f(A)$ 是区间, 故结论成立.

定义 6.3.2 设 X 是一个拓扑空间, $x \in X$. 所有的包含 x 的连通子集的并叫做 x 在 X 的连通分支, 记作 Comp x.

定理 6.3.6 拓扑空间 X 的任何一个连通分支都是非空连通闭集, 且所有连通分支构成 X 的一个分割.

证明 对任意的 $x \in X$, 由于单点集总是连通的, 所以 $x \in$ Comp x, 因此 Comp x 非空. 设它可以表示成两个无交开集之并 $A \bigcup B$. 若 $x \in A$, 则每个包含 x 的连通子集与 A 的交不空. 又因为 A, B 是一对无交的开集, 且 Comp $x = A \bigcup B$, 故有包含 x 的连通子集都包含在 A 中, 所以 $B = \varnothing$. 于是 Comp x 是连通子集. 下面证明 $C =$ Comp x 是闭集. 用 $\overline{C}$ 表示 C 的闭包. 根据定理 6.3.3 知 $\overline{C}$ 是连通子集, 且显然 $x \in C \subset \overline{C}$, 从而 $\overline{C} \subset C$, 于是 $\overline{C} = C$, 故 C 是闭集.

由于 $X = \bigcup_{x \in X}$ Comp x, 设 $z \in$ Comp $x \bigcap$ Comp y, 则 Comp $x \subset$ Comp z. 由连通性及相交非空性可得 Comp $z \subset$ Comp x, 从而 Comp $z =$ Comp x. 同理 Comp $z =$ Comp y, 所以 Comp $x =$ Comp y. 因此任意两个连通分支或者不交或者相等, 从而可以从每个连通分支选择一个元素组成集合 K, 则此时 $X = \bigcup_{x \in K}$ Comp x, 故连通分支族是一个分割.

定义 6.3.3 设 X 是一个拓扑空间, $x \in X$. 如果对任意的 $U \in \mathcal{U}_x$, 都存在某一个连通的邻域 $V \in \mathcal{U}_x$ 使得 $V \subset U$, 则称拓扑空间 X 在点 x 处是局部连通的. 如果拓扑空间 X 在它的每一个点处都是局部连通的, 则称 X 是局部连通空间. 拓扑空间 X 中的一个子集 Y 称为 X 中的一个局部连通子集, 如果它作为 X 的子空间是一个局部连通空间.

例 6.3.4 在二维欧氏平面 $\mathbf{R}^2$ 中, 令 $U = \left\{ \left(x, \sin \frac{1}{x}\right) \middle| x \in (0,1] \right\}$ 和 $V = \{0\} \bigcup [-1, 1]$, 其中 U 被称作拓扑学家的正弦曲线, 它是区间 $(0,1]$ 在一个连续映射下的像, 因此是连通的. 此外, 也容易验证 $\overline{U} = U \bigcup V$, 因此 $U \bigcup V$ 也是连通的. 但是 $\overline{U} = U \bigcup V$ 却不是局部连通的, 这是因为虽然 U 的每一点处都是局部连通的, 但是 V 上的点处处都不是局部连通的.

例 6.3.5 局部连通的空间也不一定连通. 例如, 每一个离散空间都是局部连通空间, 但包含着多于一个点的离散空间却不是连通空间. 又例如, n 维欧氏空间

$\mathbf{R}^n$ 的任何一个开子空间都是局部连通的 (这是因为每一个球形邻域都同胚于整个欧氏空间 $\mathbf{R}^n$, 故它是连通的), 特别地, 欧氏空间 $\mathbf{R}^n$ 本身是局部连通的. 另一方面, 欧氏空间 $\mathbf{R}^n$ 中由两个无交的非空开集的并作为子空间就一定不是连通的.

根据定义即有: 拓扑空间 X 在点 $x \in X$ 处是局部连通的当且仅当 x 的所有连通邻域构成点 x 处的一个邻域基.

定理 6.3.7 设 X 是一个拓扑空间, 则以下条件等价:

(1) X 是一个局部连通空间;

(2) X 的任何一个开集的任何一个连通分支都是开集;

(3) X 有一个基, 它的每一个元素都是连通的.

证明 (1)⇒(2). 设 C 是 X 的开集 U 的一个连通分支. 如果 $x \in C$, 由于 $U \in \mathcal{U}_x$, 所以当 (1) 成立时 x 有一个连通邻域 V 包含于 U. 又由于 $x \in V \cap C$, 所以由定理 6.3.2 可知 $V \subset C$, 因此 $C \in \mathcal{U}_x$. 这证明 C 是属于它的任何一个点 x 的邻域, 因此 C 是一个开集.

(2)⇒(3). 若 (2) 成立, 则 X 的所有开集的所有连通分支 (它们都是开集) 构成的集族, 由于每一个集合都是它的所有连通分支之并, 当然开集也是, 所以它是 X 的一个基.

(3)⇒(1). 显然.

定理 6.3.8 设 X, Y 是两个拓扑空间, 并且 X 是局部连通的, 若 $f: X \to Y$ 是连续开映射, 则 $f(X)$ 也是一个局部连通空间.

证明 由定理 6.3.7 可设 $\mathcal{B}$ 是 X 的一个由连通子集构成的基. 因为 f 连续, 所以对任意的 $B \in \mathcal{B}$ 都有 $f(B)$ 是连通的. 又 f 是一个开映射, 则 $f(B)$ 是 Y 中的开集, 因此也是 $f(X)$ 的开集. 这证明了 $\widetilde{\mathcal{B}} = \{f(B) | B \in \mathcal{B}\}$ 是 $f(X)$ 的一个由连通开集构成的集族. 下证 $\widetilde{\mathcal{B}}$ 是 $f(X)$ 的一个基. 如果 U 是 X 的一个基, 则 $f^{-1}(U)$ 是 X 的开集, 故存在 $\mathcal{B}_1 \subset \mathcal{B}$ 使得 $f^{-1}(U) = \bigcup_{B \in \mathcal{B}_1} B$, 于是

$$U = f(f^{-1}(U)) = \bigcup_{B \in \mathcal{B}_1} f(B)$$

是 $\mathcal{B}$ 中某些元素的并, 因此由定理 6.3.7 可得 $f(X)$ 也是一个局部连通空间.

定义 6.3.4 设 x, y 是拓扑空间 X 中的两点, 如果存在连续映射 $f: [a, b] \to X$ 使得 $f(a) = x$, $f(b) = y$, 则称 f 是 X 中的从 x 到 y 的一条道路, 也称为以 x 为起点以 y 为终点的道路. 如果拓扑空间 X 的任意两点都路道连接, 则称 X 是道路连通空间. 拓扑空间 X 中的一个子集 Y 称为 X 中的一个道路连通子集, 如果它作为 X 的子空间是一个道路连通空间.

实数空间 $\mathbf{R}$ 是道路连通的. 这是因为对任意的实数 x, y, 连续映射 $f: [0, 1] \to \mathbf{R}$ 定义为对于任何 $t \in [0, 1]$ 有 $f(t) = x + t(y - x)$, 就是 $\mathbf{R}$ 中的一条以 x 为起点以 y 为终点的道路. 也容易验证任何一个区间都是道路连通的.

6.3 连 通 性

定理 6.3.9 如果 X 是一个道路连通的拓扑空间,则 X 是一个连通空间.

证明 对于任何 $x,y \in X$, 由于 X 道路连通,故存在从 x 到 y 的一条道路 $f: [0,1] \to X$. 这时曲线 $f([0,1])$, 作为连通空间 $[0,1]$ 在连续映射下的像,是 X 中的一个连通子集,并且 $x,y \in f([0,1])$. 因此根据定理 6.3.4 知 X 是一个连通空间.

连通空间不一定是道路连通的. 前面拓扑学家的正弦曲线中的 $\overline{U}$ 作为 $\mathbf{R}^2$ 的拓扑子空间是一个连通空间. 不难证明它不是道路连通的.

另外,道路连通与局部连通之间也没有必然的蕴涵关系. 例如,离散空间都是局部连通的,然而包含多于一个点的离散空间不是连通空间,当然也就不是道路连通空间了.

定理 6.3.10 设 X,Y 是两个拓扑空间,并且 X 是道路连通的,若 $f: X \to Y$ 是连续映射,则 $f(X)$ 也是一个道路连通空间.

证明 设 $y_1, y_2 \in f(X)$. 任取 $x_1, x_2 \in X$ 使得 $f(x_1) = y_1$, $f(x_2) = y_2$. 因为 X 是道路连通的,所以存在从 x_1 到 x_2 的一条道路 $g: [0,1] \to X$. 于是若定义 $h: [0,1] \to X$ 使得对任意的 $t \in [0,1]$, 都有 $h(t) = (f \circ g)(t)$, 则 h 就是从 y_1 到 y_2 的一条道路. 再根据 y_1, y_2 的任意性,故 $f(X)$ 是一个道路连通空间.

拓扑空间的某种性质称为有限可积性质,如果对任意的 $n(>1)$ 个都具有这个性质的拓扑空间 $X_1, X_2, \cdots, X_n$, 其积空间 $X_1 \times X_2 \times \cdots \times X_n$ 也具有这个性质.

例如,容易直接证明,如果拓扑空间 $X_1, X_2, \cdots, X_n$ 都是离散空间 (平庸空间), 则积空间 $X_1 \times X_2 \times \cdots \times X_n$ 也是离散空间 (平庸空间), 因此我们可以说拓扑空间的离散性和平庸性都是有限可积性质. 下面证明连通性、局部连通性和道路连通性都是有限可积性质.

定理 6.3.11 设拓扑空间 $X_1, X_2, \cdots, X_n$ 都是连通空间,则积空间 $X_1 \times X_2 \times \cdots \times X_n$ 也是连通空间.

证明 只对 $n=2$ 的情形证明即可.

首先证明: 如果两个点 $x = (x_1, x_2)$, $y = (y_1, y_2)$ 有一个坐标相同,则 $X_1 \times X_2$ 有一个连通子集同时包含 x 和 y.

不妨设 $x_1 = y_1$. 定义映射 $k: X_2 \to X_1 \times X_2$ 使得对于任何 $z_2 \in X_2$ 有 $k(z_2) = (x_1, z_2)$. 由于 $p_1 \circ k: X_2 \to X_1$ 是取常值 x_1 的映射,$p_2 \circ k: X_2 \to X_2$ 为恒同映射,它们都是连续映射,其中 p_i 是投射. 因此,k 是一个连续映射. 根据定理 6.3.4, $k(X_2)$ 是连通空间. 此外易见 $k(X_2) = \{x_1\} \times X_2$, 因此它同时包含 x 和 y.

现在来证明: 对于 $X_1 \times X_2$ 中的任意两点 $x = (x_1, x_2)$, $y = (y_1, y_2)$, 必存在某个连通子集同时包含 x, y. 这是因为若 $z = (x_1, y_2) \in X_1 \times X_2$, 则有连通子集 U 包含 x, z, 也有连通子集 V 包含 y, z. 由于 $z \in U \bigcap V$, 故 $U \bigcup V$ 为包含 x, y 的连通子集. 再由推论 6.3.2 可得 $X_1 \times X_2$ 是连通空间. 证毕.

定理 6.3.12　设拓扑空间 $X_1, X_2, \cdots, X_n$ 都是局部连通空间, 则积空间 $X_1 \times X_2 \times \cdots \times X_n$ 也是局部连通空间.

证明　只对 $n=2$ 的情形证明即可.

首先证明: 根据定理 6.3.7 可设 $\mathcal{B}_1, \mathcal{B}_2$ 分别是 X_1, X_2 的由连通子集构成的基, 又由定理 4.9.2 和定理 6.3.2 可知集族 $\mathcal{B} = \{B_1 \times B_2 | B_1 \in \mathcal{B}_1, B_2 \in \mathcal{B}_2\}$ 是 $X_1 \times X_2$ 的一个由连通子集构成的基. 再根据定理 6.3.7 可得 $X_1 \times X_2$ 是局部连通空间. 证毕.

定理 6.3.13　设拓扑空间 $X_1, X_2, \cdots, X_n$ 都是道路连通空间, 则积空间 $X_1 \times X_2 \times \cdots \times X_n$ 也是道路连通空间.

证明　只对 $n=2$ 的情形证明即可.

设 $x = (x_1, x_2)$, $y = (y_1, y_2) \in X_1 \times X_2$. 由于 $X_i (i=1,2)$ 是道路连通空间, 故在 $X_i(i=1,2)$ 中各自存在从 x_i 到 y_i 的一条道路 $g_i : [0,1] \to X$. 于是若定义 $h : [0,1] \to X_1 \times X_2$ 使得对任意的 $t \in [0,1]$, 都有 $h(t) = (g_1(t), g_2(t))$, 则 h 就是从 x 到 y 的一条道路. 再根据 x, y 的任意性, 故 $X_1 \times X_2$ 是一个道路连通空间. 证毕.

定义 6.3.5　设 X 是一个拓扑空间, $x \in X$. 所有的包含 x 的道路连通子集的并叫做 x 在 X 的道路连通分支.

拓扑空间 X 的每一个道路连通分支都不是空集, X 的不同的道路连通分支无交, 以及 X 的所有道路连通分支之并就是 X 本身. 此外, $x, y \in X$ 属于 X 的同一个道路连通分支当且仅当 x 和 y 道路连通.

拓扑空间 X 的子集 A 中的两个点 x 和 y 属于 A 的同一个道路连通分支的充分必要条件是 A 中有一条从 x 到 y 的道路.

6.4　可数性公理

一般来讲, 我们研究的拓扑空间都是含有不可数多个点的拓扑空间, 这是因为含有有限多个点或者可数无限多个点的拓扑空间, 其性质是简单明了的, 几乎不具有研究价值. 而对含不可数多个点的空间的研究中, 当然必须涉及不可数集, 但是理解和把控不可数是很难的. 本节将避开不可数这个难点, 从可数入手, 研究几类具某些可数特性的拓扑空间.

6.4.1　满足第二 (一) 可数性公理的空间

定义 6.4.1　如果拓扑空间 X 在它的每一点都有可数邻域基, 则称 X 为满足第一可数性公理的拓扑空间; 若如果拓扑空间 X 存在可数基, 则称 X 为满足第二可数性公理的拓扑空间.

注意可数邻域基是个局部性质; 而可数基是拓扑空间的整体性质.

6.4 可数性公理

例 6.4.1 任意离散空间 X 都是满足第一可数性公理的拓扑空间，对任意的 $p \in X$，单点集 $\{p\}$ 即是它的一个可数邻域基.

例 6.4.2 明显地，任何一个含有不可数多个点的离散空间都不满足第二可数性公理，这是因为任意的单点集都是开集，且单点集不能再表示成其他的开集的并，所以该空间的任何一个基都得含有所有的单点集，故含有不可数多个点的离散空间不存在可数基.

例 6.4.3 不满足第一可数性公理的例子.

设拓扑空间 X 是一个包含着不可数多个点的可数补空间. 可以证明在该空间的每一点处都没有可数邻域基.

否则，若存在 $p \in X$ 使得在这一点有可数邻域基 $\mathcal{V}$. 则对任意的 $x \in X, x \neq p$，因为 $\{x\}'$ 是一个包含 p 的开集，所以存在 $V_x \in \mathcal{V}$ 使得 $V_x \subset \{x\}'$，从而 $x \in V_x'$，于是

$$\bigcup_{x \neq p} \{x\} \subset \bigcup_{x \neq p} V_x' \quad \text{即} \quad \{p\}' \subset \bigcup_{x \in \{p\}'} V_x'.$$

已知 X 是不可数集，所以 $\{p\}'$ 也是不可数的；而 V_x 取自可数集族 $\mathcal{V}$，且空间是可数补拓扑，所以 $\bigcup_{x \in \{p\}'} V_x'$ 是可数个可数集的并集，从而是可数的. 这样一个不可数集就成了可数集的子集，矛盾.

设 $\mathcal{B}$ 是空间 X 的一个可数基，则对于任意的 $x \in X$，$\mathcal{B}_x = \{B | x \in B, B \in \mathcal{B}\}$ 是 x 处的可数邻域基，于是有如下结论.

定理 6.4.1 满足第二可数性公理的拓扑空间都满足第一可数性公理.

但是其逆命题不正确. 因为任何离散空间都是第一可数的，而含有不可数多个点的离散空间并不存在可数基.

定理 6.4.2 如果 X 和 Y 是两个拓扑空间，$f: X \to Y$ 是一个满的连续开映射. 假设 X 满足第二 (或第一) 可数性公理，则 Y 也满足第二 (或第一) 可数性公理.

证明 如果 X 满足第二可数性公理，则存在 $\mathcal{B}$ 是空间 X 的一个可数基. 因为 f 是一个开映射，故集族 $f(\mathcal{B}) = \{f(B) | B \in \mathcal{B}\}$ 是 Y 的开集族，且是可数的. 下面证明集族 $f(\mathcal{B})$ 是 Y 的一个基. 设 U 是 Y 的一个开集，由于 f 是一个连续映射，则 $f^{-1}(U)$ 是 X 的一个开集. 因此存在 $\mathcal{B}_1 \subset \mathcal{B}$ 使得 $\bigcup_{B \in \mathcal{B}_1} B = f^{-1}(U)$. 由因为 f 是一个满射，所以得

$$U = f(f^{-1}(U)) = f\left(\bigcup_{B \in \mathcal{B}_1} B\right) = \bigcup_{f(B) \in f(\mathcal{B}_1) \subset f(\mathcal{B})} f(B),$$

即 U 是 $f(\mathcal{B})$ 中某些元素的并集，故 $f(\mathcal{B})$ 是 Y 的可数基.

类似地可以证明第一可数的情况，证毕.

定理 6.4.3 设 X 是一个拓扑空间. 如果在 $p \in X$ 有一个可数邻域基, 则在 p 点处有一个可数邻域基 $\{U_i\}_{i \in \mathcal{N}}$ 使得对任意的 $i \in \mathcal{N}$ 都有 $U_i \supset U_{i+1}$.

证明 设 $\{V_i\}_{i \in \mathcal{N}}$ 是点 $x \in X$ 处的一个可数邻域基. 对于每一个 $i \in \mathcal{N}$, 令

$$U_i = V_1 \cap V_2 \cap \cdots \cap V_i.$$

则容易验证 $\{U_i\}_{i \in \mathcal{N}}$ 满足要求.

定理 6.4.4 设 X 是一个满足第一可数性公理的拓扑空间, 集合 $A \subset X$. 则点 $p \in X$ 是集合 A 的一个聚点的充要条件是在集合 $A - \{p\}$ 中存在一个序列收敛于 p.

证明 充分性已在定理 4.5.1 中证明. 只需证明必要性. 设 x 是集合 A 的一个聚点. 由定理 6.4.3, 可设在 p 点处有一个可数邻域基 $\{U_i\}_{i \in \mathcal{N}}$ 使得对任意的 $i \in \mathcal{N}$ 都有 $U_i \supset U_{i+1}$. 由题设 x 是集合 A 的一个聚点, 故有 $U_i \cap (A - \{p\}) \neq \varnothing$, 于是可选取 $x_i \in U_i \cap (A - \{p\})$, 因此序列 $\{x_i\}$ 是集合 $A - \{p\}$ 中的. 下证 $\lim\limits_{i \to \infty} x_i = p$. 如果 U 是 x 的一个邻域, 则由于 $\{U_i\}_{i \in \mathcal{N}}$ 是 x 点处的邻域基, 所以存在自然数 N 使得 $U_N \subset U$. 故当 $i \geqslant N$ 时, 可得

$$x_i \in U_i \subset U_n \subset U.$$

定理 6.4.5 如果 X 为满足第一可数性公理的拓扑空间. 则映射 f 在点 $p \in X$ 处连续当且仅当它在 p 点序列连续.

如果 X 为满足第一可数性公理的拓扑空间, 则映射 $f: X \to Y$ 在点 $p \in X$ 处连续当且仅当对于 X 中收敛于 p 的任何序列 $\{a_n\}$, 都有 Y 中的序列 $\{f(a_n)\}$ 收敛于 $f(p)$.

证明 必要性已在命题 5.1.5 中证明, 下证充分性, 即证明如果对于 X 中收敛于 p 的任何序列 $\{a_n\}$, 都有 Y 中的序列 $\{f(a_n)\}$ 收敛于 $f(p)$, 则 f 在 p 点处连续. 假设不真, 则存在 $f(x)$ 的一个邻域 V 使得 $f^{-1}(V)$ 不是 x 的邻域. 这意味着 x 的任何一个邻域 U 都不能包含在 $f^{-1}(V)$ 中, 从而有 $f(U) \cap V' \neq \varnothing$.

下面设 $\{U_i\}_{i \in \mathcal{N}}$ 是点 x 处的一个可数邻域基, 且满足 $U_i \supset U_{i+1}$. 选择 $f(x_i) \in f(U_i) \cap V'$, 则 $f(x_i) \notin V$. 显然序列 $\{x_i\}$ 收敛于 p, 但序列 $\{f(x_i)\}$ 却不收敛于 $f(p)$, 与已知矛盾. 故映射 f 在 x 点连续.

拓扑空间的某种性质称为可遗传性质, 如果具有这种性质的拓扑空间的任何一个子空间也都具有这种性质. 如果该性质只对闭 (开) 子空间可遗传, 则称它为对闭 (开) 子空间可遗传的性质.

例如, 离散性和平庸性都是可遗传性质; 而连通性却明显不是. 局部连通虽不是可遗传性质, 但对开子空间却是可遗传性质. 下面的定理表明, 第一 (二) 可数性是可遗传性质, 也具有有限可积性质.

6.4 可数性公理

定理 6.4.6 满足第二 (一) 可数性公理的拓扑空间的子空间也是满足第二 (一) 可数性公理的.

证明 设 X 是一个满足第二可数性公理的拓扑空间, $\mathcal{B}$ 是它的一个可数基. 若 $Y \subset X$, 由定理 4.6.1 知, 集族 $\mathcal{B}|_Y = \{B \cap Y | B \in \mathcal{B}\}$ 是子空间 Y 的一个基, 当然它是可数族.

第一可数性公理的情形类似.

定理 6.4.7 设 $X_1, X_2, \cdots, X_n$ 是 n 个满足第二 (一) 可数性公理的拓扑空间, 则积空间也是满足第二 (一) 可数性公理的.

证明 设 $\mathcal{B}_1, \mathcal{B}_2, \cdots, \mathcal{B}_n$ 分别是它们的可数基. 由定理 4.9.2 知, 集族

$$\widetilde{\mathcal{B}} = \mathcal{B}_1 \times \mathcal{B}_2 \times \cdots \times \mathcal{B}_n = \{B_1 \times B_2 \times \cdots \times B_n | B_1 \in \mathcal{B}_1, B_2 \in \mathcal{B}_2, \cdots, B_n \in \mathcal{B}_n\}$$

是积空间的一个基, 显然它是可数族.

第一可数性公理的情形类似.

6.4.2 Lindelöff 空间

定义 6.4.2 设 $\mathcal{A}$ 是一个集族, B 是一个集合. 如果 $\bigcup_{A \in \mathcal{A}} A \supset B$, 则称集族 $\mathcal{A}$ 是集合 B 的一个覆盖或者说 $\mathcal{A}$ 覆盖 B; 此外, 如果 $\mathcal{A}$ 是一个可数 (有限) 族, 则称 $\mathcal{A}$ 是可数 (有限) 覆盖.

设 $\mathcal{A}$ 是集合 B 的一个覆盖, 如果 $\mathcal{A}$ 的一个子族 $\mathcal{A}_1$ 也是集合 B 的一个覆盖, 则称 $\mathcal{A}_1$ 是覆盖 $\mathcal{A}$ 关于集合 B 的一个子覆盖.

当 $\mathcal{A}$ 是拓扑空间 X 的一个子集族, $B \subset X$. 如果 $\mathcal{A}$ 是开 (闭) 集族, 且覆盖 B, 则称 $\mathcal{A}$ 是集合 B 的一个开 (闭) 覆盖.

定义 6.4.3 如果拓扑空间 X 的每一个开覆盖都可简化为可数子覆盖, 则称 X 为 Lindelöff 空间.

包含着不可数多个点的离散空间不是 Lindelöff 空间. 这是因为该空间所有的单点集构成它的一个开覆盖, 这个开覆盖没有可数子覆盖.

定理 6.4.8 设 A 是满足第二可数性公理的拓扑空间 X 的任意一个子集, 如果 $\mathcal{G}$ 是 A 的任意开覆盖, 则 $\mathcal{G}$ 可简化为一个可数子覆盖.

证明 设 $\mathcal{B}$ 是 X 的一个可数基. 因为 $\mathcal{G}$ 是 A 的一个开覆盖, 故 $A \subset \bigcup_{G \in \mathcal{G}} G$. 于是对于每个 $p \in A$, 都存在 $G_p \in \mathcal{G}$ 使得 $p \in G_p$. 又因为 $\mathcal{B}$ 是 X 的一个基, 于是对每个 $p \in A$, 都存在 $B_p \in \mathcal{B}$ 使得 $p \in B_p \subset G_p$. 因此 $A \subset \bigcup_{B_p \in \mathcal{B}} B_p$. 但是 $\{B_p | B_p \in \mathcal{B}\} \subset \mathcal{B}$, 当然它是可数族. 于是可记

$$\{B_p | B_p \in \mathcal{B}\} = \{B_n | n \in \mathcal{N}\}.$$

现在对每个指标 n, 选择 $G_n \in \mathcal{G}$ 使得 $B_n \subset G_n$, 则

$$A \subset \bigcup_{B_p \in \mathcal{B}} B_p = \bigcup_n B_n \subset \bigcup_n G_n.$$

故 $\{G_n | n \in \mathcal{N}\}$ 是一个可数子覆盖.

例 6.4.4 以上定理的逆命题不成立.

考虑包含着不可数多个点的可数补空间 X. 前面的例子已经证明它不满足第一可数性公理, 所以也不满足第二可数性公理. 以下证明它是 Lindelöff 空间. 设 $\mathcal{A}$ 是 X 的一个开覆盖, 并任意取定非空开集 $A \in \mathcal{A}$, 则对任意的 $x \in A'$, 由于 $\mathcal{A}$ 是一个开覆盖, 所以存在 $A_x \in \mathcal{A}$ 使得 $x \in A_x$. 又因为 A' 是可数集, 故 $\{A_x | x \in A'\}$ 是可数族, 从而 $\{A_x | x \in A'\} \bigcup A$ 是可数族且覆盖 $A' \bigcup A = X$. 也不难证明 X 的子空间也是 Lindelöff 空间. 证毕.

例 6.4.5 Lindelöff 空间的子空间不一定是 Lindelöff 空间的例子.

设 X 是一个不可数集, $p \in X$, 令 $Y = X - \{p\}$,

$$\mathcal{T} = \mathcal{P}(Y) \bigcup \{U \subset X | p \in U, U' \text{ 是可数集}\}.$$

容易验证 $\mathcal{T}$ 是 X 上的一个拓扑.

类似于上面的证明, 可知拓扑空间 $(X, \mathcal{T})$ 是一个 Lindelöff 空间. 并且易验证离散拓扑空间 $(Y, \mathcal{P}(Y))$ 是 $(X, \mathcal{T})$ 的子空间, 然而含有不可数多个点的离散拓扑空间 $(Y, \mathcal{P}(Y))$ 不是 Lindelöff 空间. 证毕.

上例说明 Lindelöff 空间不具有遗传性, 但它对于闭子空间还是可遗传的.

定理 6.4.9 Lindelöff 空间的闭子空间还是 Lindelöff 空间.

证明 设 Y 是 Lindelöff 空间 X 的闭子空间. 令 $\mathcal{A}$ 是 Y 的一个开覆盖, 则对于每一个 $A \in \mathcal{A}$ 存在 X 中的开集 B_A 使得 $A = B_A \bigcap Y$. 这样集族 $\{B_A | A \in \mathcal{A}\} \bigcup Y'$ 就是 X 的一个开覆盖, 由已知存在可数子覆盖 $\{B_{A_1}, B_{A_2}, \cdots\} \bigcup Y'$. 从而 $A_1, A_2, \cdots$ 是 Y 的可数子覆盖.

定理 6.4.10 设拓扑空间 X 的子空间都是 Lindelöff 空间. 如果 $A \in X$ 是不可数子集, 则 A 至少包含它的一个聚点.

证明 假设 A 中的点都是孤立点, 则对于每一个 $a \in A$, 都存在相应的 a 在 X 中的邻域 U_a 使得 $U_a \bigcap A = \{a\}$. 于是单点集 $\{a\}$ 是子空间 A 的一个开集. 从而子空间 A 是一个包含着不可数多个点的离散空间, 它不是 Lindelöff 空间. 这与已知矛盾.

定理 6.4.11 设 X 是正则的 Lindelöff 空间, 则 X 必是正规空间.

证明 假设 A, B 是 X 中的两个无交闭集, 则对于每一个 $a \in A$, 显然 $a \notin B$. 于是根据定理 6.1.6 存在相应的 a 的开邻域 U_a 使得 $\overline{U}_a \subset B'$. 从而 $\overline{U}_a \bigcap B \neq$

$\varnothing$. 于是集族 $\{U_a | a \in A\}$ 是闭集 A 的一个开覆盖. 于是由定理 6.4.9 可知, 集族 $\{U_a | a \in A\}$ 有可数子覆盖 $\{U_i | i \in \mathbf{N}\}$. 同理, 闭集 B 有可数子覆盖 $\{V_i | i \in \mathbf{N}\}$ 使得 $\overline{V_i} \bigcap A \neq \varnothing$.

下面对于每一个正整数 n 令
$$U_n^* = U_n - \bigcup_{i=1}^{n} \overline{V_i};$$
$$V_n^* = V_n - \bigcup_{i=1}^{n} \overline{U_i}.$$

明显地, U_n^* 和 V_n^* 都是开集, 并且对于任何的 $m, n \in \mathbf{N}$ 都有 $U_n^* \bigcap V_m^* = \varnothing$. 这是因为如果 $m \leqslant n$, 则
$$V_m^* \subset V_m \subset \bigcup_{i=1}^{n} \overline{V_i}.$$

现在令
$$U^* = \bigcup_{n \in \mathbf{N}} U_n^*, \quad V^* = \bigcup_{n \in \mathbf{N}} V_n^*,$$

则它们都是开集且
$$U^* \bigcap V^* = \bigcup_{m, n \in \mathbf{N}} (U_n^* \bigcap V_m^*) = \varnothing.$$

接下来只需要证明 $A \subset U^*$, $B \subset V^*$ 就行了. 前者成立是因为: 如果 $x \in A$, 则存在 $n \in \mathbf{N}$, 使得 $x \in U_n$. 另一方面, 由于 $\overline{V_i}$ 与 A 不交, 所以对于任意的正整数 i 都有 $x \notin \overline{V_i}$. 因此 $x \in U_n^*$, 从而 $x \in U^*$. 同理可证 $B \subset V^*$.

6.4.3 可分空间

定义 6.4.4 已知 X 是一个拓扑空间, 则 X 的子集 D 叫做 X 的一个稠密子集, 如果 $\overline{D} = X$. 此外, 如果 D 是可数稠密子集, 则称 X 是一个可分拓扑空间, 简称可分空间.

例 6.4.6 通常的实数空间虽然含有不可数多个点, 但是其却含有可数稠密子集: 有理数集. 故它是一个可分空间. 但是当实数集合赋予离散拓扑时, 则实数集的任何子集都既是开集又是闭集, 故此时的稠密子集只能是实数集本身, 又实数集不可数, 所以赋予离散拓扑的实数空间不是可分空间.

下面的定理可以从一个侧面说明稠密子集的意义.

定理 6.4.12 已知 X 是一个拓扑空间, D 是 X 的一个稠密子集. 如果 f, g 是定义在 X 上的两个连续映射, 且 $f|_D = g|_D$, 则 $f = g$.

证明 如果 $f \neq g$, 则存在 $x \in X$ 使得 $f(x) \neq g(x)$. 令 $r = |f(x) - g(x)|$, 则 $r > 0$. 记
$$U = \left(f(x) - \frac{r}{2}, f(x) + \frac{r}{2} \right);$$
$$V = \left(g(x) - \frac{r}{3}, g(x) + \frac{r}{3} \right).$$

则 $U \cap V = \varnothing$. 根据 f, g 是 X 上的两个连续映射可知 $f^{-1}(U)$ 和 $g^{-1}(V)$ 都是 x 的邻域, 于是 $M = f^{-1}(U) \cap g^{-1}(V)$ 也是 x 的邻域. 由于 D 是稠密子集, 所以 $M \cap D \neq \varnothing$. 对于任意的 $y \in M \cap D$ 可得 $f(y) = g(y) \in U \cap V$, 这与 $U \cap V = \varnothing$ 矛盾.

定理 6.4.13 满足第二可数性公理的拓扑空间 X 都是可分空间.

证明 设 $\mathcal{B}$ 是 X 的一个可数基. 在 $\mathcal{B}$ 中的每个非空元素中任意选取点 $x_B \in B$. 记

$$D = \{x_B | B \in \mathcal{B}, B \neq \varnothing\}.$$

显然它是一个可数集. 又因为任何一个非空开集都可以写成 $\mathcal{B}$ 中一部分非空元素的并, 所以它与 D 有非空的交, 即 D 是稠密子集. 证毕.

例 6.4.7 含有非空可数子集 D 作为开集的拓扑空间 $(X, \mathcal{T})$ 存在另一个拓扑 $\mathcal{T}_1 \subset \mathcal{T}$ 使得其在新拓扑 $\mathcal{T}_1$ 之下成为一个可分空间. 这里 $\mathcal{T}_1 = \{A \cup D | A \in \mathcal{T}\} \cup \{\varnothing\}$. 明显地, $\mathcal{T}_1 \subset \mathcal{T}$, 且 $(X, \mathcal{T}_1)$ 是一个拓扑空间. 此外, 因为在这个新拓扑空间中, 每一个非空开集都包含 D 作为子集, 故 $\overline{D} = X$, 即 D 是 X 的稠密子集. 所以拓扑空间 $(X, \mathcal{T}_1)$ 是一个可分空间.

注 6.4.1 上述的非空可数子集 D 可以是任意子集, 在上述 $\mathcal{T}_1$ 的定义下, 可以验证 $(X, \mathcal{T}_1)$ 仍是一个拓扑空间, 也是可分空间. 只不过此时 $\mathcal{T}_1 \not\subset \mathcal{T}$.

例 6.4.8 可分空间不一定是满足第二可数性公理的空间, 可分空间不具有遗传性的例子.

设 ∞ 是不属于拓扑空间 $(X, \mathcal{T})$ 的任何一点. 令 $X^* = X \cup \{\infty\}$, $\mathcal{T}^* = \{A \cup \{\infty\} | A \in \mathcal{T} \cup \{\varnothing\}\}$, 容易验证 $(X^*, \mathcal{T}^*)$ 是一个拓扑空间.

以下三点是成立的.

(1) 空间 $(X^*, \mathcal{T}^*)$ 是可分空间. 因为单点集 $\{\infty\}$ 就是它的一个稠密子集.

(2) 空间 $(X^*, \mathcal{T}^*)$ 满足第二可数性公理当且仅当 $(X, \mathcal{T})$ 满足第二可数性公理; 这是因为 $\mathcal{B}$ 是 $(X, \mathcal{T})$ 的一个基的充要条件是 $\mathcal{B}^* = \{B \cup \{\infty\} | B \in \mathcal{B} \cup \{\varnothing\}\}$ 是 $(X^*, \mathcal{T}^*)$ 的一个基.

(3) 空间 $(X, \mathcal{T})$ 是 $(X^*, \mathcal{T}^*)$ 的子空间, 因为 $\mathcal{T} = \mathcal{T}^*|_X$.

于是当选择一个不满足第二可数性公理的 $(X, \mathcal{T})$ 时, 可以得到一个不满足第二可数性公理的可分空间 $(X^*, \mathcal{T}^*)$; 当选择 $(X, \mathcal{T})$ 是一个不可分空间时, 可以得到可分空间不具有遗传性的结论.

习 题 6

1. 证明拓扑空间 X 是不连通空间当且仅当存在其边界是空集的非空真子集.
2. 紧空间到 Hausdorff 空间的连续映射是闭映射.

3. 一个拓扑空间中有限多个紧子空间的并是紧的.

4. 设 X 是具有可数基的正则空间; U 为 X 中开集.

(a) 证明: U 等于 X 中闭集的可数并;

(b) 证明: 存在一个连续函数 $f: X \to [0,1]$, 使得当 $x \in U$ 时 $f(x) > 0$, 当 $x \notin U$ 时 $f(x) = 0$.

5. 设 $\mathcal{T}$ 是 $\mathbf{N}$ 的一个子集族, 它等于

$$\mathcal{T} = \{\varnothing\} \bigcup \{E_n\}.$$

其中 $E_n = \{n, n+1, n+2, \cdots\}$. 求拓扑空间 $(\mathbf{N}, \mathcal{T})$ (见第 4 章的习题 8) 的所有稠密子集.

6. 设 A 是连通空间 X 中的一个非空的真子集, 求证: $\partial(A) \neq \varnothing$.

7. 证明: 欧氏平面 $\mathbf{R}^2$ 中所有至少有一个坐标为有理数的点构成的集合为 $\mathbf{R}^2$ 中的连通子集.

8. 证明: 任何拓扑空间的任意一个既开又闭的连通子集一定是该空间的一个连通分支.

9. 证明: 局部连通拓扑空间中的任何一个开集作为子空间也都是局部连通空间.

10. 证明实数下限拓扑空间 $\mathbf{R}$ 满足第一可数性公理, 但是不满足第二可数性公理. 并求:

(a) 实数下限拓扑空间 $\mathbf{R}$ 的子集 $[a,b)$ 和 (a,b) 的边界;

(b) 实数下限拓扑空间 $\mathbf{R}$ 的子集 $[a,b)$ 和 (a,b) 的闭包和内部.

11. 证明通常实数空间 $\mathbf{R}$ 中的子集 A 是连通的当且仅当它是道路连通的.

12. 证明欧氏空间 $\mathbf{R}^2$ 中的子集 $A = \{(x,y) | x = 0 \text{ 或 } y \in \mathbf{Q}\}$ 不是局部连通的.

13. 如果 T_1-空间 $(X, \mathcal{T})$ 中有一个有限的基, 则 X 坐标为有理数的点构成的集合为连通子集.

14. 考察下列拓扑空间是否满足各个分离性公理:

(1) 离散空间;

(2) 至少含有两点的平庸空间;

(3) 实数的上限空间;

(4) 作为实数空间的子空间的整数集;

(5) 无限集上的有限补空间;

(6) 不可数集上的可数补空间.

15. 设正则拓扑空间 $(X, \mathcal{T})$ 中的每个非空闭集都存在孤立点, 则 X 的子集 $A = \{x \in X | \{x\} \in \mathcal{T}\}$ 是 X 的稠密子集.

16. 设 $\{A_i\}_{i \in \mathbf{N}}$ 为正规拓扑空间 $(X, \mathcal{T})$ 中的可数闭集族, 证明: $A = \bigcup_i^\infty$ 是 X 的正规子空间 (特别地, 正规空间的每一个闭子空间也都是正规的), 但正规性不是可遗传性质.

17. 证明: 拓扑空间的正规性可以被连续的闭映射保持.

18. 证明: 拓扑空间的完全正则性是有限可积性质.

19. 设 $(X, \mathcal{T})$ 是 Tychonoff 空间, $U \in \mathcal{T}$, C 是 X 的连通子集, 且 $U \bigcap C \neq \varnothing$, 证明: C 为单点集或者 $U \bigcap C$ 为不可数集.

20. 设 $(X, \mathcal{T})$ 为满足第一可数性公理的空间, 证明: B 是 X 的闭集当且仅当对于每个紧子集 C, 都有 $B \bigcap C$ 为 B 中的闭集.

21. 设 $(X, \mathcal{T})$ 为一个正则空间 (或 T_2-空间), 证明以下条件等价:
(1) X 是局部紧空间;
(2) X 的每一点都有一个邻域, 其闭包是紧致的;
(3) X 有一个基, 其每一个元素的闭包都是紧致的;
(4) X 的每一点都有一个开邻域, 其闭包是紧致的.

22. 设 $(X, \mathcal{T})$ 为一个 T_2-空间, 如果 Y 是 X 的稠密子集且是局部紧的, 则 $Y \in \mathcal{T}$.

23. 试证明 (Alexander 子基定理): 设 X 是一个拓扑空间, ℓ 是它的一个子基. 如果由 ℓ 的元素构成的 X 的每一个覆盖有一个有限子覆盖, 则拓扑空间 X 是一个紧致空间.

第 7 章 度量空间与广义度量空间

法国数学家 M. Fréchet 在二十世纪初通过对实数直线和欧氏空间的研究, 发现一些具体的空间性质可以进一步抽象; 通过对分析学进行研究, 发现许多分析学的成果从更抽象的观点来看, 都涉及函数间的距离关系; 从而抽象出度量空间的概念. 度量空间类包含了数学许多分支的研究对象, 尤其是可分度量空间所具有的良好性质为众多工作的出发点. 本章从点集拓扑学的角度介绍度量空间的一些基本性质.

7.1 度 量 空 间

数学分析中的连续函数的定义是个只涉及两个实数之间的距离 (即两个实数之差的绝对值) 的概念. 验证函数在某点处的连续性本质上只用到关于上述距离的最基本的性质, 而与实数的其他性质无关, 关于多元函数的连续性情形也完全类似. 从实直线中点的距离概念可以抽象出距离函数和度量空间, 以下的度量空间是以公理形式定义的.

定义 7.1.1 对于非空集合 X, 设 $d: X \times X \to \mathbf{R}$. 如果对于任何的 $x, y, z \in X$ 都有

(1) (正定性) $d(x, y) \geqslant 0$ 并且 $d(x, y) = 0$ 当且仅当 $x = y$;

(2) (对称性) $d(x, y) = d(y, x)$;

(3) (三角不等式) $d(x, z) \leqslant d(x, y) + d(y, z)$,

则称 d 是集合 X 的一个度量. 称 (X, d) 是一个度量空间, 或称 X 是一个对于 d 而言的度量空间. 在不至于引起混淆的情况下, 简称 X 是一个度量空间. 实数 $d(x, y)$ 称为从点 x 到点 y 的距离. 在集合 X 上的两个度量 d 和 ρ 叫等价的, 如果对任意的 $\varepsilon > 0$, 都存在 $\delta > 0$, 使得

(1) $d(x, y) \leqslant \delta \Rightarrow \rho(x, y) \leqslant \varepsilon$;

(2) $\rho(x, y) \leqslant \delta \Rightarrow d(x, y) \leqslant \varepsilon$.

例 7.1.1 当 a, b 是实数时, 由 $d(a, b) = |a - b|$ 定义的映射 d 是实直线上的一个度量. 这个度量就是分析中常用的度量, 称为 $\mathbf{R}$ 上的通常度量. 类似地, 平面上两点 $x = (x_1, x_2), y = (y_1, y_2)$ 由

$$d(x, y) = \sqrt{(y_1 - x_1)^2 + (y_2 - x_2)^2}$$

定义的映射 d 是平面上的一个度量, 称为平面 $\mathbf{R}^2$ 上的通常度量. 容易验证

$$d_1(x,y) = \max\{|y_1-x_1|, |y_2-x_2|\},$$
$$d_2(x,y) = |y_1-x_1| + |y_2-x_2|$$

所定义的映射 d_1, d_2 也都是平面上的度量. 另外由于

$$d(x,y) \leqslant \sqrt{2} d_1(x,y), \quad d_1(x,y) \leqslant d(x,y);$$
$$d_2(x,y) \leqslant 2d_1(x,y), \quad d_1(x,y) \leqslant d_2(x,y),$$

因此这三个度量是等价的.

例 7.1.2　设 X 是非空集合, 映射 $d: X \times X \to \mathbf{R}$ 为

$$d(a,b) = \begin{cases} 0, & a = b, \\ 1, & a \neq b. \end{cases}$$

定义的映射 d 是 X 上的一个度量, 称为 X 上的离散度量. 此外, 易知任何度量空间 (X,d) 都是 T_2-空间, 这是因为对任意的 $x \neq y$, 记 $\alpha = d(x,y)$, $U = B\left(x, \dfrac{\alpha}{2}\right)$, $V = B\left(y, \dfrac{\alpha}{2}\right)$, 则 $U \bigcap V = \varnothing$.

例 7.1.3　设 $C[0,1]$ 表示闭区间 $[0,1]$ 上所有的连续函数组成的集合, 则

$$d(f,g) = \int_0^1 |f(x) - g(x)| \mathrm{d}x$$

为 $C[0,1]$ 上的一个度量, 其几何意义为两曲线之间的面积, 如图 7.1 所示.

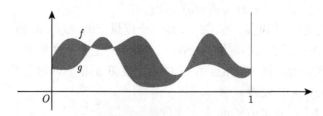

图 7.1　两曲线之间的面积

若定义

$$\rho(f,g) = \sup\{|f(x) - g(x)| : x \in [0,1]\},$$

易知其也是 $C[0,1]$ 上的一个度量, 它的几何意义为两曲线之间的最大垂直间隙, 如图 7.2 所示.

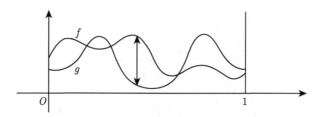

图 7.2 两曲线之间的最大垂直间隙

定义 7.1.2 设 d 为集合 X 上的一个度量, 则对任何已知点 $a \in X$ 及已知的实数 $\delta > 0$, 记
$$B(a,\delta) = \{x: x \in X, d(x,a) < \delta\}.$$
并称其是以 a 为球心, δ 为半径的开球. 简称为球形邻域.

例 7.1.4 设 d 为 $\mathbf{R}$ 上的通常度量, 则开球 $B(a,\delta) = (a-\delta, a+\delta)$ 就是开区间. 类似地, 若 d 是平面 $\mathbf{R}^2$ 上的通常度量, 则开球都是圆盘.

例 7.1.5 设 d 为集合 X 上的离散度量, 则开球
$$B(a,\delta) = \begin{cases} X, & \delta > 1, \\ \{a\}, & \delta \leqslant 1. \end{cases}$$

此外, 任何度量空间 X 都是满足第一可数性公理的拓扑空间, 同时也是满足第二可数性公理的拓扑空间. 这是因为对任意的 $x \in X$, 集族 $\left\{ B\left(x, \dfrac{1}{n}\right) \middle| n \in \mathbf{N} \right\}$ 就是其一个可数邻域基; 而对整个空间 X 而言, 所有的由有理数作为区间端点的开区间族 $\mathcal{B}$ 就是它的一个可数基, 因为它是可数的, 且是一个基.

7.1.1 度量拓扑

注意到对任意的 $x \in B(a,\delta)$, 总存在 $\varepsilon = \delta - d(a,x)$, 满足 $B(x,\varepsilon) \subset B(a,\delta)$. 这是因为对任意的 $y \in B(x,\varepsilon)$, 总有 $d(a,y) \leqslant d(a,x) + d(x,y) < d(x,a) + \varepsilon = \delta$. 于是可得如下引理.

引理 7.1.1 设 $B(a,\delta) = \{x: x \in X, d(x,a) < \delta\}$ 是以 a 为球心, 以 δ 为半径的开球. 则对任意的 $x \in B(a,\delta)$, 总存在开球 $B(x,\varepsilon)$, 使得 $B(x,\varepsilon) \subset B(a,\delta)$.

引理 7.1.2 设 B_1, B_2 为两个开球, 又设 $p \in B_1 \bigcap B_2$, 则存在以 p 为球心的开球 B_p, 使得 $B_p \subset B_1 \bigcap B_2$ (图 7.3).

证明 设 $B_1 = B(x_1, \varepsilon_1), B_2 = B(x_2, \varepsilon_2)$, 则存在 $\varepsilon = \min\{\varepsilon_1 - d(x_1,p), \varepsilon_2 - d(x_2,p)\}$. 于是对任意的 $x \in B_p = B(p,\varepsilon)$, 总有

$$d(x,x_1) \leqslant d(p,x_1) + d(p,x) < \varepsilon + d(p,x_1) \leqslant \varepsilon_1 - d(x_1,p) + d(x_1,p) = \varepsilon_1.$$

所以 $x \in B_1$. 同理 $x \in B_2$, 所以 $x \in B_1 \bigcap B_2$, 因此 $B_p \subset B_1 \bigcap B_2$.

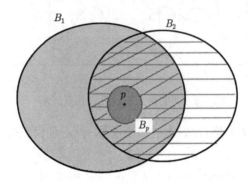

图 7.3　开球之交

于是由定义 7.1.2 易知 $X = \bigcup_{x \in X} B(x, \delta_x)$, 再注意到引理 7.1.2, 并根据定理 4.8.3 可得如下结论.

定理 7.1.1　设 (X, d) 是一个度量空间, 则 X 中的所有的开球构成 X 上一个拓扑的基.

定义 7.1.3　若 (X, d) 是一个度量空间, 则由 X 中的所有的开球作为基构成的 X 上的拓扑 $\mathcal{T}_d$ 称为度量拓扑或称为由度量 d 所诱导的拓扑. 这个拓扑空间 $(X, \mathcal{T}_d)$ 一般仍记作 (X, d).

度量空间是拓扑空间, 其拓扑是由度量诱导的度量拓扑. 因此, 关于拓扑空间所定义的一切对于度量空间来说也都是有意义的. 例如, 开集、闭集、邻域、聚点、闭包等.

例 7.1.6　设 d 为 $\mathbf{R}$ 上的通常度量. 其所诱导的拓扑就是分析中用的实直线的通常拓扑. 类似地, 若 d 是平面 $\mathbf{R}^2$ 上的通常度量, 则其所诱导的拓扑就是分析中用的平面的通常拓扑.

例 7.1.7　设 d 为集合 X 上的离散度量, 则对任意的 $x \in X$, 有 $B\left(x, \dfrac{1}{2}\right) = \{x\}$, 因此单点集都是开集, 从而任何子集都是开集, 即 X 上的离散度量诱导的是离散拓扑.

定理 7.1.2　如果集合 X 上的两个度量 d 和 ρ 是等价的, 则由它们分别诱导的拓扑 $\mathcal{T}_d$ 和 $\mathcal{T}_\rho$ 是相等的.

证明　如果 $G \in \mathcal{T}_d$, 则对每一个 $a \in G$, 必存在相应地 $\varepsilon > 0, \delta > 0$ 满足
$$\rho(x, y) \leqslant \delta \Rightarrow d(x, y) \leqslant \varepsilon \Rightarrow x \in G.$$

因此 $G \in \mathcal{T}_\rho$. 从而根据对称性可得 $\mathcal{T}_d = \mathcal{T}_\rho$.

7.1 度量空间

定理 7.1.3 如果 (X,d) 是一个度量空间, 则映射 $d: X \times X \to \mathbf{R}$ 是拓扑积空间 $X \times X$ 上的连续映射.

证明 令 (x_0, y_0) 是 $X \times X$ 中的一点, 考虑其邻域

$$B_\varepsilon(x_0, y_0) = B_\varepsilon(x_0) \times B_\varepsilon(y_0).$$

如果 $(x, y) \in B_\varepsilon(x_0, y_0)$, 则

$$|d(x,y) - d(x_0, y_0)| \leqslant |d(x,y) - d(x, y_0)| + |d(x, y_0) - d(x_0, y_0)|$$
$$\leqslant d(y, y_0) + d(x, x_0) \leqslant 2\varepsilon.$$

因此 d 是 $X \times X$ 上的连续映射.

例 7.1.8 设 (X, d) 是度量空间, Y 是 X 的非空子集. 则易证映射 d 在 Y 上的限制是 Y 上的度量. 度量空间 Y 称为 X 的度量子空间.

由于度量空间的拓扑是由度量诱导的, 故 X 的拓扑性质通常和度量有关. 设 x 是度量空间 (X, d) 中的一点, 则易知下列可数的开球族

$$\left\{ B(x, 1), B\left(x, \frac{1}{2}\right), B\left(x, \frac{1}{3}\right), \cdots \right\}$$

构成 x 点的一个局部邻域基.

如果 A 是度量 (X, d) 的一个子集, 明显地, 拓扑子空间 $(A, \mathcal{T}_d|_A)$ 以 d 在 $A \times A$ 上的限制作为度量.

点 x 和集合 A 的距离定义为

$$d(x, A) := \inf\{d(x,y) | y \in A\}.$$

如果 A 是紧集, 则 $\{x\} \times A$ 也是紧集, 所以此时的下确界就是最小值.

两个集合 A, B 之间的距离定义为

$$d(A, B) := \inf\{d(x,y) | x \in A,\ y \in B\}.$$

如果 A, B 都是紧集, 则 $A \times B$ 就是 $X \times X$ 的紧集, 所以此时的下确界就是最小值.

如下数值

$$\delta(A) = \sup\{d(x,y) | x \in A,\ y \in A\}$$

叫做集合 A 的直径. 就像前面分析的那样, 如果 A 是紧集, 则这里的上确界就是最大值. 如果 $\delta(A) < \infty$, 则称 A 是有界的. 对任何度量 d, 都存在一个可以使得集合 X 有界的等价度量 $\tilde{d}$. 这是因为如果记

$$\tilde{d}(x,y) = d(x,y), \quad \text{若} \quad d(x,y) \leqslant 1;$$
$$\tilde{d}(x,y) = 1, \qquad\quad \text{若} \quad d(x,y) > 1.$$

则易证 $\tilde{d}$ 是一个度量, 并且明显地 d 与 $\tilde{d}$ 是等价的, 即有如下命题.

命题 A 设 (X, d) 是一个度量空间, 则由

$$\bar{d} = \min\{d(x, y), 1\}$$

所定义的 $\bar{d}: X \times X \to \mathbf{R}$ 是一个度量, 它诱导出 X 的拓扑.

度量空间 (X, d) 的性质叫拓扑性质, 如果该性质与等价度量的选取无关. 从上面的分析可以看出, 有界性不是拓扑性质.

下面, 我们总是在假定度量空间 (X, d) 有界的情况下, 考虑其拓扑特性.

定理 7.1.4 度量空间 (X, d) 中的一个子集 A 的闭包 $\overline{A} = \{x | d(x, A) = 0\}$.

这是因为根据下确界的性质及邻域的定义可得: $d(x, A) = 0$ 当且仅当对于任意实数 $\varepsilon > 0$, 存在 $y \in A$, 使得 $d(x, y) < \varepsilon$, 即对于任意的 $B(x, \varepsilon)$ 有 $B(x, \varepsilon) \bigcap A \neq \varnothing$, 这又等价于对于任意的 $U \in \mathcal{U}_x$ 有 $U \bigcap A \neq \varnothing$, 故 $x \in \overline{A}$.

根据度量的定义, 到单点集 $\{x\}$ 距离为 0 的点只有 x 本身.

因此, 由上面的定理可知, 度量空间中的单点集都是闭集. 所以有限集也是闭集.

定理 7.1.5 如果 A 是度量空间 (X, d) 中的一个子集, 则定义为 $f(x) = d(x, A): X \to \mathbf{R}$ 的映射是连续的.

证明 令 $\varepsilon > 0$, 并且对 $x, y \in X$ 有 $d(x, y) \leqslant \varepsilon$. 于是存在 $a \in A$ 使得

$$d(x, a) \leqslant d(x, A) + \varepsilon.$$

因此

$$d(y, A) \leqslant d(y, a) \leqslant d(y, x) + d(x, a) \leqslant d(x, A) + 2\varepsilon.$$

于是根据对称性可得

$$|d(y, A) - d(x, A)| \leqslant 2\varepsilon.$$

因为只要 $d(x, y) \leqslant \varepsilon$, 以上不等式就成立. 所以映射 $f(x) = d(x, A)$ 是连续的.

7.1.2 Cauchy 序列与紧性和完备性

定义 7.1.4 在度量空间 (X, d) 中, 序列 $\{x_n\}$ 叫 Cauchy 收敛的或称它是 Cauchy 序列, 如果对任意的 $\varepsilon > 0$, 总存在正整数 p, 使得

$$n \geqslant p, \ m \geqslant p \Rightarrow \ d(x_n, x_m) \leqslant \varepsilon.$$

定理 7.1.6 Cauchy 序列 $\{x_n\}$ 的子序列 $\{x_{N(n)}\}$ 还是 Cauchy 序列.

证明 结论是明显的, 因为 $N(n) > n$, $N(m) > m$, 从而 $N(n) > p$, $N(m) > p$. 因此 $d(x_{N(n)}, x_{N(m)}) \leqslant \varepsilon$.

定理 7.1.7 任意收敛序列都是 Cauchy 序列.

证明 如果序列 $\{x_n\}$ 收敛到 x_0, 令 p 满足
$$n \geqslant p \Rightarrow d(x_n, x_0) \leqslant \frac{\varepsilon}{2},$$
那么如果 $n > p$, $m > p$, 则有 $d(x_n, x_m) \leqslant d(x_n, x_0) + d(x_0, x_m) \leqslant \varepsilon$.

定理 7.1.8 如果 Cauchy 序列 $\{x_n\}$ 包含子序列 $\{x_{N(n)}\}$ 收敛到 x_0, 那么 Cauchy 序列 $\{x_n\}$ 也收敛到 x_0.

证明 令 $\varepsilon > 0$, 由已知存在正整数 p, 使得
$$n \geqslant p, \ m \geqslant p \Rightarrow d(x_n, x_m) \leqslant \frac{\varepsilon}{2}$$
和正整数 p' 满足
$$n \geqslant p' \Rightarrow d(x_{N(n)}, x_0) \leqslant \frac{\varepsilon}{2}.$$
令 l 为满足 $l \geqslant p'$, $N(l) \geqslant p$ 的一个正整数. 于是当 $n \geqslant l$ 时可得
$$d(x_n, x_0) \leqslant d(x_n, x_{N(n)}) + d(x_{N(n)}, x_0) \leqslant \varepsilon.$$

定理 7.1.9 一个度量空间 (X, d) 是紧的当且仅当其每一个序列都存在至少一个聚点.

证明 如果 (X, d) 是紧空间, 根据定理 6.2.1, 则其每一个序列都存在至少一个聚点.

已知度量空间 (X, d) 的每一个序列都存在至少一个聚点. 假设 X 是非紧的, 则存在 X 的开覆盖 $\{G_i | i \in I\}$ 不包含有限子覆盖 (图 7.4). 记
$$h_i(x) = d(x, G_i'),$$
$$h(x) = \sup_{i \in I} d(x, G_i').$$
下面先证映射 h 是连续的. 对每一个 i, 有
$$h_i(x) \leqslant d(x, x') + h_i(x') \leqslant d(x, x') + h(x').$$
因此
$$h(x) - h(x') \leqslant d(x, x').$$
于是由对称性可得
$$|h(x) - h(x')| \leqslant d(x, x').$$
故映射 h 是连续的.

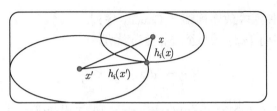

图 7.4 度量空间紧性与序列收敛

记 $\mu = \inf_{x \in X} h(x)$. 如果 $\mu = 0$, 则存在序列 $\{x_n\}$ 使得 $h(x_n) \to 0$. 令 a 是这个序列的聚点, 则 $h(a) = 0$, 这蕴涵 a 不属于每一个 G_i, 这与 $\{G_i | i \in I\}$ 是覆盖相矛盾. 因此 $\mu > 0$.

令 x_1 是 X 中的一点, 则存在指标 i_1 满足 $h_{i_1}(x_1) > \frac{\mu}{2}$. 因为 G_{i_1} 不能覆盖 X, 故存在 $x_2 \notin G_{i_1}$; 相应于 x_2, 存在指标 i_2 满足 $h_{i_2}(x_2) > \frac{\mu}{2}$; 因为 $G_{i_1} \bigcup G_{i_2}$ 不能覆盖 X, 故存在 $x_3 \notin G_{i_1} \bigcup G_{i_2}$; 相应于 x_3, 存在指标 i_3 满足 $h_{i_3}(x_3) > \frac{\mu}{2}$; 依此类推. 如此得到的序列 $\{x_n\}$ 没有聚点, 这是因为如果 $\{x_{N(n)}\}$ 是其子序列, 则

$$m \neq n \Rightarrow d(x_{N(n)}, x_{N(m)}) > \frac{\mu}{2}.$$

这与已知矛盾, 故假设 X 非紧的是错误的.

推论 7.1.1 一个度量空间 (X, d) 是紧空间的充要条件是其每一个无限子集都存在至少一个聚点.

证明 必要性是因为 Bolzano-Weierstrass 定理.

下证充分性. 假设度量空间 (X, d) 的每一个无限子集都至少存在一个聚点. 根据定理 7.1.9, 为了证明 (X, d) 是紧空间, 只要证明任何序列 $\{x_n\}$ 都存在聚点. 如果 $\{x_n\}$ 的无限多个点都是 a, 则 a 就是它的一个聚点. 否则, 集合 $A = \{x_1, x_2, \cdots\}$ 是一个无限集, 因此根据假设, 它存在一个聚点 x_0.

推论 7.1.2 一个紧度量空间 (X, d) 的序列收敛的充要条件是该序列的所有聚点的集合是一个单点集.

定义 7.1.5 如果度量空间 (X, d) 的每一个序列都包含着 Cauchy 收敛的子序列, 那么我们叫度量空间 (X, d) 是完备有界的. 每一个 Cauchy 序列都收敛的度量空间 (X, d) 称为完备度量空间.

例 7.1.9 通常的实数空间 **R** 是完备的.

如果 $\{x_n\}$ 是 Cauchy 序列, 则对每一个 $\varepsilon > 0$, 都存在相应的正整数 m, 使得

$$n \geqslant m \Rightarrow x_n \in B_\varepsilon(x_m).$$

因为 $\overline{B_\varepsilon(x_m)}$ 是紧的, 所以 $\{x_n\}$ 包含着收敛的子序列. 因此, 根据定理 7.1.8, 序列 $\{x_n\}$ 是收敛的.

另一方面, $\mathbf{R}$ 不是完全有界的, 因为序列 $\{x_n\}(x_n = n)$ 不存在 Cauchy 收敛的子序列.

定理 7.1.10 如果空间 X 是完全有界的. 那么, 对每一个 $\varepsilon > 0$, 存在相应的有限集 $A \subset X$ 满足

$$\forall\, x,\, \exists\, a \in A:\ d(x, a) \leqslant \varepsilon.$$

证明 如果存在 $\varepsilon > 0$, 对任意的有限集 $A \subset X$ 满足

$$\exists\, x,\, \forall\, a \in A:\ d(x, a) > \varepsilon.$$

令 x_0 为 X 中的任意确定的一点, 于是若记 $A = \{x_0\}$, 则存在 x_1 使得 $d(x_1, x_0) > \varepsilon$. 取 $A = \{x_0, x_1\}$, 则存在 x_2 使得 $d(x_2, x_0) > \varepsilon$, $d(x_2, x_1) > \varepsilon$. 以此类推, 可以得到一个不存在 Cauchy 子序列的序列 $\{x_n\}$. 因此 X 不是完全有界的, 这与已知矛盾.

推论 7.1.3 完全有界空间都是有界的.

证明 在定理 7.1.10 中取 $\varepsilon = 1$. 令 $A = \{a_1, a_2, \cdots, a_n\}$ 是一个满足如下条件的有限集:

$$\forall\, x,\, \exists\, a_k \in A:\ d(x, a_k) \leqslant 1.$$

那么, 如果 a_0 是 X 中的固定一点, 可得

$$d(x, a_0) \leqslant d(x, a_k) + d(a_k, a_0) \leqslant 1 + \max\{d(a_i, a_0) | i \in \{1, 2, \cdots, n\}\}.$$

所以完全有界空间都是有界的.

定理 7.1.11 度量空间 X 是紧的当且仅当它是完备的和完全有界的.

证明 如果 X 是紧的, 那么其任何序列都包含有收敛的子序列, 因此是 Cauchy 收敛的. 故 X 是完全有界的. 此外, 根据相同的特性, 即其任何序列都包含收敛的子序列, 每个 Cauchy 序列都是收敛的. 从而 X 也是完备的.

反之, 若 X 是完备的和完全有界的, 那么其任何序列 $\{x_n\}$ 都包含 Cauchy 收敛的子序列, 因此 $\{x_n\}$ 是收敛的. 故 X 是紧的.

定理 7.1.12 如果 $(X_1, d_1), (X_2, d_2), \cdots, (X_k, d_k)$ 是 k 个完备度量空间, 那么它们的积空间 $\prod_{m=1}^{k} X_m$ 也是完备度量空间.

证明 空间 $X = \prod_{m=1}^{k} X_m$ 中的两点

$$x = (x^1, x^2, \cdots, x^k), \quad y = (y^1, y^2, \cdots, y^k)$$

的距离定义为

$$d(x, y) = \max_i d(x^i, y^i).$$

如果 $\{x_n\}$ 是 X 中的 Cauchy 序列, 则对任意的 $\varepsilon > 0$, 都存在正整数 m 使得当 $n \geqslant m$ 有

$$d_i(x_n^i, x_{n+p}^i) \leqslant d(x_n, x_{n+p}) \leqslant \varepsilon.$$

因此序列 $\{x_n^i\}$ 是 Cauchy 收敛的, 又因为 X_i 是完备的, 所以序列 $\{x_n^i\}$ 是收敛的. 如果 $\{x_0^i\}$ 是其极限点, 只要 $n \geqslant m$, 则有

$$d_i(x_n^i, x_0^i) \leqslant \varepsilon.$$

令 $x_0 = (x_0^1, x_0^2, \cdots, x_0^n)$, 只要 $n \geqslant m$, 可得

$$d(x_n, x_0) = \max_i d(x_n^i, x_0^i) \leqslant \varepsilon.$$

故 $x_n \to x_0$.

完备性与紧性有紧密联系, 如以下定理.

定理 7.1.13 如果 F 是完备空间的闭子集, 那么 F 也是完备的.

证明 如果 $\{x_n\}$ 是 F 中的 Cauchy 序列, 因为 X 是完备的, 所以序列 $\{x_n\}$ 是收敛的. 如果 $a \in X$ 是其极限点, 又因为 F 是闭子集, 故 $a \in F$, 从而 F 也是完备的.

定理 7.1.14 拓扑空间 X 的完备子集 A 是闭集.

证明 如果 $a \in \overline{A}$, 则存在 A 的序列 $\{x_n\}$ 收敛到 a. 因为 A 是完备的, 所以 $a \in A$. 故 A 是闭集.

定理 7.1.15 假设 $A_1, A_2, \cdots, A_n$ 都是拓扑空间 X 的完备子集, 则其并集 $\bigcup_{i=1}^n A_i$ 也是 X 的完备子集.

证明 如果 $\{x_n\}$ 是 $A = \bigcup_{i=1}^n A_i$ 中的 Cauchy 序列, 则可选取适当的指标 i_0, 使得对无限多个指标 n 可得

$$x_n \in A_{i_0}.$$

因此 Cauchy 序列 $\{x_n\}$ 包含收敛的子序列, 所以由定理 7.1.14 知, 其收敛到 $a \in A_{i_0} \subset A$. 故 A 是完备的.

定理 7.1.16 假设 $\{A_i | i \in I\}$ 是拓扑空间 X 的完备子集族, 则其交集 $A = \bigcap_{i \in I}^n A_i$ 也是 X 完备子集.

证明 由定理 7.1.14 知 $\{A_i | i \in I\}$ 是拓扑空间 X 的闭集族, 所以 A 是闭集. 并且 A 被包含在完备子集 A_{i_0} 中, 从而由定理 7.1.13 知 A 也是完备的.

定义 7.1.6 拓扑空间 X 的子集 A 叫做稠密子集, 如果 $\overline{A} = X$. 一个拓扑空间 X 叫做可分空间, 如果其包含可数稠密子集 A. 在度量空间中, 如果 A 是稠密子集, 则对任意的 $x \in X$ 及任意的 $\varepsilon > 0$, 总存在 $a \in A$, 使得

$$d(x, a) \leqslant \varepsilon.$$

例 7.1.10 **R** 是可分的, 这是因为有理数集是其稠密子集且是可数集.

例 7.1.11 $\mathbf{R}^n$ 是可分的, 这是因为那些坐标分量都是有理数集的点是其稠密子集且是可数集.

例 7.1.12 Hilbert 空间 L_2 是可分的, 这是因为那些包含有限多个有理点且其余都是零的元素所组成的集合是其稠密子集且是可数集.

例 7.1.13 赋予实数集合 **R** 如下度量的空间

$$d(x,y) = \begin{cases} 0, & x = y, \\ 1, & x \neq y \end{cases}$$

不是可分空间, 这是因为它是一个含有不可数多个点的离散空间.

定理 7.1.17 一个度量空间 X 是可分的当且仅当其存在可数基.

证明 如果 X 是一个可分度量空间, 集合 D 是其可数稠密子集, 那么 $\mathcal{A} = \{B_\rho(a) | a \in D\}$ 是一个可数集族. 若 U 是一个开集, 且 $x \in U$, 则存在有理数 $\lambda > 0$ 使得 $B_\lambda(x) \in U$ 以及 $a \in D$ 使得 $d(x,a) \leqslant \dfrac{\lambda}{2}$. 于是 $B_{\frac{\lambda}{2}}(a) \subset B_\lambda(x) \in U$. 因此 $\mathcal{A}$ 是一个基, 且是可数的.

反之, 假设 X 存在可数基 $\mathcal{A} = \{A_1, A_2, \cdots\}$. 令 a_i 为 A_i 的一个元素, 则 $D = \{a_1, a_2, \cdots\}$ 是稠密的. 否则, 若 $\overline{D} \neq X$, 那么 $X - \overline{D}$ 是一个非空开集, 从而其包含某个 A_i, 也就包含 a_i. 这是一个矛盾.

定理 7.1.18(Lindelöff) 如果 X 是一个可分度量空间, 则 X 的任何开覆盖 $\mathcal{A} = \{G_k | k \in K\}$ 都包含可数子覆盖.

证明 令 $\{A_i | i \in N_0\}$ 是一个可数基, 其中 N_0 是正整数集 **N** 的子集, 则集合

$$I = \{i | i \in N_0, \exists\, k \in K,\ \text{s.t.}\ A_i \subset G_k\}$$

是可数的. 集族 $\{A_i | i \in N_0\}$ 是 X 的一个覆盖, 这是因为

$$x \in X \Rightarrow \exists\, k \in K,\ \text{s.t.}\ x \in G_k \Rightarrow \exists\, i \in I,\ \text{s.t.}\ x \in A_i.$$

对每一个 $i \in I$, 令 k_i 是满足 $G_{k_i} \supset A_i$ 的指标, 于是 $\{G_{k_i} | i \in I\}$ 就是 X 的一个可数子覆盖.

定理 7.1.19 每一个 Lindelöff 的度量空间 (X, d) 都有可数基.

证明 对于任意确定的 $k \in \mathbf{N}$, 集族 $\widetilde{\mathcal{B}}_k = \left\{ B\left(x, \dfrac{1}{k}\right) \middle| x \in X \right\}$ 都是 X 的一个开覆盖. 由于 X 是一个 Lindelöff 空间, 所以 $\widetilde{\mathcal{B}}_k$ 存在可数子覆盖 $\mathcal{B}_k = \left\{ B\left(\dfrac{1}{k}\right) \right\}$. 于是开集族 $\mathcal{B} = \bigcup_{k \in \mathbf{N}} \mathcal{B}_k$ 是一个可数族. 现在证明它是一个基.

对于任何的 $x \in X$ 和 x 的任何一个邻域 U, 存在 $\varepsilon > 0$ 使得 $B(x,\varepsilon) \subset U$. 令 k 为任何一个大于 $\dfrac{2}{\varepsilon}$ 的正整数. 因为 $\mathcal{B}_k$ 是覆盖, 所以存在某个 $B\left(a, \dfrac{1}{k}\right) \in \mathcal{B}_k$ 使得 $x \in B\left(a, \dfrac{1}{k}\right)$. 对于任意的 $y \in B\left(a, \dfrac{1}{k}\right)$, 有

$$d(x,y) \leqslant d(x,a) + d(a,y) < \frac{2}{k} < \varepsilon.$$

于是 $x \in B\left(a, \dfrac{1}{k}\right) \subset B(x,\varepsilon) \subset U$, 故根据定理 4.7.1 可知 $\mathcal{B}$ 就是 X 的一个基.

定理 7.1.20　完全有界拓扑空间 X 是可分的.

证明　在定理 7.1.10 中取 $\varepsilon = \dfrac{1}{n}$, 此时必存在有限集 $A_{\frac{1}{n}}$ 使得

$$\forall\, x,\ \exists\, a \in A_{\frac{1}{n}},\ \text{s.t.}\ d(x,a) \leqslant \frac{1}{n}.$$

于是 $B = \bigcup_{n=1}^{\infty} A_{\frac{1}{n}}$, 并且

$$\forall\, x,\ \forall\, \frac{1}{n},\ \exists\, b \in A_{\frac{1}{n}},\ \text{s.t.}\ d(x,b) \leqslant \frac{1}{n}.$$

故 $\overline{B} = X$.

定理 7.1.21　度量空间的紧子集 K 都是闭的和有界的.

证明　如果 K 是紧集, 由于度量空间都是 T_2 空间, 故 K 是闭集; 假设 K 是无界的. 令 a 为任意一点, 则

$$\forall\, n,\ \exists\, x_n \in K,\ \text{s.t.}\ d(a,x_n) > n.$$

因为 K 是紧集, 所以序列 x_n 在 K 中存在聚点 x_0. 若 y_n 是收敛到 x_0 的子序列, 则存在 n_0 使得, 当 $n > n_0$ 时, 有

$$d(a,y_n) \leqslant d(a,x_0) + d(x_0,y_n) \leqslant 2d(a,x_0).$$

由于 $d(a,y_n)$ 是关于 n 无限增加的, 这是一个矛盾.

定理 7.1.22 (Lebesgue)　如果 $F_1, F_2, \cdots, F_n$ 是紧度量空间 X 的有限闭覆盖, 则存在 $\varepsilon > 0$ 使得, 对任意的满足 $\delta(A) \leqslant \varepsilon$ 的集合 A, 都有 $\bigcap_{i \in I} F_i \neq \varnothing$. 其中 $\delta(A)$ 表示集合 A 的直径, $I = \{i\,|\,F_i \bigcap A \neq \varnothing\}$.

证明　假设这样的 ε 不存在, 则对任意的自然数 $k \in \mathbf{N}$ 存在 A_k 满足

(1) $\delta(A_k) \leqslant \dfrac{1}{k}$;

(2) $I_k = \{i\,|\,F_i \bigcap A_k \neq \varnothing\}$, $\bigcap_{i \in I_k} F_i = \varnothing$.

因为 F_i 仅是有限个, 所以对无限多个 k 存在 $I_k = I_0$. 令 $k_1, k_2, \cdots$ 表示满足 $k_1 < k_2 < \cdots$ 的 k 的这些值, 再令 a_{k_n} 为 A_{k_n} 的元素. 由于 K 是紧的, 故序列 $\{a_{k_n}\}$ 在 X 中存在聚点 a_0, 从而有子序列 $\{a_{h_n}\}$ 收敛于 a_0. 于是任意的 $B_r(a_0)$ 都包含某个 a_{h_n}, 故可以选择充分大的 n 满足

$$a_{h_n} \in B_{\frac{r}{2}}(a_0); \quad \delta(A_{h_n}) \leqslant \frac{1}{h_n} \leqslant \frac{r}{2}.$$

那么如果 $i \in I_0$, 则集合 $F_i \bigcap B_r(a_0) \neq \varnothing$. 因此, $a_0 \in \overline{F_i} = F_i \Rightarrow \bigcap_{i \in I_0} F_i \neq \varnothing$. 这是一个矛盾.

定理 7.1.23 如果 $K_1, K_2, \cdots$ 是一族递减的紧集序列, 且 K 是它们的交集. 则对任意的 $\varepsilon > 0$, 存在 n_0 使得

$$n > n_0 \Rightarrow K_n \subset B_\varepsilon(K) = \bigcup_{x \in K} B_\varepsilon(x).$$

证明 假设定理是错误的, 则存在指标 n_k 满足

$$n_1 < n_2 < \cdots < n_k < \cdots,$$

以及点 x_{n_k} 满足

$$x_{n_k} \in K_{n_k}; \quad d(x_{n_k}, K) > \varepsilon.$$

序列 $\{x_{n_k}\}$ 包含收敛到 x_0 的子序列 $\{y_n\}$. 因为 $x_0 \in K_i (i \in I)$, 故

$$x_0 \in K = \bigcap_{i \in I} K_i.$$

另一方面, 由于 $d(x, K)$ 是连续映射, 故

$$d(x_0, K) \leqslant \varepsilon,$$

矛盾.

7.1.3 Baire 空间

定理 7.1.24 (Baire 纲定理) 令 (X, d) 为一个完备度量空间. 如果 $F_1, F_2, \cdots, F_n, \cdots$ 是 X 的开稠密子集集列, 则集合 $\bigcap_{n=1}^\infty F_n$ 也是 X 的稠密子集.

证明 这只要证明对 X 的任意开集 U, 都有 $U \bigcap (\bigcap_{n=1}^\infty F_n) \neq \varnothing$ 即可.

因为 F_1 是 X 的开稠密子集, 所以 $U \bigcap F_1$ 是 X 的开集. 因而必存在半径至多是 1 的开球 U_1 使得 $\overline{U}_1 \subset U \bigcap F_1$.

对每一个正整数 n, 递归推断: 必存在半径至多是 $\dfrac{1}{n}$ 的开球 U_n 使得 $\overline{U}_n \subset U_{n-1} \bigcap F_n$.

于是对每一个正整数 n, 任取 $x_n \in U_n$ 使得 $\overline{U}_n \subset U_{n-1} \bigcap F_n$. 显然, $\{x_n\}$ 是一个 Cauchy 序列. 又因为 X 是完备的, 所以存在 $x \in X$ 使得 $x_n \to x\ (n \to \infty)$.

注意到对每一个正整数 m, $x_m \in U_m \subset \overline{U}_m$, 因而 $x \in \overline{U}_m$. 从而 $x \in \bigcap_{n=1}^{\infty} \overline{U}_n$. 这样就有 $x \in \bigcap_{n=1}^{\infty} \overline{U}_n \subset U \bigcap (\bigcap_{n=1}^{\infty} F_n)$. 故 $U \bigcap (\bigcap_{n=1}^{\infty} F_n) \neq \varnothing$. 证毕.

定义 7.1.7 拓扑空间 $(X, \mathcal{T})$ 的子集 A 叫做无处稠密的, 如果 $\overline{A}$ 的内部为空集.

推论 7.1.4 令 (X, d) 为一个完备度量空间. 如果 $X_1, X_2, \cdots, X_n, \cdots$ 是 X 的子集列, 且满足 $X = \bigcup_{n=1}^{\infty} X_n$, 则至少存在一个 $m \in \mathbf{N}$, 使得 $\overline{X}_m$ 有非空的内部, 即 $\overline{X}_m$ 不是无处稠密的.

定义 7.1.8 拓扑空间 $(X, \mathcal{T})$ 叫做 Baire 空间, 如果对 X 的每一个开稠密子集序列 X_n, 都有 $\bigcap_{n=1}^{\infty} X_n$ 也是 X 的稠密子集.

推论 7.1.5 每一个完备度量空间都是 Baire 空间.

7.1.4 可度量化空间

已知拓扑空间 $(X, \mathcal{T})$. 问是否有 X 上的度量 d 存在, 它能诱导出拓扑 $\mathcal{T}$? 若这样的度量存在, 则称拓扑空间 $(X, \mathcal{T})$ 是可度量化的. 显然不可度量化的拓扑空间是存在的. 例如, 因为含有限多个点的度量空间都是离散拓扑空间, 故含有限多个点的非离散拓扑的拓扑空间都是不可度量化的.

例 7.1.14 任何离散拓扑空间都是可度量化的, 因为离散度量可以诱导离散拓扑.

例 7.1.15 考虑实直线上的通常拓扑, 它是可度量化的, 因为通常度量可以诱导出通常拓扑.

例 7.1.16 设 X 含有的点多于一个, 则其上的平庸拓扑空间是不可度量化的. 这是因为度量空间中的有限子集都是闭集. 因此, 在 X 上由一个度量所诱导的拓扑不可能只有 X 和 $\varnothing$.

下面来证明 $\mathbf{R}^n$ 和 $\mathbf{R}^\omega$ 都是可度量化空间.

定义 $\mathbf{R}^n$ 中的欧氏度量

$$d(x, y) = \sqrt{\sum_{i=1}^{n} (x_i - y_i)^2},$$

其中 $x = (x_1, x_2, \cdots, x_n)$, $y = (y_1, y_2, \cdots, y_n)$; 绝对值度量定义为

$$\rho(x, y) = \max\{|x_1 - y_1|, |x_2 - y_2|, \cdots, |x_n - y_n|\}.$$

证明 ρ, d 是度量, 非负性和对称性是明显的, 关于 ρ 的三角不等式成立是因为:

7.1 度量空间

由 **R** 的绝对值三角不等式可知, 对每一个正整数 i 都有

$$|x_i - z_i| \leqslant |x_i - y_i| + |y_i - z_i|.$$

于是由 ρ 有

$$|x_i - z_i| \leqslant \rho(x, y) + \rho(y, z).$$

从而有

$$\rho(x, z) = \max |x_i - z_i| \leqslant \rho(x, y) + \rho(y, z).$$

关于 d 的三角不等式成立是因为：要证明

$$\sqrt{\sum_{i=1}^{n}(z_i - x_i)^2} \leqslant \sqrt{\sum_{i=1}^{n}(z_i - y_i)^2} + \sqrt{\sum_{i=1}^{n}(y_i - x_i)^2}.$$

若令 $u_i = y_i - x_i, v_i = z_i - y_i$, 以上不等式可化为

$$\sqrt{\sum_{i=1}^{n}(u_i + v_i)^2} \leqslant \sqrt{\sum_{i=1}^{n}u_i^2} + \sqrt{\sum_{i=1}^{n}v_i^2}.$$

两边取不等式, 有

$$\sum_{i=1}^{n}(u_i + v_i)^2 \leqslant \sum_{i=1}^{n}u_i^2 + 2\sqrt{\sum_{i=1}^{n}u_i^2}\sqrt{\sum_{i=1}^{n}v_i^2} + \sum_{i=1}^{n}v_i^2.$$

而这可以由 Schwarz 不等式立即得到.

定理 7.1.25 由度量 d 和 ρ 所诱导的 $\mathbf{R}^n$ 上的拓扑与 $\mathbf{R}^n$ 的积拓扑相同.

证明 设 $x = (x_1, x_2, \cdots, x_n)$, $y = (y_1, y_2, \cdots, y_n)$ 为 $\mathbf{R}^n$ 中的两点, 由简单的代数运算验证

$$\rho(x, y) \leqslant d(x, y) \leqslant \sqrt{n}\rho(x, y).$$

上面的第一个不等式表明

$$B_d(x, \varepsilon) \subset B_\rho(x, \varepsilon).$$

类似地, 第二个不等式表明

$$B_\rho(x, \varepsilon/\sqrt{n}) \subset B_d(x, \varepsilon).$$

所以这两个度量拓扑相同.

现在证明积拓扑与由度量 ρ 所给出的拓扑是相同的. 令

$$B = (a_1, b_1) \times (a_2, b_2) \times \cdots \times (a_n, b_n)$$

为积拓扑的一个基元素, $x = (x_1, x_2, \cdots, x_n) \in B$, 则对于每一个 i, 存在 ε_i 使得
$$(x_i - \varepsilon_i, x_i + \varepsilon_i) \subset (a_i, b_i).$$
取 $\varepsilon = \min\{\varepsilon_1, \varepsilon_2, \cdots, \varepsilon_n\}$, 则易证 $B_\rho(x, \varepsilon) \subset B$.

反之, 设 $B_\rho(x, \varepsilon)$ 是由 ρ 诱导的拓扑的一个基元素. 给定 $y \in B_\rho(x, \varepsilon)$, 取 $B = (x_1, y_1) \times (x_2, y_2) \times \cdots \times (x_n, y_n)$, 则 B 满足
$$y \in B \subset B_\rho(x, \varepsilon),$$
并且是积拓扑的一个基元素. 证毕.

推论 7.1.6 在度量空间 $\mathbf{R}^n$ 中, 子集 A 是紧集的充要条件是它是闭的和有界的.

证明 由定理 7.1.21, 只需证明当 A 是闭的和有界的时, 它是紧集, 则在 $\mathbf{R}$ 中存在闭集 $B_1, B_2, \cdots, B_n$ 使得
$$A \subset B_1 \times B_2 \times \cdots \times B_n.$$
因为 B_i 是紧集, 所以 $B_1 \times B_2 \times \cdots \times B_n$ 是 $\mathbf{R}^n$ 的紧集 (根据 Tychonoff 定理). 又因为 A 是闭集, 所以它是紧集.

上面的定理就是 $\mathbf{R}^n$ 的一个度量化定理, 接下来设法把它推广到 $\mathbf{R}^\omega$ 上去.

首先将欧氏度量或绝对值度量进行推广
$$d(x, y) = \sqrt{\sum_{i=1}^{\infty}(x_i - y_i)^2},$$
$$\rho(x, y) = \sup\{|x_i - y_i|\}.$$
可是这些推广并不总有意义, 因为级数不一定收敛, 集合也未必有界.

为了避免 ρ 可能造成的困难, 先用 $\mathbf{R}$ 中与 d 相应的有界度量 $\bar{d}$ 来替代通常的度量 $|x - y|$.

假设取 $\mathbf{R}$ 中的标准有界度量 $\bar{d} = \min\{|a - b|, 1\}$, 对 $\mathbf{R}^\omega$ 中的两点 $x = (x_1, x_2, \cdots)$, $y = (y_1, y_2, \cdots)$, 定义
$$\bar{\rho}(x, y) = \sup\{\bar{d}(x_i - y_i)\}.$$
容易证明 $\bar{\rho}$ 是 $\mathbf{R}^\omega$ 上的一个度量. 但是它并不诱导出积拓扑, 因此不能用它来证明 $\mathbf{R}^\omega$ 是可度量化的. 不过上式本身仍然十分重要, 在本书 (以及数学的其他分支) 中会经常出现.

下面对于任意的集合 J, 在 $\mathbf{R}^J$ 上定义一个度量.

定义 7.1.9 给定指标集 J 以及 $\mathbf{R}^J$ 中的点 $x = (x_\alpha)_{\alpha \in J}, y = (y_\alpha)_{\alpha \in J}$. 定义 $\mathbf{R}^J$ 上的一个度量 $\bar{\rho}$ 为

7.1 度量空间

$$\overline{\rho}(x,y) = \sup\{\overline{d}(x_i - y_i)_{i \in J}\},$$

其中 $\overline{d}$ 是 $\mathbf{R}$ 中的标准有界度量,$\overline{\rho}$ 称为 $\mathbf{R}^J$ 上的一致度量, 由其诱导的拓扑为一致拓扑.

一致拓扑与积拓扑之间有如下关系.

定理 7.1.26 $\mathbf{R}^J$ 上的一致拓扑细于积拓扑. 当 J 是无限集时, 两种拓扑不相同.

证明 设给定一点 $x = (x_\alpha)_{\alpha \in J}$ 以及关于 x 的基元素 $\prod U_\alpha$. 令 $\alpha_1, \alpha_2, \cdots, \alpha_n$ 是满足 $U_\alpha \neq \mathbf{R}$ 的指标, 那么对于每个 α_i, 取 $\varepsilon_i > 0$, 使得

$$B_d(x_i, \varepsilon_i) \subset U_{\alpha_i}.$$

这是可以的, 因为 U_{α_i} 是 $\mathbf{R}$ 开集. 令 $\varepsilon = \min\{\varepsilon_1, \varepsilon_2, \cdots, \varepsilon_n\}$, 则有

$$B_{\overline{\rho}}(x, \varepsilon) \subset \prod U_\alpha.$$

这是因为对于 $\mathbf{R}^J$ 中的一点 z, 如果 $\overline{\rho}(x, \varepsilon) < \varepsilon$, 那么对于所有的 α 都有 $\overline{d}(x_\alpha, z_\alpha) < \varepsilon$, 故 $z \in \prod U_\alpha$.

另外易证当 J 是无限集时, 两种拓扑不相同.

定理 7.1.27 设 $\overline{d}(a,b) = \min\{|a-b|, 1\}$ 是 $\mathbf{R}$ 的标准有界度量, 对于 $\mathbf{R}^\omega$ 上的两点 x, y 定义

$$D(x,y) = \sup\left\{\frac{\overline{d}(x_i, y_i)}{i}\right\},$$

则 D 就是诱导出 $\mathbf{R}^\omega$ 中积拓扑的一个度量.

证明 除三角不等式外, 度量的其他性质是显然的. 下面证明三角不等式. 注意到对于所有的 i 都有

$$\frac{\overline{d}(x_i, z_i)}{i} \leqslant \frac{\overline{d}(x_i, y_i)}{i} + \frac{\overline{d}(y_i, z_i)}{i} \leqslant D(x,y) + D(y,z).$$

从而有

$$\sup\left\{\frac{\overline{d}(x_i, z_i)}{i}\right\} \leqslant D(x,y) + D(y,z).$$

现在证明 D 诱导出积拓扑. 一方面, 设 U 是度量拓扑中的开集且 $x \in U$. 下面首先需要在积拓扑中找到一个开集 V 使得 $x \in V \subset U$. 在 U 内取一个 ε_0 球 $B_D(x, \varepsilon)$. 其次可将正整数 N 取得足够大, 使得 $\frac{1}{N} < \varepsilon$. 最后令 V 是积拓扑的基元素

$$V = (x_1 - \varepsilon, x_1 + \varepsilon) \times \cdots \times (x_N - \varepsilon, x_N + \varepsilon) \times \mathbf{R} \times \mathbf{R} \times \cdots.$$

这样有 $V \subset B_D(x, \varepsilon)$, 这是因为对于 $\mathbf{R}^\omega$ 中的任意点 y 以及 $i \geqslant N$, 都有

$$\frac{\overline{d}(x_i, y_i)}{i} \leqslant \frac{1}{N}.$$

故
$$D(x,y) = \max\left\{\frac{\overline{d}(x_1,y_1)}{1}, \cdots, \frac{\overline{d}(x_N,y_N)}{i}, \frac{1}{N}\right\}.$$
如果点 y 在 V 中,则由上式可得 $V \subset B_D(x,\varepsilon)$.

另一方面,考虑积拓扑的一个基元素 $U = \prod_{i \in \mathbf{N}} U_i$. 当 $i = \alpha_1, \alpha_2, \cdots, \alpha_n$ 时,则 U_i 是 $\mathbf{R}$ 中的开集;对于其他的指标 i,$U_i = \mathbf{R}$. 给定 $x \in U$,可以在度量拓扑中找到一个开集 V,使得 $x \in V \subset U$. 在 $\mathbf{R}$ 中选择一个以 x_i 为中心,且被 $U_i (i = \alpha_1, \alpha_2, \cdots, \alpha_n)$ 所包含的区间 $(x_i - \varepsilon_i, x_i + \varepsilon_i)$,其中每一个 $\varepsilon_i \leqslant 1$. 于是,若令
$$\varepsilon = \min\left\{\frac{\varepsilon_i}{i} \Big| i = \alpha_1, \alpha_2, \cdots, \alpha_n\right\}.$$
现在证明 $x \in B_D(x,\varepsilon) \subset U$.

事实上,若设 $y \in B_D(x,\varepsilon)$,则对于所有的 i,有
$$\frac{\overline{d}(x_i,y_i)}{i} \leqslant D(x,y) < \varepsilon.$$

如果 $i = \alpha_1, \alpha_2, \cdots, \alpha_n$ 时,那么 $\varepsilon \leqslant \frac{\varepsilon_i}{i}$,故 $\frac{\overline{d}(x_i,y_i)}{i} < \varepsilon_i \leqslant 1$,即 $|x_i - y_i| < \varepsilon_i$,这就证明了 $y \in \prod U_i$. 证毕.

自然地,这个定理能够加以推广吗?能够对于任意 J,证明 $\mathbf{R}^J$ 是可度量化的吗?回答是否定的. 而且当我们用箱拓扑代替积拓扑时,情况变得更差. 事实是在箱拓扑下,甚至 $\mathbf{R}^\omega$ 都不是可度量化的 (请参看文献 [4]).

定理 7.1.28 (Urysohn 度量化定理) 每一个具有可数基的正则空间 X 都是可度量化空间.

证明 这里实际证明的是 X 能被嵌入到一个可度量化空间 Y 中. 即证明 X 同胚于 Y 的一个子空间,从而 X 是可度量化的. 下面取 Y 为具有积拓扑的可度量化空间 $\mathbf{R}^\omega$,并设 $\{B_n\}$ 为 X 的一个可数基.

第一步,证明存在一个连续函数族 $f_n: X \to [0,1]$,它满足:给定 $x_0 \in X$,以及 $U \in \mathcal{U}_{x_0}$,存在一个指标 n,使得 $f_n(x_0) > 0$,$f_n(U') = 0$.

构造函数 f_n 可以利用习题 6 中的第 4 题的结论,对于每一个基元素 B_n,有一个连续函数 $f_n: X \to [0,1]$,使得当 $x \in B_n$ 时,$f_n(x) > 0$;而当 $x \notin B_n$ 时,$f_n(x) = 0$. 这个函数族 f_n 就满足我们的要求:给定 $x_0 \in X$,以及 $U \in \mathcal{U}_{x_0}$,我们能够选取这样的一个基元素 B_n,使得 $x_0 \in B_n \subset U$. 于是存在一个指标 n,使得 $f_n(x_0) > 0$,$f_n(U') = \{0\}$.

也可以这样构造族 f_n:对于每一对满足 $\overline{B}_n \subset B_m$ 的指标 m,n,利用 Urysohn 引理,选取一个连续函数 $g_{n,m}: X \to [0,1]$ 使得 $g_{n,m}(\overline{B}_n) = \{1\}$,$g_{n,m}(X - B_m) = \{0\}$,则族 $\{g_{n,m}\}$ 满足我们的要求:给定 $x_0 \in U$,可以选取一个基元素 B_m,使得

7.2 度量空间的连通性

$x_0 \in B_m \subset U$. 利用正则性, 则可以选取 B_n, 使得 $x_0 \in B_n$ 且 $\overline{B}_n \subset B_m$. 因为这个族的指标集是 $\mathbf{N} \times \mathbf{N}$ 的一个子集, 所以它是可数的. 故可将指标集换成正整数集, 从而得出我们所要求的加标函数族 f_n.

第二步, 对于给定的函数 f_n, 取具有积拓扑的空间 $\mathbf{R}^\omega$ 并定义映射 $F: X \to \mathbf{R}^\omega$ 为

$$F(x) = (f_1(x), f_2(x), f_3(x), \cdots).$$

下面证明 F 是一个嵌入.

首先, F 是连续的, 这是因为 $\mathbf{R}^\omega$ 具有积拓扑并且每一个 f_n 都是连续的. 其次, F 是单射, 因为给定 $x \neq y$, 存在一个指标 n, 使得 $f_n(x) > 0$ 和 $f_n(y) > 0$, 即 $F(x) \neq F(y)$. 最后, 需证明 F 是 X 到它的像 (即 $\mathbf{R}^\omega$ 的子空间 $Z = F(X)$) 上的一个同胚. 由于 F 确定了一个从 X 到 Z 的连续双射, 所以只要证明对于 X 中每一个开集 U, $F(U)$ 是 Z 中的开集. 设 z_0 为 $F(U)$ 中的一点, 下面寻找一个开集 $W(\subset Z)$, 使得 $z_0 \in W \subset F(U)$.

设 x_0 为 U 中的一点, 且满足 $z_0 = F(x_0)$. 选取一个指标 N, 使得 $f_N(x_0) > 0$ 且 $f(X - U) = \{0\}$. 取 $\mathbf{R}$ 中的开射线 $(0, +\infty)$, 设 $\mathbf{R}^\omega$ 中的开集

$$V = p_N^{-1}((0, +\infty)).$$

令 $W = V \cap Z$, 则由子空间拓扑的定义, W 是 Z 中的开集.

下面证明 $z_0 \in W \subset F(U)$. 首先 $z_0 \in W$, 这是因为

$$p_N(z_0) = p_N(F(x_0)) = f_N(x_0) > 0.$$

而 $W \subset F(U)$ 是因为: 若 $z \in W$, 则对于某个 $x \in X$, $z = F(x)$ 且 $p_N(z) \in (0, +\infty)$. 由于 $p_N(z) = p_N(F(x)) = f_N(x)$, 并且在 U 的外部为零, 故 $x \in U$. 从而 $z = F(x) \in F(U)$. 所以 F 是 X 到 $\mathbf{R}^\omega$ 的一个嵌入 (图 7.5).

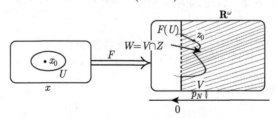

图 7.5 Urysohn 度量化定理

7.2 度量空间的连通性

本节相关内容请参考文献 [62].

定义 7.2.1　有限集 $\{a_1, a_2, \cdots, a_n\}$ 叫做 ε-链, 如果其满足

$$d(a_1, a_2) \leqslant \varepsilon, \ d(a_2, a_3) \leqslant \varepsilon, \ \cdots, \ d(a_{n-1}, a_n) \leqslant \varepsilon.$$

集合 A 中的两点 a, b 称为在 A 中是 ε 连通的, 如果存在 A 中的 ε-链 $\{a_1, a_2, \cdots, a_n\}$ 使得 $a_1 = a, a_n = b$. 如果对于任意的 $\varepsilon > 0$, a, b 都是 ε 连通的, 则称它们是链接好的.

定理 7.2.1　如果 A 是至少含有两点的连通集, 则集合 A 的基数至少是 $\aleph_1$.

证明　如果 A 是连通的, B 是任意集合, 则

$$\left.\begin{array}{l} A \cap B \neq \varnothing \\ A \cap B' \neq \varnothing \end{array}\right\} \Rightarrow A \cap \partial B \neq \varnothing.$$

否则, 可得

$$A \subset \mathring{B} \cup \overline{B}';$$
$$A \cap \mathring{B} = \varnothing;$$
$$A \cap \overline{B}' = \varnothing.$$

这与 A 是连通的相矛盾.

令 a, b 是 A 中的不同两点, 且 $\varepsilon > 0$ 满足 $\varepsilon < d(a, b)$, 则 $A \cap \partial B_\varepsilon(a) \neq \varnothing$. 因此存在 x_ε 满足

$$x_\varepsilon \in A, \quad d(x_\varepsilon, a) = \varepsilon.$$

从而可以得到一个从 $(0, d(a, b))$ 到集合 A 的单射 $\varepsilon \mapsto x_\varepsilon$, 故集合 A 的基数至少是 $\aleph_1$.

引理 7.2.1　在一个度量空间中, 可以通过 ε-链与 a 点链接的点的集合 $E_\varepsilon(a)$ 是一个既开又闭的集合.

证明　$E_\varepsilon(a)$ 是开集, 这是因为

$$\left.\begin{array}{l} x_0 \in E_\varepsilon(a) \\ d(x_0, x) < \varepsilon \end{array}\right\} \Rightarrow x \in E_\varepsilon(a).$$

$E_\varepsilon(a)$ 是闭集, 这是因为

$$\left.\begin{array}{l} x_0 \notin E_\varepsilon(a) \\ d(x_0, x) < \varepsilon \end{array}\right\} \Rightarrow x \notin E_\varepsilon(a).$$

引理 7.2.2　令 $\{K_1, K_2, \cdots\}$ 为递减的紧子集序列

$$K_1 \supset K_2 \supset K_3 \supset \cdots.$$

如果 K_i 的每一对点都在 K_i 中是 ε-链接的, 则 $K = \bigcap_i K_i$ 的每一对点都在 K 中是 2ε-链接的.

证明 根据定理, 存在 n_0 使得

$$n > n_0 \Rightarrow K_n \subset B_\varepsilon(K) = \bigcup_{x \in K} B_\varepsilon(x).$$

如果 a, b 是 K 中的不同的两点, 且 $\varepsilon > 0$. 则存在 K_n 中的 ε-链

$$a_1 = a, a_2, \cdots, a_m = b.$$

选择 $n > n_0$, 并令 $x_i(1 < i < m)$ 为 $B_{\frac{\varepsilon}{2}}(a_i) \bigcap K$ 中的一点, 那么

$$a, x_2, \cdots, x_{m-1}, b$$

是 K 中的 2ε-链, 这是因为

$$d(x_i, x_{i+1}) \leqslant d(x_i, a_i) + d(a_i, a_{i+1}) + d(a_{i+1}, x_{i+1}) \leqslant \frac{\varepsilon}{2} + \varepsilon + \frac{\varepsilon}{2}.$$

定理 7.2.2 紧度量空间连通的充要条件是其任意两点都是链接好的.

证明 假设 X 是连通的. 如果 $a \in X$, 那么 $E_\varepsilon(a)$ 是非空的 (因为 $a \in E_\varepsilon(a)$), 并且是既开又闭. 因此 $E_\varepsilon(a) = X$. 由于这一点对于任意的 $\varepsilon > 0$ 都成立, 故其任意两点都是链接好的.

充分性的证明用反证法. 假设 X 是不连通的, 则存在非空不交开集 G_1, G_2 使得 $G_1 \bigcup G_2 = X$. 若 X 是紧空间, 则 G_1', G_2' 也都是紧的; 因为它们都是非空且不交的, 于是有

$$d(G_1', G_2') = \min\{d(x, y) | x \in G_1', \ y \in G_2'\} = \varepsilon > 0.$$

因此, G_1 中的点与 G_2 中的点不能通过 $\dfrac{\varepsilon}{2}$-链接, 从而 X 中的两点并不都是链接好的.

定理 7.2.3 令 $\{K_1, K_2, \cdots\}$ 为递减的紧连通子集序列

$$K_1 \supset K_2 \supset K_3 \supset \cdots.$$

则它们的交集 $K = \bigcap_i K_i$ 也是紧连通的.

证明 假设每个 K_i 都是非空的 (否则定理是无意义的), 则根据有限交公理 $K = \bigcap_i K_i$ 是一个非空紧集. 那么由引理 7.2.2, K 中的任意两点可以通过 2ε-链在 K 中链接, 其中 ε 是任意正数. 因此 K 是连通的.

令 K 是一个紧集, $a \in K$. 在 K 中的 a 的连通分支是所有包含 a 的连通子集的并, 记为 $C_K(a)$. 这个连通分支是非空的, 因为单点集 $\{a\}$ 是连通的, 且 a 包含在 K 中. 根据推论 6.3.2 $C_K(a)$ 是连通的, 因为它是其交集非空的连通子集的并集.

$C_K(a)$ 还是闭集, 因为 $\overline{C_K(a)}$ 是包含在 K 中的连通子集 (根据定理 6.3.3), 故 $\overline{C_K(a)} \subset C_K(a)$, 从而 $\overline{C_K(a)} = C_K(a)$. 因此 $\overline{C_K(a)}$ 是紧集, 由于它是紧空间的闭子集.

现在证明不同的 $C_K(a)$ 构成 K 的一个分割. 如果 $x, y \in K$, 且 $C_K(x) \bigcap C_K(y) \neq \varnothing$, 则 $E = C_K(x) \bigcup C_K(y)$ 是连通的, 并且是包含在 K 中的, 故 $E \subset C_K(x)$, 从而 $E = C_K(x)$. 再由对称性可得

$$C_K(x) = E = C_K(y).$$

所以不同的 $C_K(a)$ 构成 K 的一个分割.

定理 7.2.4 令 a, b 为紧集 K 中的两点. 则 $b \in C_K(a)$ 的充要条件是 a, b 在 K 中为链接好的.

证明 如果 $b \in C_K(a)$, 则 a, b 在 $C_K(a)$ 中为链接好的; 又因为 $C_K(a)$ 是紧集且是连通的, 故 a, b 在 K 中为链接好的.

反之, 如果 a, b 在 K 中为链接好的. 则根据引理, K 中的通过 $\frac{1}{n}$-链链接到 a 的 K 的子集 $E_{\frac{1}{n}}(a)$ 是紧集. 考虑紧子集序列 $E_{\frac{1}{m}}(a), E_{\frac{1}{m+1}}(a), \cdots$, 它是递减的并且 $E_{\frac{1}{m+p}}(a)$ 中的任意两点可以通过 $\frac{1}{m}$-链链接. 因此根据引理 7.2.2, 集合

$$E = \bigcap_{n=1}^{\infty} E_{\frac{1}{n}}(a) = \bigcap_{n=m}^{\infty} E_{\frac{1}{n}}(a)$$

中的任意两点可以通过 $\frac{2}{m}$-链链接. 因为这一点是对所有的 m 都成立, 故紧集 E 中的任意两点都是链接好的, 因此 E 是连通的, 从而 $E \subset C_K(a)$. 于是如果 a, b 在 K 中为链接好的, 则 $b \in C_K(a)$.

7.3 度量空间的局部连通性

定义 7.3.1 一个度量空间 X 在 $a \in X$ 点叫局部连通的, 如果其每一个邻域都包含有一个连通的邻域. 度量空间 X 叫局部连通的, 如果在它的每一个点都是局部连通的. 同样, 度量空间 X 的子集 A 是局部连通的, 如果对每一个 $a \in A$, 存在足够小的 a 的邻域 U, 使得 $U \bigcap A$ 是局部连通的.

例 7.3.1 在通常的实数空间中, 集合 $A = \left\{0, 1, \frac{1}{2}, \frac{1}{3}, \cdots, \frac{1}{n}, \cdots\right\}$ 不是局部连通的, 这是因为对 0 的每一个邻域 $B_{\frac{1}{n}}(0)$, 都有

$$B_{\frac{1}{n}}(0) \bigcap A = \left\{\frac{1}{n+1}, \frac{1}{n+2}, \cdots\right\}$$

7.3 度量空间的局部连通性

是不连通的.

定理 7.3.1 拓扑空间是局部连通的充要条件是其任意一个开集 G 的任何连通分支 $C_G(x)$ 都是开集.

证明 充分性. 在这种情况下, 对 a 的每一个邻域 G, 其连通分支 $C_G(a)$ 就是一个包含于 a 的连通邻域.

必要性. 令 X 为局部连通的空间, G 是其任意一个开集, $a \in G$. 如果 $x \in C_G(a)$, V 是 x 包含在 G 中的连通邻域, 则 $V \subset C_G(a)$. 从而 $C_G(a)$ 是属于它的任何一点的邻域, 故它是开集.

定理 7.3.2 一个度量空间是紧的和局部连通的充要条件是对任意的 $\varepsilon > 0$, 都存在由满足 $\delta(K_i) \leqslant \varepsilon$ 的紧连通子集 K_i 组成的有限覆盖.

证明 令 X 为紧的局部连通的度量空间. 给定 $\varepsilon > 0$, 可以用由形如 $B_\varepsilon(x)$ 等由开球组成的连通分支构成 X 的一个开覆盖. 由定理, 这些连通分支都是开集. 因为 X 是紧的, 故存在有限子覆盖 $\{G_1, G_2, \cdots, G_n\}$. 从而集族

$$\{K_i = \overline{G_i}\}$$

覆盖 X, 并且 K_i 是满足 $\delta(K_i) \leqslant \varepsilon$ 的连通紧子集.

假设度量空间 X 满足对任意的 $\varepsilon > 0$, 都存在由满足 $\delta(K_i) \leqslant \varepsilon$ 的紧连通子集 K_i 组成的有限覆盖 $\{K_1, K_2, \cdots, K_n\}$. 因为

$$X = \bigcup_{i=1}^{n} K_i,$$

所以 X 是紧的. 令 $a \in K$, 并记

$$\delta_a = \begin{cases} \min_i \{d(a, K_i) | a \notin K_i\}, & a \notin \bigcap K_i, \\ 1, & a \in \bigcap K_i. \end{cases}$$

令 K 为所有包含 a 点的 K_i 的并集; 如果 $\eta < \delta_a$, 则 $B_\eta(a) \subset K \subset B_{\eta\varepsilon}(a)$. 因此 K 是 a 的包含在 $B_{\eta\varepsilon}(a)$ 中的连通邻域. 故 X 是局部连通的.

定理 7.3.3 令 f 是度量空间 X 到度量空间 Y 的连续映射, 如果 A 是 X 的紧的局部连通子集, 则其像集 $f(A)$ 是 Y 的紧局部连通子集.

证明 因为 f 是度量空间 X 到度量空间 Y 的连续映射, 所以对任意给定 $\varepsilon > 0$, 存在 $\varepsilon > 0$ 满足: 对任意的 $x, x_0 \in A$ 总有

$$d_X(x, x_0) \leqslant \eta \Rightarrow d_Y(f(x), f(x_0)) \leqslant \varepsilon.$$

如果 $\{K_1, K_2, \cdots, K_n\}$ 是由满足 $\delta(K_i) \leqslant \eta$ 的紧连通子集组成的集合 A 的有限覆盖, 则 $\{f(K_1), f(K_2), \cdots, f(K_n)\}$ 是由满足 $\delta(f(K_i)) \leqslant \varepsilon$ 的紧连通子集组成的 $f(A)$ 的有限覆盖, 于是由定理 7.3.2 可知 $f(A)$ 是 Y 的紧的局部连通子集.

以上这些结果可以应用于曲线这种特殊情况. 度量空间 X 的一个集合 C 叫做曲线, 如图 7.6 所示, 如果存在连续映射 $f:[0,1] \to X$ 使得

$$C = f([0,1]).$$

此时的 f 又叫曲线 C 的参数变量 (或道路), 序对 (f, C) 叫参数变量曲线 (图 7.6). 我们称 x 点是参数变量曲线 (f, C) 的交点, 如果存在 $t_1 \neq t_2$, 使得 $x = f(t_1) = f(t_2)$.

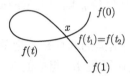

图 7.6　参数变量曲线

令 g 为一个连续数值函数, 则 $C_g = \{(t, g(t))|t \in [0,1]\}$ 是一条平面上的曲线, 其中 $f(t) = (t, g(t))$ 是参数变量.

例 7.3.2(Hilbert 曲线)　在适当的参数变量下, 单位平面 (1 平方单位) 是上述所讲意义下的曲线. 令 $X = [0,1], Y = [0,1]^2$. 将 Y 分成如图 7.7(a) 所示的四等份 $C_1^1, C_2^1, C_3^1, C_4^1$; 将 X 分成如图 7.7(a) 的四个相等长度的区间 $D_1^1, D_2^1, D_3^1, D_4^1$, 其中 D_1^1, D_2^1, D_3^1 是半开半闭的, D_4^1 是闭区间. 现在按前面相似的分法把每一个 C_i^1 四等分, 每个区间 D_i^1 也四等分, 则可得到图 7.7 中的 C_j^2 和 D_j^2.

继续这种运算, 对每一个 $x \in X$, 必存在相应的 $y \in Y$. 其中的 $y \in Y$ 这样得到: 如果 x 属于区间 $D_{k_1}^1, D_{k_2}^2, D_{k_3}^3, \cdots$, 则考虑相应的 $C_{k_1}^1, C_{k_2}^2, C_{k_3}^3, \cdots$, 它们至少含有共同的一点 $y \in Y$. 这是因为 Y 是紧的, 故有限交公理存在. 并且 y 是唯一的, 因为当 $n \to \infty$ 时, $\delta(C_{k_n}^n) \to 0$, 所以可以定义映射 $y = f(x)$.

如果 $|x - x_0| < \dfrac{1}{4^n}$, 则点 x, x_0 在同一个区间 D^n 或在 D^n 的相邻区间, 于是点 y, y_0 在同一个区域 C^n 或在 C^n 的相邻区域, 故

$$|y - y_0| < 3 \times \dfrac{1}{2^n}.$$

从而 f 是连续的.

如果 f 是一个同胚映射, 则曲线 $C = f([0,1])$ 叫简单曲线; 在上面的例子中, 单位正方形不是一个简单曲线. 定义的直接推论是简单曲线没有交点 (重合点). 曲线 C 叫简单闭曲线, 如果它是平面上的圆在同胚映射下的像集. 例如, 单位正方形的边界及椭圆都是简单闭曲线.

令 $\nu = \{0, t_1, t_2, \cdots, 1\}$ 为 $[0,1]$ 中的有限点列, 其满足

$$0 < t_1 < t_2 < \cdots < 1.$$

7.3 度量空间的局部连通性

曲线 C 的长度定义为

$$l(C) = \sup_{\nu} \sum_{i} d(f(t_i), f(t_{i+1})).$$

如 $l(C) < \infty$, 则称曲线 C 是可求长的.

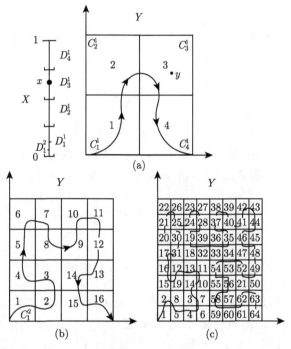

图 7.7 Hilbert 曲线

例 7.3.3 令 g 为定义在 [0,1] 上的数值映射, 且

$$g(t) = \begin{cases} t\sin\dfrac{1}{t}, & t \neq 0, \\ 0, & t = 0. \end{cases}$$

其所表示的曲线 $C_g = \{(t, g(t)) | t \in [0,1]\}$ 是 $\mathbf{R}^2$ 中的没交点的曲线. 它是不可求长的, 因为

$$\sum_{k=1}^{n} d\left(f\left(\frac{1}{k\pi + \frac{\pi}{2}}\right), f\left(\frac{1}{k\pi}\right)\right) > \sum_{k=1}^{n} \frac{1}{k\pi + \frac{\pi}{2}},$$

所以其值当 $n \to \infty$ 时, 趋于无穷大.

定理 7.3.4 设 (X, ρ) 是一个度量空间, $\{x_i\}_{i \in \mathbf{N}}$ 是 X 中的一个序列, $x \in X$, 则以下条件等价:

(1) 序列 $\{x_i\}_{i\in\mathbf{N}}$ 收敛于 x;
(2) 对于任意实数 $\varepsilon>0$, 存在 $n\in\mathbf{N}$, 使得当 $i>n$ 时, 总有 $\rho(x_i,x)<\varepsilon$;
(3) $\lim\limits_{i\to\infty}\rho(x_i,x)=0$.

证明 (1)⇒(2). 对给定的 $\varepsilon>0$, $B(x,\varepsilon)$ 是 x 点的一个球形邻域, 故由 (1) 可得: 存在 $n\in\mathbf{N}$, 使得当 $i>n$ 时, 总有 $x_i\in B(x,\varepsilon)$, 从而 $\rho(x_i,x)<\varepsilon$;

(2)⇒(1). 对于 x 的任意一个邻域 U, 存在实数 $\varepsilon>0$ 使得 $B(x,\varepsilon)\subset U$. 故由 (2) 可得: 存在 $n\in\mathbf{N}$, 使得当 $i>n$ 时, 总有 $\rho(x_i,x)<\varepsilon$, 此即 $x_i\in B(x,\varepsilon)$, 从而 $x_i\in U$. 另外, (2)⇔(3) 是明显的.

定理 7.3.5 度量空间都是 T_4-空间.

证明 设 (X,d) 是一个度量空间. 对任意的 $x,y\in X$, $x\ne y$, 则 $\eta=d(x,y)\ne 0$. 于是 $B\left(x,\dfrac{\eta}{3}\right)$ 与 $B\left(y,\dfrac{\eta}{3}\right)$ 不交, 所以 X 是 T_2-空间, 从而也是 T_1-空间.

下面设 A,B 是任意两个不交的闭集. 显然不妨设它们都非空. 对于任意的 $x,y\in X$, 如果 $x\notin B$, 则 $d(x,B)>0$; 如果 $y\notin A$, 则 $d(y,A)>0$. 记

$$\varepsilon(x)=\frac{1}{2}d(x,B),\quad \delta(y)=\frac{1}{2}d(y,A)$$

和

$$U=\bigcup_{x\in A}B(x,\varepsilon(x)),\quad V=\bigcup_{y\in B}B(y,\delta(y)).$$

明显地, U 和 V 分别是 A 和 B 的开邻域. 下证 $U\bigcap V=\varnothing$. 如果 $U\bigcap V\ne\varnothing$, 不妨设 $z\in U\bigcap V$. 因为 $z\in U$, 所以存在 $x_1\in A$, 使得 $d(z,x_1)<\varepsilon(x_1)$; 同理因为 $z\in V$, 所以存在 $y_1\in B$, 使得 $d(z,y_1)<\delta(y_1)$. 不妨设 $\varepsilon(x_1)>\delta(y_1)$. 因此有

$$d(x_1,y_1)\leqslant d(x_1,z)+d(z,y_1)<2\varepsilon(x_1)=d(x_1,B).$$

这与 $d(x_1,B)$ 的定义相矛盾. 故结论成立.

7.4 广义度量化空间

什么是广义度量化空间, 至今没有明确的定义. 技术上讲, 凡是具有度量空间的某个特性的拓扑空间都属于广义度量空间类. 但是, 这个术语常常意味着在某种意义上这是一类类似于度量空间的空间: 它们总是拥有一些度量空间最基本、最常用的特性, 并且度量空间的理论和技术可以应用到这类空间上. 有时, 它们表现为度量空间在各类映射下的像或原像. 它们常出现在那些以弱拓扑特性描述可度量性的定理中. 最为有用的还是它们应该对一定的拓扑运算 (比如, 有限或可数积、闭子空间以及完备映射等) 封闭. 当然, 如果详细地讲述所有的广义度量空间类, 则需

7.4 广义度量化空间

要单独写一本书. 本节只讲述依据不是度量的距离映射所刻画的这类空间. 这各类距离映射来自于许多自然的背景.

定义 7.4.1 一个拓扑空间 X 叫做可半层化的空间, 如果存在映射 G, 对于任意的 $n \in \mathbf{N}$, 以及任意的闭集 $H \subset X$, 都存在开集 $G(n, H) \supset H$ 使得

(i) $H = \bigcap_n G(n, H)$;

(ii) $H \subset K \Rightarrow G(n, H) \subset G(n, K)$.

如果还使得

(iii) $H = \bigcap_n \overline{G(n, H)}$, 则称 X 是可层化空间.

注 总可以假设如下例外的条件成立.

(iv) 对每一个 n, $G(n+1, H) \subset G(n, H)$.

这是因为如果映射 G 满足 (i),(ii) 和 (或者)(iii), 则 $G'(n, H) = \bigcap_{i \leqslant n} G(i, H)$. 另外, 易知度量空间是可层化空间, 其中的映射 G 可以定义如下: 令 $G(n, H)$ 为到集合 H 的距离小于 $\frac{1}{2^n}$ 的所有点的集合.

定理 7.4.1 一个 T_1-拓扑空间 $(X, \mathcal{T})$ 是可半层化的当且仅当存在映射 $g : \mathbf{N} \times X \to \mathcal{T}$ 使得

(i) $\{x\} = \bigcap_n g(n, x)$;

(ii) $y \in g(n, x_n) \Rightarrow x_n \to y$.

若 X 是可层化空间, 则还有

(iii) 如果 $y \notin H$(其中 H 是闭集), 则对某个 n, 都有 $y \notin \overline{\bigcup \{g(n, x) : x \in H\}}$.

证明 必要性. 首先令 $g(n, x) = G(n, \{x\})$, 这里 G 对每一个 n 满足 $G(n+1, H) \subset G(n, H)$. 这样特性 (i) 明显成立. 要证 (ii), 假设 $y \in g(n, x_n)$, 但是 $x_n \nrightarrow y$. 那么存在自然数集的无限子集 N_1, 使得 $y \notin \overline{\{x_n : n \in N_1\}}$, 从而对于某个 $m \in \mathbf{N}$, 有 $y \notin G(m, \overline{\{x_n : n \in N_1\}})$, 选择 $n \in N_1$ 满足 $n \geqslant m$. 则 $y \in g(n, x_n) = g(n, \{x_n\}) \subset G(n, \overline{\{x_n : n \in N_1\}})$, 这是一个矛盾. 最后, 要证 (iii), 假设 $y \notin H$(其中 H 是闭集). 于是存在 $n \in \mathbf{N}$ 满足 $y \notin \overline{G(n, H)}$. 但是, $G(n, H) \supset \bigcup_{x \in H} G(n, \{x\})$, 故 $y \notin \overline{\bigcup \{g(n, x) : x \in H\}}$.

充分性. 令 $G(n, H) = \bigcup_{x \in H} G(n, \{x\})$. 易证 G 满足定义中的条件.

定理 7.4.2 半层空间及层空间都具有遗传性和可数可积性.

证明 它们具有遗传性是明显的; 要证可数可积性, 令 $g_i : \mathbf{N} \times X_i \to \mathcal{T}_i$ 对 X_i 满足定理的条件, 并记 $x = (x_1, x_2, \cdots) \in \prod_{n \in \mathbf{N}} X_n$. 令 $g(n, x) = \prod_{i \leqslant n} g_i(n, x_i) \times \prod_{i > n} X_i$. 对 $\prod_{n \in \mathbf{N}} X_n$, 容易验证 g 满足定理的条件.

定理 7.4.3 半层空间的闭像仍是半层空间.

证明 令 $f : X \to Y$ 为闭映射, 且 G 对 X 满足定义中的条件 (i) 和 (ii). 对每一个闭集 $H \subset Y$, 令 $G'(n, H) = f^*(G(n, f^{-1}(H)))$, 这里 $f^*(U) = \{y : f^{-1}(y) \subset U\}$.

如果 U 是 X 中的开集, 则由 Engelking 引理知 $f^*(U)$ 是 Y 中的开集. 因此 $G'(n,H)$ 是一个包含 H 的开集. 对 Y, 容易验证 G' 满足定义的条件 (i) 和 (ii).

定义 7.4.2 拓扑空间 $(X,\mathcal{T})$ 叫做 β-空间, 如果存在映射 $g:\mathbf{N}\times X\to\mathcal{T}$ 使得

(i) $x\in g(n,x)$;

(ii) 若 $x\in g(n,x_n)$, 则集合 $\{x_n:n\in\mathbf{N}\}$ 在 X 中存在聚点.

易知, 半层空间, 从而层空间, 都是 β-空间.

定义 7.4.3 一个映射 $d:X\times X\to\mathbf{R}^+$(非负实数集) 叫 X 上的对称度量, 如果对任意的 $x,y\in X$, 都有

(i) $d(x,y)=0\Rightarrow x=y$;

(ii) $d(x,y)=d(y,x)$.

因为没有三角不等式特性, 通常的 ε-球

$$B(x,\varepsilon)=\{y\in X|d(x,y)<\varepsilon\}$$

不必能构成一个拓扑的基: 如果 $y\in B(x,\varepsilon)$, 那么由于没有三角不等式特征或一些其他的条件 (比如 d 的连续性), 于是不能证明存在 $\delta>0$ 使得 $B(y,\delta)\subset B(x,\varepsilon)$. 但是有其他的方法联系 ε-球到拓扑.

定义 7.4.4 一个拓扑空间 X 叫做可对称度量化的, 如果存在 X 上的一个对称度量 d 满足如下的条件: $U\subset X$ 是开集当且仅当对任意的 $x\in U$, 都存在 $\varepsilon>0$, 使得 $B(x,\varepsilon)\subset U$.

注 1 按以上定义, ε-球本身不必是开集, 因此也不可以这样说: U 是开集当且仅当 U 是 ε-球的并集. 另外, 值得注意的是, 以上定义等价于: 一个拓扑空间 X 叫做可对称度量化的, 如果存在 X 上的一个对称度量 d 满足如下的条件: $H\subset X$ 是闭集当且仅当对任意的 $x\notin H$, 都有 $d(x,H)>0$.

以下引理进一步阐述 ε- 球与产生对称度量化空间的对称度量 d 之间的关系.

引理 7.4.1 假设 X 是关于对称度量 d 的可对称度量化空间, 则以下条件是等价的:

(i) $x_n\to x$;

(ii) $d(x_n,x)\to 0$;

(iii) $\{x_n:n\in\mathbf{N}\}\setminus B(x,\varepsilon)$ 对每个 $\varepsilon>0$ 都是有限集.

证明 显然 (ii)$\Rightarrow$(iii) 及 (iii)$\Rightarrow$(i) 成立. 若 (i) 成立, 但 (iii) 不成立. 那么, 对某个 $\delta>0$, 集合 $A=\{x_n:n\in\mathbf{N}\}\setminus B(x,\delta)$ 是一个无限集. 因为 $\{x\}\bigcup A$ 是闭集, 则对任意的 $p\notin\{x\}\bigcup A$, 都存在相应的 $\varepsilon(p)>0$ 使得 $B(p,\varepsilon(p))\subset X\setminus A$. 因为 $B(x,\delta)\subset X\setminus A$, 于是根据定义 7.4.4 可知集合 $X\setminus A$ 是开集, 这与 $x_n\to x$ 矛盾. 故 (i)$\Rightarrow$(iii) 成立.

7.4 广义度量化空间

假设 X 是关于 d 对称度量化的，$H \subset X$ 是非闭子集，则存在某个 $x \notin H$ 使得 $d(x,H) = 0$. 从引理 7.4.1, 可知存在 $x_n \in H$ 使得 $x_n \to x \notin H$. 因此每一个对称度量化空间都是序列紧的，即一个集合是闭集当且仅当这个集合包含它中的每一个收敛序列的极限点.

例 7.4.1 令 X 是将每一个正整数 n 等同于 $\frac{1}{n}$ 的实直线 $\mathbf{R}$ 的商空间，f 是商映射，则对于每一个 n, 形如

$$\left(\frac{1}{n}-\varepsilon, \frac{1}{n}+\varepsilon\right) \bigcup (n-\varepsilon, n+\varepsilon), \quad \varepsilon > 0$$

的集合在 f 下的像集组成了点 $\left\{\frac{1}{n}, n\right\}$ 处的基. 为了得到 0 点处的基，可以利用由形如

$$(-\varepsilon, \varepsilon) \bigcup \left(\bigcup_{n > \frac{1}{\varepsilon}} (n-\varepsilon(n), n+\varepsilon(n))\right)$$

的集合在 f 下的像集. 因为 $\varepsilon(n)$ 选择的任意性，可得 X 在 0 点不是第一可数的.

空间 X 是可对称度量化的. 这是因为，对任意的 $x, y \in X$ 定义 $d(x,y) = \rho(f^{-1}(x), f^{-1}(y))$, 其中 ρ 是 $\mathbf{R}$ 上的通常度量. 那么 $\left\{\frac{1}{n}, n\right\}$ 的每个 ε-球就是 $\left\{\frac{1}{n}, n\right\}$ 的上面描述的典型的基本邻域，$B(0,\varepsilon)$ 是 $(-\varepsilon, \varepsilon)$ 在 f 下的像集. 有了这个和上面基本开集，不难证明 X 是关于 d 对称可度量化的. 注意 0 不是集合 $B(0,\varepsilon)$ 的内点，因为形如 $\left\{\frac{1}{n}, n\right\}$ 的每一个点都属于集合 $B(0,\varepsilon)$, 但不属于 $B(0,\varepsilon)$ 的内部.

以下定理证明前面的例子只是更一般构造的特例.

定理 7.4.4 令 (M, ρ) 是一个度量空间，$f: M \to X$ 是一个商映射，则对于每一个闭集 $H \subset X$ 以及任意的 $x \notin H$, X 关于

$$d(x,y) = \rho(f^{-1}(x), f^{-1}(y)) \Leftrightarrow \rho(f^{-1}(x), f^{-1}(H)) > 0$$

是对称度量化空间 (特别地，条件等价于每一个点的逆集是紧集).

证明 条件 $\rho(f^{-1}(x), f^{-1}(H)) > 0$ 等价于 $d(x, H) > 0$. 于是如果 X 关于 d 是可对称度量化的，则对于每一个闭集 $H \subset X$ 以及任意的 $x \notin H$, 都有 $\rho(f^{-1}(x), f^{-1}(H)) > 0$.

假设关于 ρ 的条件成立. 如果 U 是开集，$x \in U$, 那么 $d(x, X \setminus U) > 0$, 故存在 $\varepsilon > 0$, 使得 $B(x,\varepsilon) \subset U$. 若 $V \subset X$ 满足只要 $y \in V$, 就存在某个 $\varepsilon > 0$ 使得 $B(y,\varepsilon) \subset V$. 需要证明 V 是 X 中的开集或者相等的证明 $f^{-1}(V)$ 是 M 中的开集.

令 $z \in f^{-1}(V)$, ε 是满足 $B(f(z),\varepsilon) \subset V$. 则 $\rho(z, X \setminus f^{-1}(V)) \geq \varepsilon$. 因此 z 是 $f^{-1}(V)$ 的内点, 故 $f^{-1}(V)$ 是 M 中的开集.

前面看到的对称度量化空间的例子不是第一可数的. 当增加上第一可数性后, 一件有意思的事情发生了: 点 x 总是 $B(x, \varepsilon)$ 的内点. 为了看清楚这一点, 假设 $x \notin B(x,\varepsilon)^\circ$, 则存在 $x_n \to x$ 使得 $x_n \notin B(x,\varepsilon)$ (从 x 点的递减的可数基的第 n 个中选择 x_n). 但是 $d(x_m, x) \not\to 0$, 这与引理 7.4.1 矛盾. 接下来的证明与假设 X 是 Fréchet 空间 (即 $x \in \overline{A}$ 当且仅当存在 $x_n \in A$ 使得 $x_n \to x$ 的空间) 相同.

现在, 假设 $x \in B(x,\varepsilon)^\circ$, 则集族 $\{B(x,\varepsilon)\}$ 构成了点 x 处的邻域基.

定义 7.4.5　一个拓扑空间 X 叫做可半度量化的, 如果存在 X 上的一个对称度量 d 使得对任意的 $x \in X$, 都有 $\{B(x,\varepsilon) | \varepsilon > 0\}$ 构成了点 x 处的邻域 (不必开集) 基.

通过上述讨论可得如下定理.

定理 7.4.5　以下几点是等价的:

(i) X 是可半度量化空间;

(ii) X 是可对称度量化的, 且是第一可数的空间;

(iii) X 是可对称度量化的, 且是 Fréchet 的空间.

另一个可以解释对称度量化与半度量化空间之间区别的有效方法是, 在半度量化空间中, 对每一个 $\varepsilon > 0$, 有

$$x \in \overline{H} \Leftrightarrow d(x,\varepsilon) \bigcap H \neq \varnothing,$$

即 $d(x, H) = 0$. 而在对称度量化空间中却并非如此. 例如, 按定理 7.4.4, 0 在 $[1, \infty) \setminus \mathbf{N}$ 的闭包中, 但是 $d(0, [1, \infty) \setminus \mathbf{N}) = 1$. 这种情形更准确地表述为如下的定理.

定理 7.4.6　令 X 是一个空间, d 是 X 上的对称度量. 则

(i) X 是关于 d 半度量化的当且仅当对任意的 $x \in X$ 及 $H \subset X$, 都有 $d(x, H) = 0 \Leftrightarrow x \in \overline{H}$;

(ii) X 是关于 d 对称度量化的当且仅当对任意的 $H \subset X$ 及任意的 $x \notin H$, 都有: H 是闭集 $\Leftrightarrow d(x, H) > 0$.

证明　(ii) 只是定义的对偶版本. (i) 的必要性已注记, 下证充分性. 假设 d 满足 (i) 的条件, 则对任意的 $p \in X$, 以及任意的 $\varepsilon > 0$, 都有 $d(p, X \setminus B(p,\varepsilon)) > 0$, 故 $p \notin \overline{X \setminus B(p,\varepsilon)}$, 从而 $p \in B(p,\varepsilon)^\circ$.

定理 7.4.6 将半度量性分解为第一可数性和对称度量性. 令人惊奇的是, 它还有另一种涉及第一可数性的不同的分法. 容易验证每一个半度量化空间都是半层化空间. 令 $G(n, H) = \left\{y : d(y, H) < \dfrac{1}{2^n}\right\}$. 因为 $x \in B\left(x, \dfrac{1}{n}\right)$, $H \subset G(n, H)$. 明

显地, $H = \bigcap_n G(n, H)$, $H \subset K \Rightarrow G(n, H) \subset G(n, K)$. 故映射 G 满足必要的条件. 因此可半度量化的空间是半层化的并且是第一可数的. 反之也对.

定理 7.4.7 一个拓扑空间 X 是可半度量化的当且仅当 X 是半层化的并且是第一可数的.

证明 根据上面的讨论, 只需证明充分性. 假设 $(X, \mathcal{T})$ 是第一可数的并且是半层化的, 其中 $g : \mathbf{N} \times X \to \mathcal{T}$ 满足:

(i) $\{x\} = \bigcap_n g(n, x)$;

(ii) $y \in g(n, x_n) \Rightarrow x_n \to y$.

对任意的 $x \in X$, 令 $\{b(n, x) : n \in \mathbf{N}\}$ 为 x 点处的递减邻域基. 再令 $h(n, x) = b(n, x) \bigcap g(n, x)$. 定义 $d(x, x) = 0$, 而对于任意的 $x \neq y$, 定义

$$d(x, y) = \sup \left\{ \frac{1}{2^n} : x \notin h(n, y), \text{ 且 } y \notin h(n, x) \right\}.$$

明显地, d 是 X 上的对称度量.

注意到 $y \in h(n, x)$ 蕴涵 $d(x, y) < \frac{1}{2^n}$, 因此 $h(n, x) \subset B\left(x, \frac{1}{2^n}\right)$. 于是只需证明 $\left\{ B\left(x, \frac{1}{2^n}\right) : n \in \mathbf{N} \right\}$ 是点 x 处的邻域基即可. 否则, 存在开集 $U \ni x$, 及 $y_n \in B\left(x, \frac{1}{2^n}\right) \setminus U$. 因为 $d(x, y_n) < \frac{1}{2^n}$, 所以或者 $y_n \in h(n, x) \subset b(n, x)$, 或者 $x \in h(n, y_n) \subset g(n, y_n)$. 于是不管什么情况, 都有 $\{y_n\}$ 的某个子序列收敛到 x, 这是一个矛盾.

前面讲到的距离映射删掉了三角不等式, 而下面替代删掉的是对称性.

定义 7.4.6 映射 $d : X \times X \to \mathbf{R}^+$ 叫做 X 上的准度量, 如果对任意的 $x, y, z \in X$, 都有

(i) $d(x, y) = 0$ 当且仅当 $x = y$;

(ii) $d(x, z) \leqslant d(x, y) + d(y, z)$ ($d(x, z) \leqslant \max\{d(x, y), d(y, z)\}$).

引理 7.4.2(Frink[5]) 假设 $d : X \times X \to \mathbf{R}^+$(非负实数集) 满足以下的条件:

$$\text{对任意的 } \varepsilon > 0, \text{ 如果 } d(x, y) < \varepsilon, d(y, z) < \varepsilon, \text{ 则 } d(x, z) < 2\varepsilon. \tag{7.4.1}$$

于是存在映射 $\rho : X \times X \to \mathbf{R}^+$ 使得对任意的 $x, y, z \in X$ 都有

(i) $\rho(x, z) \leqslant \rho(x, y) + \rho(y, z)$;

(ii) $\dfrac{\rho(x, y)}{4} \leqslant \rho(x, y) \leqslant d(x, y)$.

此外, 如果 d 是对称的, 那么 ρ 也是.

证明 定义 ρ 如下

$$\rho(a,b) = \inf\left\{\sum_{i=0}^{n} d(x_i, x_{i+1}) : n \in \mathbf{N}, x_i \in X, x_0 = a, x_{n+1} = b\right\}.$$

则 ρ 显然满足 (i), 并且 $\rho(x,y) \leqslant d(x,y)$. 要证明结论成立, 只要证明对任意的 $a, b, x_1, \cdots, x_n \in X$, 以下的条件成立:

$$d(a,b) \leqslant 2d(a,x_1) + 4\sum_{i=1}^{n-1} d(x_i, x_{i+1}) + 2d(x_n, b). \tag{7.4.2}$$

当 $n = 1$ 时, 由 (7.4.1) 可立即得到 (7.4.2). 假设 (7.4.2) 对任意小于 n 的都成立, 并令 $a, b, x_1, \cdots, x_n \in X$. 根据 (7.4.1), 可得 $d(a,b) \leqslant 2d(x_i, a)$ 或者 $d(a,b) \leqslant 2d(x_i, b)(i = 1, 2, \cdots, n)$. 令 k 为满足 $d(a,b) \leqslant 2d(a, x_k)$ 的最小的整数. 如果 $k = 1$, (7.4.2) 成立; 如果 $k > 1$, 则 $d(a,b) \leqslant 2d(x_{k-1}, b)$, 故 $d(a,b) \leqslant d(a, x_k) + d(x_{k-1}, b)$. 现将归纳假设应用于 $d(a, x_k)$ 和 $d(x_{k-1}, b)$, 易知 (7.4.2) 成立.

定义 7.4.7 一个映射 $\rho: X \times X \to \mathbf{R}^+$ 叫 X 上的一个伪度量, 如果对于任意的 $x, y, z \in X$, 都有 $\rho(x,x) = 0$, $\rho(x,y) = \rho(y,x)$ 以及 $\rho(x,z) \leqslant \rho(x,y) + \rho(y,z)$. X 上的被 ρ 诱导的拓扑 $\mathcal{T}$ 是在每一点 x 处 $B(x,\varepsilon) = \{y \in X : \rho(x,y) < \varepsilon\}$ 是其邻域基中的元素. 伪度量就像度量, 除了当 $x \neq y$ 时, $\rho(x,y)$ 可以等于 0. 如果定义 x 与 y 是等价的当且仅当 $\rho(x,y) = 0$, 则 $(X, \mathcal{T})$ 通过这个等价类得到的商空间是可度量化空间.

定义 7.4.8 一个拓扑空间 X 叫做准度量化的, 如果存在 X 上的准度量满足 $\{B(x,\varepsilon) : \varepsilon > 0\}$ 是任意一点 $x \in X$ 的邻域基.

为了弄清准度量空间的来历, 以及它们有什么样的拓扑特征, 考虑 $\frac{1}{2^n}$-球

$$\left\{B\left(x, \frac{1}{2^n}\right) : n \in \mathbf{N}, x \in X\right\}$$

的性质. 如果 $y \in B\left(x, \frac{1}{2^n}\right), n \geqslant 1$, 则根据三角不等式可得 $B\left(y, \frac{1}{2^n}\right) \subset B\left(x, \frac{1}{2^n}\right)$. 令 $g(n,x) = B\left(x, \frac{1}{2^n}\right)$ 提供了一个特征化准度量空间以及与其他空间类联系的简便的方法.

定理 7.4.8 一个拓扑空间 $(X, \mathcal{T})$ 是可准度量化的当且仅当存在 $g : \mathbf{N} \times X \to \mathcal{T}$ 满足:

(i) $\{g(n,x) : n \in \mathbf{N}\}$ 是 x 点处的邻域基;

(ii) $y \in g(n+1, x) \Rightarrow g(n+1, y) \subset g(n, x)((\text{ii})'\ y \in g(n, x) \Rightarrow g(n, y) \subset g(n, x))$.

证明 必要性. 之前的说明已经得到了 g 的存在. 假设 g 满足 (i) 和 (ii). 定义 $d(x,y) = \dfrac{1}{2^k}$, 其中 k 是满足 $y \in g(n,x)$ 的最大的正整数. 则 $B(x,\varepsilon) = g(m,x)$, 这里 m 是满足 $\dfrac{1}{2^n} < \varepsilon$ 的最大整数, 从而集族 $\{B(x,\varepsilon)\}$ 是 x 点处的邻域基.

假设 $d(x,y) = \dfrac{1}{2^j}, d(y,z) = \dfrac{1}{2^k}, m = \min\{j,k\}$. 则 $y \in g(m,x)$ 且 $z \in g(m,y) \subset g(m,x)$, 故 $d(x,z) \leqslant \dfrac{1}{2^m} = \max\{d(x,y), d(y,z)\}$. 于是 d 为 X 的准度量.

现在令 g 满足 (i) 和 (ii). $d(x,y)$ 的定义如上, 同样地, 集族 $\{B(x,\varepsilon)\}$ 是 x 点处的邻域基. 然而 d 不必满足三角不等式. 但是它却满足 Frink 引理. 这是因为, 假设 $d(x,y) < \dfrac{1}{2^k}, d(y,z) < \dfrac{1}{2^k}$, 则 $y \in g(k+1,x)$ 且 $z \in g(k+1,y)$. 根据 (ii), $z \in g(k,x)$, 故 $d(x,z) < \dfrac{1}{2^{k-1}}$.

下面令 ρ 为由 Frink 引理保证的映射, 则 ρ 满足三角不等式以及

$$\frac{\rho(x,y)}{4} \leqslant \rho(x,y) \leqslant d(x,y),$$

那么 ρ 一定是 X 上的一个准度量, 并且

$$B_d\left(x, \frac{1}{4}\varepsilon\right) \subset B_\rho\left(x, \frac{1}{4}\varepsilon\right) \subset B_d(x,\varepsilon).$$

由此易知 $(X, \mathcal{T})$ 是关于 ρ 的准度量空间.

定义 7.4.9 一个拓扑空间 $(X, \mathcal{T})$ 叫做 γ-空间, 如果存在映射 $g: \mathbf{N} \times X \to \mathcal{T}$ 满足

(i) $\{g(n,x) : n \in \mathbf{N}\}$ 是 x 点处的邻域基;

(ii) 对任意的 $n \in \mathbf{N}, x \in X$, 都存在 $m \in \mathbf{N}$ 使得 $y \in g(m,x) \Rightarrow g(m,y) \subset g(n,x)$.

回顾如果 (ii) 中的 $m = n+1$, 则它是准度量空间. 不过非准度量空间的正则的 γ-空间的例子是存在的 (Fox 和 Kofner[57]). γ-空间是目前一个独立的研究方向. 下面, X 上的距离映射 $d: X \times X \to \mathbf{R}^+$ 满足 $\{B(x,\varepsilon) : \varepsilon > 0\}$ 是 x 点处的邻域基.

定理 7.4.9 对一个拓扑空间 $(X, \mathcal{T})$ 而言, 以下几条是等价的:

(i) X 是 γ-空间;

(ii) 存在映射 $g : \mathbf{N} \times X \to \mathcal{T}$ 满足: 只要 $x_n \in g(n,p)$, $y_n \in g(n, x_n)$, 即有 $y_n \to p$.

(ii)′ 存在 X 上的距离映射 d 满足: 只要 $d(p, x_n) \to 0$, $d(x_n, y_n) \to 0$, 即有 $d(p, y_n) \to 0$.

(iii) 存在映射 $g: \mathbf{N} \times X \to \mathcal{T}$ 满足: 如果 K 是紧集, U 是包含 K 的开集, 则存在某个 n 使得 $\bigcup_{x \in K} g(n, x) \subset U$.

(iii)′ 存在 X 上的距离映射 d 满足: 如果 K 是紧集, H 是满足 $K \cap H = \varnothing$ 的闭集, 则得 $d(K, H) > 0$.

证明 性质 (ii)′ 和 (iii)′ 都分别是与具有性质 (ii) 和 (iii) 的距离映射的等价类. 如果 d 是一个距离映射, 令 $g(n, x) = B\left(x, \dfrac{1}{2^n}\right)$; 若 $g: \mathbf{N} \times X \to \mathcal{T}$, 并且 $g(n+1, x) \subset g(n, x)$, 令 $d(x, y) = \dfrac{1}{2^n}$, 其中 n 是满足 $y \notin g(k, x)$ 的最小的整数 k. 由这个定义易证 (ii) 和 (ii)′ 以及 (iii) 和 (iii)′ 分别等价.

通过与文献 [63] 相似的证法, 可得 (ii)′ 和 (iii)′ 是等价. 故 (ii) 和 (iii) 等价的. 下面证明 (ii)⇔(i).

容易验证, 满足 $g(n+1, x) \subset g(n, x)$ 的定义 7.4.9 中的映射 g 必满足 (ii). 反之假设 g 满足 (ii). 则 $x_n \in g(n, p)$ 蕴涵着 $x_n \to p$, 从而 $\{g(n, p) : n \in \mathbf{N}\}$ 是 p 点处的邻域基. 固定 $n \in \mathbf{N}$, 并假设对任意的 $m \in \mathbf{N}$, 都存在 $x_m \in g(m, p)$ 使得 $g(m, x_m) \not\subset g(n, p)$. 选择 $y_m \in g(m, x_m) \setminus g(n, p)$. 根据 (ii), $y_m \to p$, 矛盾. 因此 g 满足定义 7.4.9.

根据文献 [63] 的结果, 如果 X 上存在满足 (ii)′ 和 (iii)′ 的对称距离映射, 则 X 是可度量化的. 当然, 既是对称度量又是准度量的距离映射就是度量.

定义 7.4.10 拓扑空间 X 的子集族 $\mathcal{A}$ 称为离散的 (或局部有限的), 如果对任意的 $x \in X$, 都存在 x 的邻域 U, 它仅与 $\mathcal{A}$ 的至多一个 (或有限多个) 元素有非空的交.

网的概念已经成为广义度量空间最为有用的工具之一. 网就像基, 但是其元素不必是开集.

定义 7.4.11 拓扑空间 X 的网 $\mathcal{F}$ 是指满足如下条件的 X 的子集族 $\mathcal{F}$:

只要 $x \in U$, U 是开集, 必存在 $F \in \mathcal{F}$ 使得 $x \in F \subset U$.

定义 7.4.12 一个拓扑空间 X 叫做 σ-空间, 如果 X 存在 σ-离散的 (相等的 σ-局部有限的) 网.

σ-空间类对各种拓扑运算都具有良好的表现. 容易验证, 该类空间具有遗传性和可数可乘性. 此外, 可数多个闭 σ-空间的并集还是 σ-空间.

定义 7.4.13 一个拓扑空间 X 的子集族 $\mathcal{H}$ 叫做闭包保持的, 如果对任意的 $\mathcal{H}' \subset \mathcal{H}$, 都有

$$\overline{\bigcup_{H \in \mathcal{H}'} H} = \bigcup_{H \in \mathcal{H}'} \overline{H}.$$

7.4 广义度量化空间

显然, 对于闭集族而言, 闭包保持仅仅蕴涵着其任意子族的并还是闭集. 此外, 易知局部有限集族是闭包保持的.

定理 7.4.10 以下的几条对拓扑空间 $(X, \mathcal{T})$ 都是等价的:

(i) X 存在 σ-离散的网.

(ii) X 存在 σ-局部有限的网.

(iii) X 存在 σ-闭包保持的网.

(iv) 存在映射 $g : \mathbf{N} \times X \to \mathcal{T}$ 满足:

    (a) 对每一个 n 及 $x \in X$, 都有 $x \in g(n, x)$;

    (b) $y \in g(n, x) \Rightarrow g(n, y) \subset g(n, x)$;

    (c) $x \in g(n, x_n) \Rightarrow x_n \to x$.

(v) 存在映射 $g : \mathbf{N} \times X \to \mathcal{T}$ 满足:

    (a) 对每一个 n 及 $x \in X$, 都有 $x \in g(n, x)$;

    (b) 关系 $x \in g(n, x_n)$, $x_n \in g(n, y_n)$ 蕴涵 $y_n \to x$.

证明 由 (i)$\Rightarrow$(ii)$\Rightarrow$(iii) 是明显的. 给定映射 g 满足 (iv), 可以得到 $x \in g(n, x_n)$, $x_n \in g(n, y_n)$ 蕴涵 $x \in g(n, x_n) \subset g(n, y_n)$, 因此 $y_n \to x$. 故 (iv)$\Rightarrow$(v).

为了证明 (iii)$\Rightarrow$(iv), 令 $\mathcal{F} = \bigcup_n \mathcal{F}_n$ 为 X 的一个网, 且满足其中的每一个 $\mathcal{F}_n$ 都是闭包保持的闭集族 (闭包保持的集族的元素的闭包组成的集族仍是闭包保持的). 令 $g(n, x) = X \setminus \bigcup \{F \in \mathcal{F}_i : i \leqslant n, x \notin F\}$. (iv) 的 (a) 和 (b) 显然成立. 假设 $x \in g(n, x_n)$ 并且 x_n 不收敛于 x, 则存在某个子序列 $S = \{x_{n_k} : k \in \mathbf{N}\}$, 其闭包不包含 x. 因此, 存在 $F \in \mathcal{F}$, 使得 $x \in F$ 且 $F \bigcap S = \varnothing$. 比如说 $F \in \mathcal{F}_n$. 那么如果 $n_k \geqslant n$, 则根据 g 的定义可得 $g(n, x_{n_k}) \bigcap F = \varnothing$. 然而, $x \in g(n, x_{n_k}) \bigcap F$, 矛盾.

最后证明 (v)$\Rightarrow$(i). 令 g 满足 (v). 可以假定对每一个 n 及 $x \in X$, 都有 $g(n+1, x) \subset g(n, x)$. 令 $<$ 为 X 的良序. 对于 $x \in X$ 及 $i, n \in \mathbf{N}$, 令

$$H(x, i, n) = X \setminus [(\bigcup \{g(i, y) : y < x\}) \bigcup (\bigcup \{g(n, y) : y \notin g(i, x)\})].$$

显然, $H(x, i, n) \subset g(i, x)$. 令 $\mathcal{H}(i, n) = \{H(x, i, n) : x \in X\}$. 下证 $\mathcal{H}(i, n)$ 是离散的. 令 $z \in X$, 并设 y 是满足 $z \in g(i, y)$ 的 X 中的最小元. 显然, 如果 $y < x$, 则 $g(i, y) \bigcap H(x, i, n) = \varnothing$; 如果 $x < y$, 则 $g(n, z) \bigcap H(x, i, n) = \varnothing$. 因而 $g(i, y) \bigcap g(n, z)$ 是一个包含 z 的开集, 并且最多只与 $\mathcal{H}(i, n)$ 中的一个元素 (如 $H(y, i, n)$) 相交. 故 $\mathcal{H}(i, n)$ 是离散的.

现在令 $F(x, i, n, m) = \{y \in H(x, i, n) : x \in g(m, y)\}$, 并记 $\mathcal{F}(i, n, m) = \{F(x, i, n, m) : x \in X\}$. 则 $\mathcal{F}(i, n, m)$ 是离散的, 因为 $\mathcal{H}(i, n)$ 是离散的.

下面只要证明 $\mathcal{F} = \{\mathcal{F}(i, n, m) : i, n, m \in \mathbf{N}\}$ 是 X 的一个网. 假设开集 $U \ni p$. 对每一个 $i \in \mathbf{N}$, 令 x_i 是满足 $p \in g(i, x_i)$ 的 X 中的最小元. 则存在 $n(i) \in \mathbf{N}$ 使得 $p \notin \cup \{g(n(i), y) : y \notin g(i, x_i)\}$(否则, 必存在 $y_n \notin g(i, x_i)$ 使得

$p \in g(n, y_n)$; 但是这样就有 $y_n \to p$, 矛盾). 注意到 $p \in H(x_i, i, n(i)) \subset g(i, x_i)$. 因此 $x_i \to p$, 于是对于每一个 $m \in \mathbf{N}$, 存在某个 $i(m) > m$, 使得 $x_{i(m)} \in g(m, p)$, 即 $p \in F_m := F(x_{i(m)}, i(m), n(i(m)), m)$.

现在只要证明存在某个 m 使得 $F_m \subset U$ 即可. 否则, 选择 $y_m \in F_m \setminus U$. 则 $p \in g(i(m), x_{i(m)})$, $x_{i(m)} \in g(m, y_m)$. 因为 $i(m) \geqslant m, p \in g(m, x_{i(m)})$. 从而根据 (v)(b), $y_m \to p$. 但是 $p \in U$, $y_m \notin U$, 矛盾.

定理 7.4.11 σ-空间的闭像仍是 σ-空间.

证明留作习题.

习 题 7

1. 证明 (定理 7.4.11): σ-空间的闭像仍是 σ-空间.
2. 度量空间中每一个子集的导集都是闭集.
3. 设 X 是一个度量空间, 证明: 如果 X 有一个基只有有限多个元素, 则 X 必为之含有有限多个点的离散空间.
4. 证明: Hilbert 空间 (即所有的平方收敛的实数序列构成的集合) 是完备的度量空间.
5. 证明: 度量空间 X 完备的充要条件是 X 的每一个直径趋于零的非空闭集的不增序列 $\{F_n\}_{n \in \mathbf{N}}$ 之交为单点集.
6. 设 A 是完备度量空间的子空间, 证明: A 完备当且仅当 A 是 X 的闭子空间.
7. 证明: Hilbert 空间不是局部紧空间.

第 8 章 拓扑向量空间简介

为了推广 n 维欧氏空间和被应用于量子理论的 Hilbert 空间, 以及在概率论中变得越来越重要的 Banach 空间, A. Kolmogoroff 于 1934 年引入了拓扑向量空间的概念.

8.1 向量空间

向量空间又称线性空间, 是代数学的基本概念之一. 在解析几何里引入向量概念后, 使许多问题的处理变得更为简洁和清晰, 在此基础上的进一步抽象化, 形成了与域相联系的向量空间概念. 例如, 实系数多项式的集合在定义适当的运算后构成向量空间, 在代数上处理是方便的. 单变元实函数的集合在定义适当的运算后, 也构成向量空间, 研究此类函数向量空间的数学分支称为泛函分析.

定义 8.1.1 令 X 表示一个集合, K 是一个域. 假设定义了一个从 $X \times X$ 到 X 的映射 $(x, y) \to x + y$, 叫加法; 又定义了一个从 $K \times X$ 到 X 的映射 $(\lambda, y) \to \lambda y$, 叫数乘. 如果对任意的 $x, y, z \in X, \lambda, \mu \in K$, 都有

(1) $(x + y) + z = x + (y + z)$;

(2) $x + y = y + x$;

(3) 存在 $0 \in X$, 满足对任意的 $x \in X$, 都有 $0 + x = x$;

(4) 对每一个 $x \in X$, 都存在 $y \in X$, 使得 $x + y = 0$;

(5) $\lambda(x + y) = \lambda x + \lambda y$;

(6) $(\lambda + \mu)x = \lambda x + \mu x$;

(7) $\lambda(\mu x) = (\lambda \mu)x$;

(8) $1x = x$,

则称集合 X 是域 K 上的一个向量空间或线性空间. X 中的点或元素叫做向量.

例 8.1.1 n 维欧氏空间 $\mathbf{R}^n$ 是一个向量空间, 如果定义如下的加法和数乘

$$x + y = (x_1, x_2, \cdots, x_n) + (y_1, y_2, \cdots, y_n) = (x_1 + y_1, x_2 + y_2, \cdots, x_n + y_n);$$
$$\lambda x = \lambda(x_1, x_2, \cdots, x_n) = (\lambda x_1, \lambda x_2, \cdots, \lambda x_n).$$

同时记

$$0 = (0, 0, \cdots, 0); \quad -(x_1, x_2, \cdots, x_n) = (-x_1, -x_2, \cdots, -x_n).$$

例 8.1.2 所有以线段 $[0,1]$ 为定义域的实值函数族 Φ 是一个向量空间, 如果对任意的 $f,g \in \Phi$, 定义如下的加法和数乘

$$[f+g](x) = f(x) + g(x);$$
$$[\lambda \cdot f](x) = \lambda \cdot f(x);$$
$$[0](x) = 0;$$
$$[-f](x) = -f(x).$$

若 A, B 为向量空间 X 的两个非空子集, 记

$$A + B = \{a + b | a \in A, b \in B\};$$
$$\lambda A = \{\lambda a | a \in A\},$$

这里 λ 是一个实数. 那么 $A+B, \lambda A$ 也是向量空间 X 的非空子集. 下面的记号也是常用的

$$A + \varnothing = A;$$
$$\lambda \varnothing = \varnothing;$$
$$-A = (-1)A;$$
$$A - B = A + (-B).$$

定理 8.1.1 (1) $A + B = B + A$;
(2) $(A + B) + C = A + (B + C)$;
(3) $A + \{0\} = A$;
(4) 如果 $A \neq \varnothing$, $\{0\} \subset A + (-A)$;
(5) $\lambda(A + B) = \lambda A + \lambda B$;
(6) $(\lambda + \mu)A \subset \lambda A + \mu A$;
(7) $(\lambda \mu)A = \lambda(\mu A)$;
(8) $1 \cdot A = A$.

证明 如果 A 或 B 是空集, 结论是明显的. 当 A 与 B 都不是空集时, 验证是直接的. 结论 (4) 和 (6) 都不必是等式, 例如, 在空间 $X = \mathbf{R}^2$ 中, $A = \{a, c\}$, 有

$$A + (-A) = \{a - c, 0, c - a\} \neq \{0\};$$
$$1A + (-1)A \neq (1-1)A.$$

定义 8.1.2 集合 C 叫做一个凸集合, 如果对于任意的 $x, y \in C$ 及任意的满足 $\lambda + \mu = 1$ 的非负实数 λ, μ, 都有 $\lambda x + \mu y \in C$.

特别地, 整个向量空间 X、空集以及所有的单点集都是凸集合.

8.1 向量空间

定理 8.1.2 如果 A 和 B 是两个凸集，则 $A \cap B$ 与 $A + B$ 也都是凸集.

证明 假设 A 和 B 是两个凸集，则对于任意的满足 $\lambda + \mu = 1$ 的非负实数 λ, μ，有

$$\begin{cases} x \in A \cap B \\ y \in A \cap B \end{cases} \Rightarrow \begin{cases} x \in A, y \in A \\ x \in B, y \in B \end{cases} \Rightarrow \begin{cases} \lambda x + \mu y \in A \\ \lambda x + \mu y \in B \end{cases} \Rightarrow \lambda x + \mu y \in A \cap B$$

和

$$\begin{cases} x \in A \cap B \\ y \in A \cap B \end{cases} \Rightarrow \begin{cases} x = a + b \\ y = c + d \\ a, c \in A \\ b, d \in B \end{cases} \Rightarrow \begin{cases} \lambda x + \mu y = (\lambda a + \mu c) + (\lambda b + \mu d), \\ \lambda a + \mu c \in A, \\ \lambda b + \mu d \in B. \end{cases}$$

因此 $A \cap B$ 与 $A + B$ 也都是凸集.

定义 8.1.3 令 X, Y 表示两个向量空间，J 是一个满足至少存在一个 $x \in X$ 使得 $J(x) \neq \varnothing$ 的从 X 到 Y 的关系. J 叫做线性的，如果它满足

$$\begin{cases} y \in J(x) \\ y' \in J(x') \end{cases} \Rightarrow y + y' \in J(x + x')$$

和

$$y \in J(x) \Rightarrow \lambda y \in J(\lambda x).$$

如果 J 是映射 f，则以上条件变为

$$f(x) + f(x') = f(x + x'), \quad \lambda f(x) = f(\lambda x).$$

定理 8.1.3 关系 J 是线性的当且仅当

(1) $J(x + x') = J(x) + J(x')$，

(2) $J(\lambda x) = \lambda J(x), \lambda \neq 0$，

(3) $0 \in J(0)$.

证明 充分性是明显的.

下证必要性. 假设 J 是线性的，如果 x 点满足 $J(x) \neq \varnothing$，设 $y \in J(x)$，则

$$0 = 0y \in J(0x) = J(0).$$

因此 (3) 成立. 为了证明 (2) 成立，令 $\lambda \neq 0$，$x \in X$，如果 $J(x) \neq \varnothing$，则有 J 的线性性可得

$$\lambda J(x) \subset J(\lambda x).$$

另外如果 $J(x) = \varnothing$, 上式也是显然成立的. 下面证明反包含关系也成立. 这只要把上式的 λ 换成 $\dfrac{1}{\lambda}$; x 换成 λx 就有

$$\frac{1}{\lambda}J(\lambda x) \subset J\left(\frac{1}{\lambda}\lambda x\right) = J(x).$$

于是
$$J(\lambda x) \subset \lambda J(x).$$

因此
$$J(\lambda x) = \lambda J(x).$$

最后证明 (1) 成立. 令 $x, x' \in X$, 如果 $J(x) \neq \varnothing$, $J(x') \neq \varnothing$, 则由 J 的线性性可得

$$J(x) + J(x') \subset J(x + x').$$

此外, 如果 $J(x) = \varnothing$, $J(x') = \varnothing$, 上式也是显然成立的. 下面证明反包含关系也成立. 这只要把上式的 x 换成 $x + x'$; x' 换成 $-x'$ 就有

$$J(x + x') + J(-x') \subset J(x + x' - x') = J(x).$$

于是
$$J(x + x') \subset J(x) - J(-x') = J(x) + (-1)^2 J(x') = J(x) + J(x').$$

因此
$$J(x + x') = J(x) + J(x').$$

证毕.

推论 8.1.1 线性关系 J 是映射当且仅当 $J(0) = \{0\}$.

证明 由定理 8.1.3 可知 $0 \in J(0)$, 又因为 J 是映射, 所以 $J(0) = \{0\}$.

反之, 如果 $J(0) = \{0\}$, 则由定理 8.1.3 可知

$$J(x) - J(x) = J(x - x) = J(0) = \{0\}.$$

如果 $a, b \in J(x)$, 则 $a - b = 0$, 故 $a = b$, 所以 J 是映射.

定理 8.1.4 从 X 到 Y 的线性关系 J 的逆 J^{-1} 是从 Y 到 X 的线性关系.

证明 如果 J 是线性的, 则有

$$\begin{cases} x \in J^{-1}(y) \\ x' \in J^{-1}(y') \end{cases} \Rightarrow \begin{cases} y \in J(x) \\ y' \in J(x') \end{cases} \Rightarrow y + y' \in J(x + x') \Rightarrow x + x' \in J^{-1}(y + y')$$

8.1 向量空间

和
$$x \in J^{-1}(y) \Rightarrow y \in J(x) \Rightarrow \lambda y \in J(\lambda x) \Rightarrow \lambda x \in J^{-1}(\lambda y).$$

定理 8.1.5 如果 J_1 是 X 到 Y 的线性关系,J_2 是 Y 到 Z 的线性关系,则它们的复合 $J = J_2 \circ J_1$ 是从 X 到 Z 的线性关系.

证明 这是因为

$$\begin{cases} z \in J_2 \circ J_1(x) \\ z' \in J_2 \circ J_1(x') \end{cases} \Rightarrow \begin{cases} \exists\, y \in Y, \text{ s.t. } z \in J_2(y),\ y \in J_1(x) \\ \exists\, y' \in Y, \text{ s.t. } z' \in J_2(y'),\ y' \in J_1(x') \end{cases}$$

$$\Rightarrow \begin{cases} z + z' \in J_2(y + y') \\ y + y' \in J_2(x + x') \end{cases} \Rightarrow z + z' \in J_2 \circ J_1(x + x')$$

和
$$z \in J_2 \circ J_1(x) \Rightarrow \exists\, y \in Y, \text{ s.t. } z \in J_2(y),\ y \in J_1(x)$$
$$\Rightarrow \lambda z \in J_2(\lambda y), \lambda y \in J_1(\lambda x) \Rightarrow \lambda z \in J_2 \circ J_1(\lambda x).$$

定理 8.1.6 如果 J_1 和 J_2 是两个从 X 到 Y 的线性关系,则它们的交 $J = J_2 \cap J_1$ 也是从 X 到 Y 的线性关系.

证明 这是因为

$$\begin{cases} y \in J(x) \\ y' \in J(x') \end{cases} \Rightarrow \begin{cases} y \in J_1(x),\ y \in J_2(x) \\ y' \in J_2(x'),\ y' \in J_1(x') \end{cases}$$

$$\Rightarrow \begin{cases} y + y' \in J_2(x + x') \\ y + y' \in J_1(x + x') \end{cases} \Rightarrow y + y' \in J(x + x')$$

和
$$y \in J(x) \Rightarrow\ y \in J_2(x),\ y \in J_1(x)$$
$$\Rightarrow \lambda y \in J_2(\lambda x), \lambda y \in J_1(\lambda x) \Rightarrow \lambda y \in J(\lambda x).$$

定理 8.1.7 如果 J_1 和 J_2 是两个从 X 到 Y 的线性关系,则它们的和 $J = J_2 + J_1$ 也是从 X 到 Y 的线性关系. 其中 $J(x) := J_2(x) + J_1(x)$.

证明 这是因为

$$\begin{cases} y \in J(x) \\ y' \in J(x') \end{cases} \Rightarrow \begin{cases} y = y_1 + y_2,\ y_1 \in J_1(x),\ y_2 \in J_2(x) \\ y' = y_1' + y_2',\ y_1' \in J_1(x'),\ y_2' \in J_2(x') \end{cases}$$

$$\Rightarrow \begin{cases} y + y' = (y_1 + y_1') + (y_2 + y_2') \\ y_1 + y_1' \in J_1(x + x') \\ y_2 + y_2' \in J_2(x + x') \end{cases} \Rightarrow y + y' \in J(x + x')$$

和
$$y \in J(x) \Rightarrow y = y_1 + y_2,\ y_1 \in J_1(x),\ y_2 \in J_2(x)$$
$$\Rightarrow ry = ry_1 + ry_2,\ ry_1 \in J_1(rx),\ ry_2 \in J_2(rx) \Rightarrow \lambda y \in J(\lambda x).$$

8.2 范数空间

定义 8.2.1 令 X 表示一个集合, 如果存在一个从集合 X 到实数集的映射 $x \mapsto \|x\|$ 对任意的 $x, y \in X$, $\lambda \in \mathbf{R}$ 都满足:

(1) $\|x\| \geqslant 0$ 且 $\|x\| = 0 \Leftrightarrow x = 0$;

(2) $\|\lambda x\| = |\lambda| \|x\|$;

(3) $\|x + y\| \leqslant \|x\| + \|y\|$.

那么这个映射 $x \mapsto \|x\|$ 叫做范数, 序对 $(X, \|\cdot\|)$ 叫做范数空间. 在范数空间中, x 与 y 之间的距离是 $d(x,y) = \|x - y\|$, d 是一个度量, 这是因为

(1) $d(x,y) \geqslant 0$ 且 $d(x,y) = 0 \Leftrightarrow x = y$;

(2) $d(x,y) = d(y,x)$;

(3) $d(x,z) \leqslant d(x,y) + d(y,z)$.

因此范数空间是度量空间, 所以也是拓扑空间. 事实上, 范数的非负性可以由 (2) 和 (3) 推得

$$0 = |0| \cdot \|a\| = \|0 \cdot a\| = \|x - x\| \leqslant \|x\| + \|-x\| = \|x\| + |-1| \cdot \|x\| = 2\|x\|.$$

例 8.2.1 $\mathbf{R}^n$ 是范数空间, 这里

$$\|x\| = \left(\sum_{i=1}^n |x_i|^2\right)^{1/2}.$$

例 8.2.2 向量空间 l_p

$$l^p := \left\{ (x_1, x_2, \cdots, x_n, \cdots) \,\Big|\, \left(\sum_{i=1}^\infty |x_i|^p\right)^{1/p} < \infty \right\}$$

是范数空间, 这里

$$\|x\| = \left(\sum_{i=1}^\infty |x_i|^p\right)^{1/p}.$$

例 8.2.3 设向量空间 $\mathcal{L}_p$ 为定义在 $[0,1]$ 上所有的 Lebesgue 可积的 ϕ 所组成, 即

$$\int_0^1 |\phi(t)|^p \mathrm{d}t$$

8.2 范数空间

存在的 ϕ, 则 $\mathcal{L}_p$ 是范数空间, 如果我们认为函数相等是除了零测度集之外的相等, 其中

$$\|\phi\| = \left(\int_0^1 |\phi(t)|^p \mathrm{d}t\right)^{1/p}.$$

定理 8.2.1 在范数空间 $X \times X$ 中, 向量的加法和数乘都是连续的.

证明 如果 $(x_0, y_0) \in X \times X$, 则对任意的 $\varepsilon > 0$, 有

$$\max\{\|x - x_0\|, \|y - y_0\|\} < \varepsilon$$
$$\Rightarrow \|(x+y) - (x_0+y_0)\| = \|(x - x_0) + (y - y_0)\|$$
$$\leqslant \|(x - x_0)\| + \|(y - y_0)\| < 2\varepsilon.$$

因此加法在点 (x_0, y_0) 连续, 又 (x_0, y_0) 是任意的, 故加法是连续的.

如果 $(\lambda_0, y_0) \in \mathbf{R} \times X$, 则对任意的 $\varepsilon > 0$, 有

$$\max\{\|\lambda - \lambda_0\|, \|x - x_0\|\} < \varepsilon$$
$$\Rightarrow \|\lambda x - \lambda_0 x_0\| = \|\lambda x - \lambda x_0 + \lambda x_0 - \lambda_0 x_0\|$$
$$\leqslant |\lambda|\|x - x_0\| + |\lambda - \lambda_0|\|x_0\|$$
$$< |\lambda|\varepsilon + \varepsilon\|x_0\| < (|\lambda| + |x_0|)\varepsilon.$$

因此加法在点 (λ_0, x_0) 连续, 又 (λ_0, x_0) 是任意的, 故数乘也是连续的.

定义 8.2.2 映射 $f: X \to Y$ 叫线性映射, 如果对任意的 $\lambda \in \mathbf{R}$ 及任意的 $x, z \in X$, 都有

$$f(x + z) = f(x) + f(z);$$
$$f(\lambda x) = \lambda f(x).$$

定理 8.2.2 如果 f 是从范数空间 X 到范数空间 Y 的一个线性映射, 那么 f 是连续的当且仅当 $\|f(x)\|$ 在范数空间 X 的单位球 B 内是有界的, 即

$$\sup_{x \in B} \|f(x)\| = \alpha < \infty.$$

证明 如果 $\|f(x)\|$ 在范数空间 X 的单位球 B 内是有界的, 那么 f 是连续的, 这是因为

$$\|x - x_0\| < \varepsilon \Rightarrow \frac{x - x_0}{\varepsilon} \in B \Rightarrow \left\|\frac{f(x) - f(x_0)}{\varepsilon}\right\| < \alpha$$
$$\Rightarrow \|f(x) - f(x_0)\| < \alpha\varepsilon.$$

因此加法在点 (x_0, y_0) 连续, 又 (x_0, y_0) 是任意的, 故加法是连续的.

如果 $\|f(x)\|$ 在范数空间 X 的单位球 B 内不是有界的, 则存在

$$x_1, x_2, \cdots, x_n, \cdots \in B$$

使得 $\|f(x_n)\| > n$. 因为 $\left\|\dfrac{x_n}{n}\right\| \to 0$, 故序列 $\left\{\dfrac{x_n}{n}\right\}$ 收敛于 0. 但是

$$\left\|f\left(\frac{x_n}{n}\right)\right\| = \left\|\frac{1}{n}f(x_n)\right\| > 1.$$

因此 $f(x_n) \nrightarrow f(0) = 0$, 故 f 在 0 点是不连续的. 证毕.

推论 8.2.1 如果 f 是从范数空间 X 到范数空间 Y 的一个线性映射, 那么 f 是连续的当且仅当存在实数 $\alpha > 0$ 使得对任意的 $x \in X$, 都有

$$\|f(x)\| = \alpha\|x\|.$$

证明 如果 f 是连续的, 根据定理 8.2.2 $\sup_{x \in B}\|f(x)\| = \alpha$. 由于 $\dfrac{x}{\|x\|} \in B$, 所以 $\|f(x)\| = \alpha\|x\|$; 反之, 如果假设成立, 则

$$\|x\| < 1 \Rightarrow \|f(x)\| = \alpha\|x\| < \alpha,$$

再次根据定理 8.2.2 可得 f 是连续的.

8.3 拓扑向量空间

定义 8.3.1 拓扑向量空间是一个使得向量的加法和数乘都连续的带有拓扑结构的向量空间. 其中关于加法连续是指: 对任意的 $U \in \mathcal{U}_{(x_0,y_0)}$, 都存在 $U_1 \in \mathcal{U}_{x_0}$ 及 $U_2 \in \mathcal{U}_{y_0}$ 满足:

$$\begin{cases} x \in U_1 \\ y \in U_2 \end{cases} \Longrightarrow (x,y) \in U.$$

关于数乘连续是指: 对任意的 $U \in \mathcal{U}_{(\lambda_0,x_0)}$ 都存在实数 η 及 $V \in \mathcal{U}_{x_0}$ 满足:

$$\begin{cases} |\lambda - \lambda_0| \leqslant \eta \\ x \in V \end{cases} \Longrightarrow \lambda x \in U,$$

这里符号 $\mathcal{U}_{(x_0,y_0)}$ 表示拓扑积空间 $X \times X$ 中的点 (x_0, y_0) 的邻域系; $\mathcal{U}_{(\lambda_0,x_0)}$ 表示拓扑积空间 $\mathbf{R} \times X$ 中的点 (λ_0, x_0) 的邻域系.

例 8.3.1 范数空间是拓扑向量空间, 拓扑是 8.2 节讲到的拓扑.

8.3 拓扑向量空间

例 8.3.2 令 X 是一个范数空间, X^* 表示 X 的对偶空间 (即所有定义在 X 上的实数值连续线性泛函的全体). 令 Δ 是 X^* 的有限子集. 对于给定的 $\varepsilon > 0$, 记

$$B_\varepsilon^\Delta = \{x | x \in X \text{ 及对所有的 } f \in \Delta, |f(x)| < \varepsilon\}.$$

我们可以验证, 对任意的 ε 和 Δ, 如下形式的集族

$$B_\varepsilon^\Delta(y) = y + B_\varepsilon^\Delta$$

构成了 X 的一个拓扑的邻域基族, 赋予这个拓扑的 X 是一个拓扑向量空间.

注 8.3.1 若映射 $f: X \to X$ 定义为 $f(x) = x + x_0$, 则其逆 $f^{-1}(x) = x - x_0$ 是连续的, 故 f 是一个同胚映射. 如果 U 是 0 点的开邻域, 那么 $f(U) = U + x_0$ 是开集. 又因为 $x_0 \in U + x_0$, 所以 $U + x_0$ 是 x_0 点的开邻域. 反之, 易知 x_0 点的开邻域都是具有 $U + x_0$ 形式的. 下面总是记 $U(x_0)$ 表示 x_0 点的开邻域 $U + x_0$.

性质 8.3.1 在拓扑向量空间中, 0 点的邻域以 0 为其内点.

性质 8.3.2 在拓扑向量空间中, 对每一个邻域 U, 都存在邻域 V, 使得 $V + V \subset U$.

证明 因为在拓扑向量空间中, 向量的加法 $x + y$ 是连续的, 故存在 V_1, V_2 满足

$$\begin{cases} x \in V_1 \\ x \in V_2 \end{cases} \Rightarrow (x + y) \in U.$$

取 $V = V_1 \bigcap V_2$ 得证.

性质 8.3.3 在拓扑向量空间中, 如果 U 是 0 点的邻域, 且 $\lambda \neq 0$, 则 λU 也是 0 点的邻域.

证明 这一点是因为数乘 $f(x) = \lambda x$ 定义了一个同胚映射.

注 8.3.2 前几个性质是关于在拓扑向量空间中 0 点的邻域基的; 根据定理 4.8.1, 0 点的邻域族 $\{B_i | i \in I\}$ 的这些特性决定的集族 $x + B_i = B_i(x)$ 反过来可以确定 X 上的一个拓扑. 在这个拓扑下, X 是一个拓扑向量空间.

注 8.3.3 如果 U 是 0 点的对称邻域, 则有 $U = -U$. 这是因为

$$x \in U(y) \Rightarrow \{x\} \bigcap (U + y) \neq \varnothing \Rightarrow \{0\} \bigcap (U + y - x) \neq \varnothing$$
$$\Rightarrow \{-y\} \bigcap (U - x) \neq \varnothing \Rightarrow \{y\} \bigcap (U + x) \neq \varnothing \Rightarrow y \in U(x).$$

所以 $x \in U(y) \Leftrightarrow y \in U(x)$.

定理 8.3.1 已知 $\lambda \in \mathbf{R}$. 如果 F 是开集, 则 λF 也是闭集; 如果 G 是开集, 则 λG 也是开集; 如果 K 是紧集, 则 λK 也是紧集.

证明 当 $\lambda = 0$ 时显然; 当 $\lambda \neq 0$ 时, 那么数乘 $f(x) = \lambda x$ 是连续的, 且其逆 $f^{-1}(x) = \dfrac{1}{\lambda} x$ 也是连续的. 所以 f 是一个同胚映射. 因此 $f(F), f(G), f(K)$ 相应地分别是闭集、开集和紧集.

定理 8.3.2 如果 $A \subset X$. 则
$$\overline{A} = \bigcap_{U}(U + A).$$

证明 令 $\mathcal{B}$ 表示由对称邻域组成的基; 那么
$$\begin{aligned}\overline{A} &= \{x | \text{对所有的 } U \in \mathcal{B}, \text{ 都有 } U(x) \bigcap A \neq \varnothing\} \\ &= \{x | \text{对所有的 } U \in \mathcal{B}, \text{ 都有 } \{x\} \bigcap (A + U) \neq \varnothing\} \\ &= \bigcap_{U \in \mathcal{B}}(U + A) = \bigcap_{U}(U + A).\end{aligned}$$

定理 8.3.3 所有的 0 点的开邻域的闭包所构成的集族是 0 点的一个邻域基.

证明 对每一个邻域 A, 都存在邻域 V 满足 $V + V \subset A$. 因此
$$\overline{V} = \bigcap_{U}(U + V) \subset V + V \subset A.$$

故所有的 0 点的开邻域的闭包所构成的集族是 0 点的一个邻域基. 特别地, 这个拓扑向量空间是正则空间.

定理 8.3.4 如果 K 是紧集, F 是闭集, 并且 $K \bigcap F = \varnothing$, 则存在邻域 U, 使得 $(K + U) \bigcap (F + U) = \varnothing$.

证明 令 $x \in K$, 则
$$x \notin F = \overline{F} = \bigcap_{U}(U + F).$$

故存在 U_x 满足 $x \notin U_x + F$.

令 V_x 为一个对称邻域且满足 $V_x + V_x = U_x$. 有
$$\{x\} \bigcap (V_x + V_x + F) = \varnothing.$$

因此
$$(x + V_x) \bigcap (V_x + F) = \varnothing.$$

集族 $\{x + V_x | x \in K\}$ 构成了 K 的一个开覆盖, 故存在有限开覆盖 $x_1 + V_1, x_2 + V_2, \cdots, x_n + V_n$. 记 $V = \bigcap_{m=1}^{n} V_m$, 得 $K \bigcap (V + F) = \varnothing$.

令 W 为一个对称邻域且满足 $W + W = V$, 则 $K \bigcap (W + W + F) = \varnothing$. 所以 $(K + W) \bigcap (W + F) = \varnothing$.

推论 8.3.1 如果 K 是紧集, G 是开集, 并且 $K \subset G$, 则一定存在邻域 U, 使得 $K + U \subset G$.

证明 设集合 G' 是闭集, 并且 $K \bigcap G' = \varnothing$, 则存在邻域 U, 使得

$$(K+U)\bigcap(G'+U) = \varnothing.$$

故

$$(K+U)\bigcap G' = \varnothing,$$

所以 $K + U \subset G$.

习 题 8

1. 设 X 是一个向量空间, U 是 X 的一个凸子集, 并且满足可吸收性和可平衡性. 证明: 集族 $\left\{\dfrac{1}{n}U(n=1,2,3,\cdots)\right\}$ 在 X 的一个与其线性结构相容的拓扑中构成原点 0 处的邻域基. (向量空间 X 的子集 A 叫做具有可吸收性, 如果对任意的 $x \in X$, 都存在 $c_x > 0$, 使得对所有满足 $|\lambda| \leqslant c_x$ 的复数 λ, 都有 $\lambda x \in A$; 向量空间 X 的子集 A 叫做具有可平衡性, 如果对任意的 $x \in X$, 以及所有的满足 $|\lambda| \leqslant 1$ 的复数 λ, 都有 $\lambda x \in A$.)

2. 证明: 向量空间 X 的一个滤子基 $\mathfrak{x}$ 是 X 的一个与其线性结构相容的拓扑中原点处的邻域基当且仅当它具有如下性质:

(1) 原点属于集族 $\mathfrak{x}$ 的每一个元素中;

(2) 对每一个 $U \in \mathfrak{x}$, 都存在 $V \in \mathfrak{x}$, 使得 $V + V \subset U$;

(3) 对每一个 $U \in \mathfrak{x}$, 以及每一个不为零的复数 λ, 都有 $\lambda U \in \mathfrak{x}$;

(4) 集族 $\mathfrak{x}$ 的每一个元素都具有可吸收性;

(5) 对每一个 $U \in \mathfrak{x}$, 都存在 $V \in \mathfrak{x}$ 满足 V 具有可平衡性.

第9章 动力系统与拓扑群简介

拓扑动力系统又称抽象动力系统,是具有连续性质的动力系统. 它是通过拓扑映射 (不一定通过微分方程) 来定义的. 19 世纪末, 法国数学家 Poincaré 出版了《天体力学的新方法》. 其贡献在于将相空间的几何系统参数向量所有可能值的空间引入解决问题的分析过程中, 从而把人们的关注点从方程的单个解移到所有可能的解曲线及其相互关系上来, 完成了从局部到整体的飞跃.

随着 Poincaré 定性分析方法的引入, 动力系统研究的焦点从以微分方程定义系统的模式转变到相空间与作用群上. Birkhoff 在其著作《动力系统》(1927 年) 中, 以一般度量空间上的群作用作为动力系统研究众多动力学性质. 特别地, 他在这个一般范畴下重建了前面提到的 Poincaré 的结论.

本章主要介绍拓扑动力系统, 其基础空间一般为紧致度量空间, 以半群 $Z+$ 作用于其上. 而在遍历理论中, 一般取 Lebesgue 空间为基础空间. 拓扑动力系统的研究与诸如遍历理论、拓扑群、一般拓扑、组合、数论、代数、泛函分析等其他数学分支密切联系在一起. 一般而言, 拓扑动力系统研究的是拓扑群在拓扑空间上作用的定性性质, 下面先介绍拓扑群的基础知识. 拓扑群又名连续群, 是具有拓扑空间结构的群.

9.1 拓 扑 群

定义 9.1.1 一个群是一个集合 G 与一个在其上定义的二元运算 $(G, \cdot)$, 对任意的 $a, b, c \in G$, 它满足下面三条公理:

(1) 封闭性: $a \cdot b = b \cdot a$;
(2) 结合律: $(a \cdot b) \cdot c = a \cdot (b \cdot c)$;
(3) 单位元: 存在单位元 e 使得 $a \cdot e = e \cdot a = a$;
(4) 逆元: 存在 $a^{-1} \in G$ 使得 $a \cdot a^{-1} = a^{-1} \cdot a = e$.

若二元运算是对称的, 即 $a \cdot b = b \cdot a$, 则 G 称为交换群或 Abel 群. $a \cdot b$ 常写作 ab.

定义 9.1.2 设 M 是 G 的一个子集, 若 M 对 G 的运算构成群, 则称 M 是 G 的子群. 若一个子群 M 满足

$$a^{-1}Ma = \{a^{-1}ma | \forall\, m \in M\} = M, \quad \forall\, a \in G,$$

9.1 拓 扑 群

则称 M 是 G 的正规子群, 记作 $M \triangleleft G$. 这时可以作 G 模 M 的商群, 这是由 G 模下述等价关系 $\sim$ 而得的等价类构成的群

$$a \sim b \Leftrightarrow ab^{-1} \in M.$$

事实上, 它是由 G 关于 M 的所有陪集所组成的群, 记为 G/M.

定义 9.1.3 设 G_1, G_2 都是群, e_1, e_2 分别是 G_1, G_2 的单位元, 若一个映射

$$f : G_1 \to G_2,$$
$$a \mapsto f(a),$$

满足 $f(ab) = f(a)f(b)$, $\forall a, b \in G_1$. 则称 f 是 G_1 到 G_2 的同态. 同态的核是

$$\mathrm{Ker} f = \{a \in G_1 | f(a) = e_2\}.$$

如果 $\mathrm{Ker} f = \{e_1\}$, 则我们称 f 是单的. f 的像集是

$$\mathrm{Im} f = \{b \in G_2 | 存在 a \in G_1, 使得 b = f(a)\}.$$

若 $\mathrm{Im} f = G_2$, 则称 f 为满的. 当同态 f 既单又满时, 则我们称 f 是既单又满的, 则称 f 是同构的. 此时称 G_1, G_2 是同构的, 记作 $G_1 \cong G_2$. 一般地, 有

$$G_1/\mathrm{Ker} f \cong \mathrm{Im} f.$$

定义 9.1.4 集合 G 称为拓扑群, 如果 G 是一个群, 又是一个拓扑空间, 而且群的乘积运算与求逆按此拓扑是连续的, 即从拓扑空间 $G \times G$ 到拓扑空间 G 上的映射 $m : (x, y) \mapsto x \cdot y$ 及从 G 到 G 上的映射 $h : x \mapsto x^{-1}$ 都是连续映射, 则称 G 为拓扑群.

例 9.1.1 数集 $\mathbf{R}, \mathbf{C}$ 相对于通常的加法和通常的距离拓扑都是拓扑群. 任意一个群取离散拓扑就是拓扑群.

例 9.1.2 设 G 是一个拓扑群, 则 G 的任意一个子群相对于子空间的诱导拓扑是拓扑群. 这样 $\mathbf{Z}, \mathbf{Q}$ 都是拓扑群, 特别地, $\mathbf{Z}$ 的子空间拓扑是离散拓扑.

例 9.1.3 一般线性群 $\mathrm{GL}_n(\mathbf{R})$ 由一切元素在 $\mathbf{R}$ 中的 $n \times n$ 非奇异矩阵组成, 它们在矩阵乘法下构成群. 将每个矩阵视为 $\mathbf{R}^{n^2}$ 中的元素, 则得到子空间拓扑, 不难证明矩阵乘法对此拓扑是连续的, 因此 $\mathrm{GL}_n(\mathbf{R})$ 是拓扑群.

定义 9.1.5 一个拓扑空间 X, 若对任意的 $a, b \in X$, 都存在 X 的同胚将 a 映射为 b, 则称 X 是齐性空间.

定理 9.1.1 拓扑群必是齐性空间.

证明 设 G 是拓扑群, 考虑 G 到自身的映射: 右乘映射. 对任意 $s \in G$, 定义
$$r_s : G \to G,$$
$$x \mapsto xs.$$
令
$$\eta_1 : G \to G \times G,$$
$$x \mapsto (x, s);$$
$$\eta_2 : G \times G \to G,$$
$$(x, s) \mapsto xs.$$

显然 $r_s = \eta_2 \circ \eta_1$. 因为 η_2, η_1 都是连续的, 所以 r_s 也是连续的. 又因为 r_s 的逆 $(r_s)^{-1} = r_{s^{-1}}$ 也是连续的, 故 r_s 是同胚的, 因此对任意 $a, b \in G$, $r_{a^{-1}b}(a) = b$.

注 同理, 左乘映射 $t_s : x \mapsto sx$ 也是同胚的.

设 A, B 是 G 的子集, $x \in G$, 记
$$AB = \{ab | a \in A, b \in B\};$$
$$Ax = \{ax | a \in A\};$$
$$A^{-1} = \{a^{-1} | a \in A\}.$$

定理 9.1.2 设 G 是一个拓扑群, A, B 是 G 的子集, $x \in G$, 则
(1) A 是开 (闭) 集 $\Rightarrow$ Ax 和 xA 都是开 (闭) 集;
(2) A 是开集 $\Rightarrow$ AB 和 BA 都是开集;
(3) A 是闭集, B 是有限集 $\Rightarrow$ AB 和 BA 都是闭集;
(4) A, B 都是紧集 $\Rightarrow$ AB 也是紧集.

证明 (1) r_s 和 t_s 都是同胚, 故它们既是开映射又是闭映射;
(2) $AB = \bigcup_{x \in B} Ax$ 是开集之并, 故是开集; 同理 BA 也是开集;
(3) $AB = \bigcup_{x \in B} Ax$ 是有限个闭集之并, 故是闭集; 同理 BA 也是闭集;
(4) 因为 A, B 都是紧集, 所以 $A \times B$ 是 $G \times G$ 的紧子集. 又因为乘法 $m : G \times G \to G$ 是连续的, 故 $AB = m(A \times B)$ 是紧子集.

9.2 拓扑群的邻域系

给定一个集合的拓扑的有效方法之一是确定出它的基本邻域系, 即拓扑基. 前面已知任一拓扑群都是齐性空间, 设 G 为拓扑群, e 为其单位元, 右乘同胚 r_x 将 e 映射为 x. 如果 U 是包含 e 的开邻域, 则 Ux 是含有 x 的开邻域. 故只要定出单位元 e 的基本开邻域系 $\mathcal{U}$, 就定出了 G 的基本开邻域系. 又称 $\mathcal{U}$ 为 e 的开邻域基.

9.2 拓扑群的邻域系

命题 9.2.1 设 $\mathcal{U}$ 为拓扑群 G 的单位元 e 的开邻域基, 则有
(1) 对任意的 $U, V \in \mathcal{U}$, 都存在 $W \in \mathcal{U}$, 使得 $W \subset U \bigcap V$;
(2) 对任意的 $a \in U \in \mathcal{U}$, 都存在 $V \in \mathcal{U}$, 使得 $Va \subset U$;
(3) 对任意的 $U \in \mathcal{U}$, 都存在 $V \in \mathcal{U}$, 使得 $V^{-1}V \subset U$;
(4) 对任意的 $U \in \mathcal{U}$, $x \in G$, 都存在 $W \in \mathcal{U}$, 使得 $x^{-1}Wx \subset U$;
(5) 对任意的 $U \in \mathcal{U}$, 都存在 $V \in \mathcal{U}$, 使得 $V^{-1} \subset U$;
(6) 对任意的 $U \in \mathcal{U}$, 都存在 $V \in \mathcal{U}$, 使得 $VV \subset U$.

证明 (1) 由于 $U \bigcap V$ 是 e 的开邻域, 所以必包含某一个 $W \in \mathcal{U}$;
(2) 由于 Ua^{-1} 是包含 e 的开集, 所以必包含某一个 $V \in \mathcal{U}$. 从而 $Va \subset U$;
(3) 考虑映射
$$\eta : G \times G \to G,$$
$$(a, b) \mapsto a^{-1}b,$$
则它是连续映射, 又 U 为开集, 故 $\eta^{-1}U$ 为 $G \times G$ 中的开集, 且 $(e, e) \in \eta^{-1}U$; 因此存在 $A, B \in \mathcal{U}$ 使得 $A \times B \subset \eta^{-1}U$. 由 (1), 存在 $V \in \mathcal{U}$ 使得 $V \subset A \bigcap B$. 所以 $V \times V \subset \eta^{-1}U$, 即 $V^{-1}V \subset U$.
(4) 考虑映射
$$\eta : G \to G,$$
$$a \mapsto x^{-1}ax.$$
则它是连续映射, 又 U 为开集, 故 $\eta^{-1}U$ 为 $G \times G$ 中的开集, 且 $e \in \eta^{-1}U$; 因此存在 $A, B \in \mathcal{U}$ 使得 $A \times B \subset \eta^{-1}U$. 由 (1), 存在 $V \in \mathcal{U}$ 使得 $V \subset A \bigcap B$. 所以 $V \times V \subset \eta^{-1}U$, 即 $x^{-1}Vx \subset U$.
(5) 由 (3) 有 $V \in \mathcal{U}$, 使得 $V^{-1}V \subset U$. 注意到 $e \in V$, 使得 $V^{-1} \subset V^{-1}V \subset U$;
(6) 考虑映射
$$\eta : G \times G \to G,$$
$$(a, b) \mapsto ab,$$
则它是连续映射, 且 $(e, e) \in \eta^{-1}U$; 因此存在 $A, B \in \mathcal{U}$ 使得 $A \times B \subset \eta^{-1}U$. 由 (1), 存在 $V \in \mathcal{U}$ 使得 $V \subset A \bigcap B$. 所以 $V \times V \subset \eta^{-1}U$, 即 $VV \subset U$.

类似于邻域系决定拓扑. 事实上, 上述性质完全决定了拓扑群的基. 确切地有如下命题.

命题 9.2.2 设 G 是一个抽象群, $\mathcal{U}$ 是 G 的一组非空子集, 且每个子集都包含单位元素 e. 又设 $\mathcal{U}$ 满足命题 9.2.1 中性质 (1)—(4), 则 G 中存在唯一拓扑 $\mathcal{T}$, 以 $\mathcal{U}$ 为 e 的基本开邻域系, 使 G 成为拓扑群.

证明 令
$$\mathcal{B} = \{Ug | U \in \mathcal{U}, g \in G\}.$$

根据定理 4.8.3, 下面只要证明 $\mathcal{B}$ 满足如下两点及 G 是相应的拓扑群.

(1) 显然有 $\bigcup_{U\in\mathcal{U}, g\in G} Ug = G$;

(2) 对任意的 $Ua, Vb \in \mathcal{B}$, 其中 $U, V \in \mathcal{U}$, $a, b \in G$. 下面证明对任意的 $x \in Ua \cap Vb$, 必存在 $B \in \mathcal{B}$ 使得 $x \in B \subset Ua \cap Vb$. 为此只需证明对任意的 $x \in Ua \cap Vb$, 必存在 $W \subset \mathcal{U}$ 使得 $Wx \subset Ua \cap Vb$ 即可. 这是因为, 如果设 $x = ua = vb$, $u \in U, v \in V$, 则由命题中的条件 (2), 存在 $U_1, V_1 \subset \mathcal{U}$, 使得 $U_1 u \subset U, V_1 v \subset V$. 于是 $U_1 x \subset U_1 ua \subset Ua, V_1 x \subset V_1 vb \subset Vb$. 从而由 (1) 知存在 $W \subset \mathcal{U}$ 使得 $W \subset U_1 \cap V_1$. 因此 $Wx \subset U_1 x \cap V_1 x \subset Ua \cap Vb$. 于是由定理 4.8.3, G 上存在唯一的拓扑 $\mathcal{T}$ 以集族 $\mathcal{B}$ 为拓扑基.

下面证明在拓扑 $\mathcal{T}$ 下, G 成拓扑群. 只需说明 $h: (b,c) \mapsto b^{-1}c$ 是连续映射, 即对每一个 $Ua \in \mathcal{B}$, 都有 $h^{-1}(Ua)$ 是 $G \times G$ 中的开集. 设 $b^{-1}c = ua$, $u \in U$. 由性质 (2) 存在 $V \in \mathcal{U}$ 使得 $Vu \subset U$. 由性质 (4) 存在 $W \in \mathcal{U}$ 使得 $b^{-1}Wb \subset V$. 再由性质 (3) 存在 $Z \in \mathcal{U}$ 使得 $Z^{-1}Z \subset W$. 于是有 $b^{-1}Z^{-1}Zbua \subset Ua$, 即 $(Zb)^{-1}(Zc) \subset Ua$.

当 $\mathcal{U}$ 全部由子群组成时, 以上命题的条件还可简化.

命题 9.2.3 设 G 是一个抽象群, $\mathcal{U}$ 是 G 的一族子群, 且满足

(1) 若 $U, V \in \mathcal{U}$, 则存在 $W \in \mathcal{U}$, 使得 $W \subset U \cap V$;

(2) 若 $U \in \mathcal{U}, x \in G$, 则存在 $V \in \mathcal{U}$, 使得 $x^{-1}Vx \subset U$. 则 G 是以 $\mathcal{U}$ 为 e 的开基的拓扑群.

证明 注意到 $\mathcal{U}$ 中的元素都是子群. 所以当 $U \in \mathcal{U}$ 时有 $U = U^{-1}$; 并且当 $a \in U$ 时有 $aU = U$. 因此只要取 $V = U$, 则命题 9.2.1 中的 (2) 和 (3) 就满足. 根据命题 9.2.2 所以 G 是拓扑群, $\mathcal{U}$ 是 e 的开基.

命题 9.2.4 设 G 是正则局部 σ 紧群, H 是正则局部可数紧群, $f: G \to H$ 是连续满同态, 则 f 是开映射.

证明 设
$$\mathcal{U} = \{U | U \text{ 是 } G \text{ 的单位元开邻域, 且 } U = U^{-1}\},$$
$$\mathcal{V} = \{V | V \text{ 是 } H \text{ 的单位元开邻域}\}.$$

由命题 9.2.1(3) 知只需证明: 对任意的 $U \in \mathcal{U}$, $f(U)$ 是 H 的开集. 又因为如果 $f(U)$ 包含一个 $V \in \mathcal{V}$, 则 $f(U) = V \cdot f(U)$, 那么由定理 9.1.2 可得 $f(U)$ 为开集. 故只需证明对任意的 $U \in \mathcal{U}$, 都存在 $V \in \mathcal{V}$, 使得 $V \subset f(U)$.

由命题 9.2.1 可知存在单位元开邻域 W_1, 使得 $W_1^{-1}W_1 \subset U$. 因为 G 是局部紧的, 再由定理 6.2.12 可知 W_1 也是局部紧. 于是存在单位元的闭紧邻域 $W \subset W_1$ 使得 $W^{-1}W \subset U$. 又因为 G 是 σ-紧的, 可设 $G = \bigcup_{k=1}^{\infty} G_k$, $G_k = \bigcup_{x \in G_k} xW$, G_k 紧, 于是 G_k 是有限个 xW 的并. 故存在可数集 $\{x_k\}$ 使得 $G = \bigcup_{k=1}^{\infty} x_k W$. f 是满射, 因此 $H = f(G) = \bigcup_{k=1}^{\infty} f(x_k)f(W)$. W 紧, 所以 $f(W)$ 也紧. 又 H 正则, 故

$f(W)$ 为闭集. 如果 $f(W)$ 无内点,则每个 $f(x_k)f(W)$ 也无内点,这与 Baire 定理矛盾. 因此 $f(W)$ 含有非空开集 V. 取 $y \in V$,则存在 $x \in W$,使得 $f(x) = y$. 从而由 $x^{-1}W \subset U$ 可得

$$f(U) \supset f(x^{-1}W) = f(x)^{-1}f(W) \supset y^{-1}V.$$

于是 $y^{-1}V \in \mathcal{V}$.

9.3 子群和商群

先看一个实数加法群子群的例子.

例 9.3.1 设 H 是实数 $\mathbf{R}$ 的非零子群,则 H 必为下列二者之一:
(1) H 离散,且 $H = a\mathbf{Z}$, $a \in \mathbf{R}^*$;
(2) H 在 $\mathbf{R}$ 中稠密.

证明 如果 H 离散且非零,则必存在 $b \in H$, $b > 0$,离散紧集 $H \bigcap [0, b]$ 必是有限集. 故它有最小元 $a > 0$; 对任意的 $x \in H$,考虑 $x - \left[\frac{x}{a}\right]a$. 其中 $\left[\frac{x}{a}\right]$ 为 $\frac{x}{a}$ 的整数部分,因为 $0 < x - \left[\frac{x}{a}\right]a < a$,且 $x - \left[\frac{x}{a}\right]a \in H$,从而 $x - \left[\frac{x}{a}\right]a = 0$,即 $x = \left[\frac{x}{a}\right]a$, $H = a\mathbf{Z}$.

如 H 不是离散的,则对任意的 $\varepsilon > 0$,存在 x 使得 $0 < x \leqslant \frac{\varepsilon}{2}$ 及 $x \in H$. 取 $nx (n \in \mathbf{Z})$ 作分点将 $\mathbf{R}$ 分成无穷多个长小于 ε 的区间 $\{[nx, (n+1)x]|n \in \mathbf{Z}\}$,则每一个实数必落入某个区间中. 注意这些分点都属于 H. 这说明 H 在 $\mathbf{R}$ 中稠密.

注 9.3.1 此例说明 $\mathbf{R}$ 的任意非零加法子群都是无界的.

例 9.3.2 设 G 是局部紧群, H 为 $\mathbf{R}$ 或 $\mathbf{R}$ 的一个离散子群 $r\mathbf{Z}$, $f: H \to G$ 是连续同态,则
(1) 如果存在 $a \in \mathbf{R}$ 及 G 的单位元邻域 U,使得 $\{h \in H | f(h) \in U \subset [-a, a]\}$ 离散,则 $H \to f(H)$ 是拓扑同构;
(2) 设 $H \to f(H)$ 不是拓扑同构,则 $f(H)$ 是 G 的紧子群,且对 G 的单位元的任意一个开邻域 U,存在 $\delta > 0, \delta \in H$,使得 $\forall h \in H$, $f([h, h+\delta] \bigcap H) \bigcap U \neq \emptyset$.

证明 (1) 从已知条件可知 U 的原像是有界的,特别单位元 e 的原像即 $\mathrm{Ker} f$ 是有界的. 由注 9.3.1 可知 H 的子群 $\mathrm{Ker} f = \{0\}$. 下面我们用命题 9.2.4 证明 f 是开映射. 显然 $\mathbf{R}$ 或 $r\mathbf{Z}$ 都是正则局部紧的 σ-紧群,我们只要说明 $f(H)$ 是正则局部可数紧群即可. 因为 G 是局部紧的,故存在单位元的开邻域 V,使得 $\overline{V}$ 紧且 $\overline{V} \subset U$. $\overline{V} \bigcap f(H) = \overline{V} \bigcap f([-a, a] \bigcap H)$ 是紧集,这说明 $f(H)$ 是正则局部紧的. 我们的结论得证.

(2) 设 $H \to f(H)$ 不是拓扑同构. 因为 $\overline{f(H)}$ 在 G 中闭, 故是局部紧的. 不妨设 $\overline{f(H)} = G$, 则 G 是交换群. 取 $a > 0$; 对 G 中任意的开集 $A \neq \varnothing$, 必存在 $t \in H$ 和 G 的单位元开邻域 U 使得 $U = U^{-1}$, $f(t)U \subset A$. 由 (1) 知, U 的原像必无界. 于是有 $h \in H$ 且 $h > a + |t|$ 使得 $f(h) \in U$, 故 $f(t+h) = f(t)f(h) \subset f(t)U \subset A$. 这就是说, G 的任一开集中都有点, 其原像属于 $(a, +\infty)$, 即 $\overline{f((a,+\infty) \bigcap H)} = G$. 于是在 G 的任意开集中都有像点. 现取 V 为 G 的单位元开邻域, 使得 $V = V^{-1}$ 及 $\overline{V}$ 是紧集. 则对任意的 $x \in G$, 存在 $y \in xA \bigcap f((a,+\infty) \bigcap H)$, 从而 $x \in yV^{-1} = yV \subset f((a,+\infty) \bigcap H)V$. 又 $\overline{V}$ 是紧集, 可知存在有限个元素 $t_1, t_2, \cdots, t_n \in (a, +\infty) \bigcap H$, 使得 $\overline{V} \subset \bigcup_{i=1}^n f(t_i)V$. 记 $m = \max_{1 \leqslant j \leqslant n}\{t_j\}$. 对任意的 $x \in G$, 令 $t_x = \inf(f^{-1}(x\overline{V}) \bigcap [0, \infty))$, 则 $f(t_x) \in x\overline{V}$. 故存在 t_j 使得 $f(t_x) \in xf(t_j)V$, 即 $f(t_x - t_j) \in xV$. 由于 $t_x - t_j \leqslant 0$, 所以 $t_x \leqslant m$. 注意到 $x \in f(t_x)\overline{V}$, 因此 $G = f([0, m] \bigcap H)\overline{V}$. 由于当 H 为 $\mathbf{R}$ 或 $\mathbf{R}$ 的一个离散子群 $r\mathbf{Z}$ 时, $[0, m] \bigcap H$ 是紧集, 故 G 是紧群. 对 G 的单位元的任意开邻域 U, 取一个开邻域 V 使得 $\overline{V} \subset U$, $V = V^{-1}$ 且 $\overline{V}$ 是紧集. 由上述可知, 存在 $m > 0$, $G = f([0, m] \bigcap H)\overline{V}$. 对任意的 $h \in H$, 有 $f(-h) = f(t)\overline{V}$, 其中 $t \in [0, m]$, 即 $f(t+h) \in \overline{V}^{-1} = \overline{V} \subset U$. 因此只要取 $\delta = m$ 即可.

命题 9.3.1 设 G 是拓扑群, 则

(1) G 的每个开子群一定是闭的;

(2) G 的含有单位元 e 的任意一个邻域的子群一定是开的.

证明 (1) 设 H 是 G 的开拓扑子群, $G \setminus H = \bigcup_{b \in G} bH$. 由定理 9.1.2, 可知每个 bH 都是开集, 所以 $G \setminus H$ 是开集, 从而 H 是闭集;

(2) 设 H 是 G 的子群且包有单位元 e 的一个邻域. 则它必包有一个含单位元的开集 U, 显然有 $H = UH$, 则由定理 9.1.2 可知 H 是开的.

设 G 是拓扑群, H 是 G 的子群. 则由等价关系: $a \sim b \iff ab^{-1} \in H$, 可得商空间 $G/H = \{aH | a \in G\}$. 以 p 记商映射 $G \longrightarrow G/H$, $x \mapsto xH$, 由商拓扑定义可知 G/H 中的集合 v 为开集当 $p^{-1}V$ 为开集. G/H 称为 G 相对于 H 的左陪集空间.

命题 9.3.2 设 G 为拓扑群, H 为 G 的子群, G/H 为 G 相对于 H 的左陪集空间. 则

(1) 商映射 $p: G \longrightarrow G/H$ 是开的;

(2) H 是开子群 $\iff$ G/H 具有离散拓扑.

证明 (1) 设 S 是 G 的开集, 只需证 pS 是 G/H 的开集. 再由商拓扑的定义, 只要证明 $p^{-1}pS$ 是 G 中的开集即可. 注意到

$$p^{-1}pS = \{与\ S\ 相交的\ H\ 的陪集元素之并\} = SH.$$

由定理 9.1.2 知 SH 是 G 中的开集, 所以商映射 $p: G \longrightarrow G/H$ 是开的.

(2) H 是开子群 $\iff$ H 的所有陪集都是开集 $\iff$ G/H 的每个点都是开集 $\iff$ G/H 具有离散拓扑.

根据拓扑空间紧性的特点, 易知如下命题.

命题 9.3.3 设 G 是拓扑群, H 是 G 的子群, 则

(1) G 是紧群, H 是闭子群 $\implies$ H 是紧群;

(2) G 是紧群 $\implies$ G/H 是紧空间.

为了进一步讨论拓扑群 G 的紧性与其子群及商空间紧性的关系, 下面介绍一下拓扑空间紧性的等价条件.

命题 9.3.4 设 X 是拓扑空间, 则下述条件等价:

(1) X 是紧空间.

(2) 设 X_i 是 X 中的一个非空子集族, 若它满足: 对任意的两个 X_i, X_j, 必存在 X_k 使得 $X_k \subset X_i \cap X_j$, 则必有 $x \in X$ 使得 $x \in \bigcap_i \overline{X_i}$.

(3) 设 $\mathcal{T} = \{Y_i\}$ 是 X 中的一个非空开集族, 且满足:

(i) 对任意的两个 Y_i, Y_j, 总有 $Y_i \bigcup Y_j \in \mathcal{T}$;

(ii) 若 $Y_i \in \mathcal{T}, Y \subset Y_i$ 且 Y 是开集, 则 $Y \in \mathcal{T}$. 如果 $X \notin \mathcal{T}$, 则 $\bigcup_i Y_i \neq X$.

证明 (1) $\Rightarrow$ (2). 设 X 是紧空间, X_i 是 X 中的一个满足 (2) 的条件的非空子集族; 记 $V_i = \overline{X_i}'$. 只需证明集族 $\{V_i\}$ 不可覆盖 X 即可. 否则, 必存在有限多个 $V_{i1}, V_{i2}, \cdots, V_{in}$ 可覆盖 X(因为 X 紧). 对应地有 $X_{i1}, X_{i2}, \cdots, X_{in}$. 由假设必存在某个 X_k 使得 $X_k \subset \bigcap_{j=1}^n X_{ij}$, 从而 $V_k \supset \bigcup_{j=1}^n V_{ij} = X$, 这与 X_k 非空矛盾.

(2) $\Rightarrow$ (3). 设 Y_i 是满足 (3) 的开集族; 记 $X_i = Y_i'$. 则集族 $\{X_i\}$ 为满足 (2) 的非空子集族. 则由 (2) 知必有 $x \in X$ 使得 $x \in \bigcap_i \overline{X_i} = \bigcap_i X_i$. 故 $x \notin \bigcup_i Y_i$, 从而 $\bigcup_i Y_i \neq X$.

(3)$\Rightarrow$(1). 设 X 有一个开覆盖 $\{U_i\}$. 构造一个开集族

$$\mathcal{T} = \{U | U \text{ 是开集且 } U \text{ 包含在有限多个 } U_i \text{ 的并中}\}.$$

显然 $\mathcal{T}$ 满足 (3) 中所列条件. 因为每个 $U_i \in \mathcal{T}$, 所以 $\bigcup_{U \in \mathcal{T}} U = X$. 于是由 (3) 可得 $X \in \mathcal{T}$, 从而有限多个 U_i 可覆盖 X.

命题 9.3.5 设 G 是拓扑群, C 是 G 的紧子集. A 是包含 C 的开集. 则存在 e 的一个开邻域 V 使得 $VC \subset A$.

证明 因为 A 是包含 C 的开集, 所以对任意的 $x \in C$, 都存在 e 的一个开邻域 W_x 使得 $W_x x \subset A$. 由命题 9.2.1 知存在 e 的一个开邻域 V_x, 使得 $V_x V_x \subset W_x$, $\bigcup_{x \in C} V_x x \supset C$. 再由 C 的紧性, 存在 $x_1, x_2, \cdots, x_n$ 及相应的 $V_1, V_2, \cdots, V_n$, 使得 $\bigcup_{i=1}^n V_i x_i \supset C$. 取 $V = \bigcap_{i=1}^n V_i$, 则 $VC \subset \bigcup_{i=1}^n V V_i x_i \subset \bigcup_{i=1}^n W_i x_i \subset A$.

命题 9.3.6 设 G 是拓扑群, H 是 G 的子群. 如果 H 和商空间 G/H 都是紧的, 则 G 也是紧的.

证明 用命题 9.3.4 来证明. 设 $\mathcal{T}$ 满足命题 9.3.4 (3) 中所列条件的开集族, 并且 $\bigcup_{Y\in\mathcal{T}} Y = G$, 下面只要证明 $G \in \mathcal{T}$ 即可.

设 p 为商映射 $G \to G/H$, 定义

$$\mathcal{T}' = \{V | V \text{ 是 } G/H \text{ 中的开集且 } p^{-1}V \in \mathcal{T}\}.$$

不难看出 $\mathcal{T}'$ 满足命题 9.3.4(3) 中所列条件. 下证 $\mathcal{T}'$ 中的元素覆盖 G/H.

因 H 是紧的, 故对任意 $x \in G$, 都有 xH 是紧集, $\mathcal{T}$ 可看作是 xH 的一个覆盖. 因此存在有限个元素覆盖 xH. 记它们的并为 A. 则有 $xH \subset A$, $A \in \mathcal{T}$. 由命题 9.3.5 知, 存在 e 的开邻域 W, 使得 $WxH \in \mathcal{T}$, WxH 是 H 若干个陪集元素的并. 因此有

$$p^{-1}pWxH = WxH \in \mathcal{T}.$$

则 $pWxH \in \mathcal{T}'$. 由于 $x \in WxH$, 所以 $x \in \mathcal{T}$. 从而有 $\bigcup_{V\in\mathcal{T}'} V = G/H$. 再根据 G/H 的紧性和命题 9.3.4(3) 可知 $G/H \in \mathcal{T}'$. 于是 $G = p^{-1}(G/H) \in \mathcal{T}$, 仍由命题 9.3.4 知 G 是紧群.

命题 9.3.7 设 G 是拓扑群, H 是 G 的子群. 则

(1) G 是局部紧的 $\iff$ e 存在紧邻域;

(2) G 是局部紧的, H 是闭的 $\implies$ H 是局部紧的;

(3) G 是局部紧的 $\implies$ G/H 是局部紧的;

(4) G/H 与 H 都是局部紧的 $\implies$ G 是局部紧的.

证明 (1)—(3) 是明显的. 下面证明 (4).

首先, 我们注意一个事实, 即拓扑群 (或它的商空间) 的任意一点的邻域都包含该点的一个闭邻域 (可参见命题 9.5.1). 因此我们有 e 的闭邻域 U_0, 于是 $U_0 \bigcap H$ 是紧集. 由命题 9.2.1 可知存在 e 的闭邻域 U 使得 $U^{-1}U \subset U_0$. 于是 $U \bigcap H$ 仍是 e 的紧闭邻域. 设 $x \in U$, 则 $H \bigcap x^{-1}U$ 闭且包含在 $U_0 \bigcap H$ 中, 故它是紧集. 因此 $xH \bigcap U = x(H \bigcap x^{-1}U)$ 也是紧集.

下面我们证明存在 e 的闭邻域 $V \subset U$, 使得 $pV = C$, 且 C 是 G/H 中紧集, 这里 p 是商映射 $G \to G/H$. 首先取 e 的闭邻域 V_0, 使得 $V_0^{-1}V_0 \subset U$. 由于 G/H 是局部紧的, 故存在 H 的闭、紧邻域 C_0, pV_0 是 H 的邻域. 由 G/H 的正则性, 存在 H 的闭域 $C_1 \subset pV_0$. 取 $C = C_0 \bigcap C_1$, 则它也是闭紧的. 令 $V = V_0 \bigcap p^{-1}C$. 则有 V 闭且 $pV = C$. 下面我们证明 V 是 e 在 G 中的紧邻域.

设 $\mathcal{T}$ 是 V 的一个开集族, 它满足定理 9.3.4 (3) 的两个条件, 且 $\mathcal{T}$ 是 V 的一个覆盖. 令

$$\mathcal{T}' = \{A | A \text{ 是 } C \text{ 中的开集, 使得 } p^{-1}A \bigcap V \in \mathcal{T}\}.$$

容易看出只要证明 $C \in \mathcal{T}'$, 从而就有 $V = p^{-1}C \bigcap V \in \mathcal{T}$, 故 V 是紧集.

现在证明 $C \in \mathcal{T}'$. 对任意 $x \in V$, 由前述 $xH \bigcap V$ 为紧的, 它被 $\mathcal{T}$ 所覆盖, 故存在 $\mathcal{T}$ 中有限个元素覆盖它. 设这些元素的并为 Q, 则有 $xH \bigcap V \subset Q \in \mathcal{T}$. 于是 $xH \bigcap U \subset Q \bigcap (G/V)$, 后者为开集. 由命题 9.3.5, 它有开邻域 W, 使得 $W(xH \bigcap U) \subset Q \bigcap (G/V)$. 不妨设 $W \subset V$. 则 $WxH \bigcap V \subset Q$. 由 $\mathcal{T}$ 的性质得到 $WxH \bigcap V \in \mathcal{T}$. 注意到 $WxH = p^{-1}pWx$, 由 $\mathcal{T}'$ 的定义可知 $pWx \in \mathcal{T}'$. 特别地, $p(x) \in \mathcal{T}'$. 又因为 $pV = C$. 故 $C = pV \in \mathcal{T}'$. 证毕.

9.4 拓扑群的积

设 $\{G_i\}_{i \in I}$ 是一族拓扑群. 作乘积

$$G = \prod_{i \in I} G_i,$$

则它既是群又是拓扑空间. 事实上, 它还是拓扑群.

命题 9.4.1 设 $\{G_i\}_{i \in I}$ 是一族拓扑群. 则 $G = \prod_{i \in I} G_i$ 是一个拓扑群.

证明 只要证明 G 中的乘法运算 f 和加法运算 g 连续即可. 现在先证 f 连续. 设 $V = \prod_{i \in I} U_i$ 为 G 的基中的元素, 并且 V 除了 $i = i_1, i_2, \cdots, i_n$ 外, 其他的都满足 $V_i = G_i$. 对一切投射 p_j, $p_j(V) = U_j$ 都是开集. 但 $p_j^{-1}(U_i) = (\prod_{j \neq i} U_j) \times U_i$, 于是

$$\bigcap_{k=1}^{n} p_{i_k}^{-1} p_{i_k}(V) = V.$$

从而

$$f^{-1}(V) = f^{-1}\left(\bigcap_{k=1}^{n} p_{i_k}^{-1} p_{i_k}(V)\right) = \bigcap_{k=1}^{n} \left(f^{-1} p_{i_k}^{-1} p_{i_k}(V)\right).$$

因为 $p_{i_k} f$ 连续及 $p_{i_k}(V)$ 是开集 ($\forall \, k = 1, 2, \cdots, n$), 故 $f^{-1}(V)$ 为开集, 所以 f 连续. 类似地可以证明 g 连续.

例 9.4.1 设 $(\mathbf{R}^n, +)$ 是按距离拓扑和加法构成的一个拓扑群. 则它同时也是 n 个拓扑群的积:

$$\mathbf{R}^n = \mathbf{R} \times \mathbf{R} \times \cdots \times \mathbf{R}.$$

命题 9.4.2 设 $\{G_i\}_{i \in I}$ 是一族拓扑群. 则

(1) $\prod_{i \in I} G_i$ 是紧群 $\iff$ 对任意的 $i \in I$, G_i 是紧群;

(2) $\prod_{i \in I} G_i$ 是局部紧群 $\iff$ 对任意的 $i \in I$, G_i 是局部紧群, 且除有限个之外, G_i 是紧群.

证明是容易的, 留作习题.

9.5 分 离 性

本节考虑拓扑群与分离性公理.

命题 9.5.1 (1) T_0 拓扑群必是正则空间;

(2) 若 G 的任意左陪集空间 G/H 是 T_0 空间, 则它必是正则空间.

证明 (1) 对单位元 e 和一个闭集 A, $e \notin A$, 考虑 A 的补集 $G \setminus A$. 它是含有 e 的开集, 则一定包含有 e 的开基中元素 W. 由命题 9.2.1, 存在 e 的开邻域 V 使得 $V^{-1}V \subset W \subset G \setminus A$. 所以 $V^{-1}V \bigcap A = \varnothing$, 于是 $V \bigcap VA = \varnothing$, 且 $A \subset VA = U$ 是开集.

(2) 设 A 是 G/H 中的闭集, $xH \in G/H$, $xH \notin A$, p 为商映射, 则 $\widetilde{A} = p^{-1}A$ 是 G 中闭集. $x \notin \widetilde{A}$, 故 $e \notin \widetilde{A}x^{-1}$. 由 (1) 可知存在 e 的开邻域 V, 使得 $V \bigcap V\widetilde{A}x^{-1} = \varnothing$, 即 $Vx \bigcap V\widetilde{A} = \varnothing$. $\widetilde{A}$ 是 H 的部分陪集的并, 故 $V\widetilde{A}$ 亦是, $V\widetilde{x}$ 与 Vx 无交, 故与 Vx 所在陪集也不相交, 所以 $VxH \bigcap V\widetilde{A} = \varnothing$. 因此 $p(VxH) \bigcap p(V\widetilde{A}) = \varnothing$. $p(VxH)$ 和 $p(V\widetilde{A})$ 都是开集, 且 $xH \subset p(VxH)$, $A \subset p(V\widetilde{A})$. 证毕.

命题 9.5.2 设 G 为一拓扑群, $\mathcal{U}$ 是单位元 e 的邻域系, 则下列陈述等价:

(1) G 是 Hausdorff 空间;

(2) 对角线映射 $g: G \longrightarrow G \times G$, $x \longmapsto (x,x)$ 是闭映射;

(3) $\{e\}$ 是闭集;

(4) 设 $f: H \longrightarrow G$ 是连续同态, 则 $\mathrm{Ker} f$ 是 H 的闭集;

(5) $\bigcap \mathcal{U} = \{e\}$ (此处 $\bigcap \mathcal{U}$ 表示 $\mathcal{U}$ 中一切元素的交);

(6) e 的一切开邻域之交为 $\{e\}$.

证明 我们用循环法证明.

(1) $\Rightarrow$ (2). 设 Y 是 G 中的闭集, 只要证明 $g(Y)$ 是 $G \times G$ 的闭集即可. 设 $(a,b) \notin g(Y)$, 则或者 $a \neq b$ 或者 $a = b \notin g(Y)$. 若 $a \neq b$, 则由 T_2 性质, 存在无交开集 A, B 使得 $a \in A$, $b \in B$. $A \times B$ 是 $G \times G$ 的开集. 因 A, B 不相交, 故 $(A \times B) \bigcap g(Y) = \varnothing$. 若 $a = b \notin g(Y)$, 由于 Y 闭, 所以存在 a 的邻域 A 使得 $A \bigcap Y = \varnothing$, 于是 $(A \times A) \bigcap g(Y) = \varnothing$. 而 $A \times A$ 是 (a,b) 的邻域, 从而 $g(Y)$ 两种情况下都是闭集.

(2) $\Rightarrow$ (3). 设 g 是闭映射, 则对角线 $\bigwedge = g(G) = \{(a,a)|a \in G\}$ 是一个闭集. 其补集 $(G \times G) \setminus \bigwedge$ 是开集. 下证 $G \setminus \{e\}$ 是开集. 设 $x \neq e$. 则 $(x,e) \in (G \times G) \setminus \bigwedge$. 由于 $(G \times G) \setminus \bigwedge$ 开, 所以存在 开邻域 $U \times V$ 使得 $(x,e) \in U \times V \subset (G \times G) \setminus \bigwedge$, 于是 $U \bigcap V = \varnothing$. 因此 $x \in U \subset A$, 从而 A 是开集.

(3) $\Rightarrow$ (4). 设 $\mathrm{Ker} f$ 是闭集 $\{e\}$ 的连续同态原像, 故它是 H 的一个闭集.

9.5 分离性

(4) ⇒ (5). 取 f 是恒同映射, 则对角线 $\mathrm{Ker} f = \{e\}$ 是一个闭集. 由于 G 中的任何一点都是闭集. 于是若 $a \neq e$, 则 $G \neq \{a\}$ 是包含 e 的开集, 所以必有 $\mathcal{U}$ 中的一个元素与 $\{a\}$ 不交. 因此 $a \notin \bigcap \mathcal{U}$.

(5) ⇒ (6). 显然.

(6) ⇒ (1). 设 $a \neq b$, 则 $ab^{-1} \neq e \Rightarrow$ 存在 e 的开邻域 U 使得 $ab^{-1} \notin U \Rightarrow$ 有 $\mathcal{U}$ 中元素 V 使得 $V^{-1}V \subset U$, 从而 $V^{-1}V \bigcap \{ab^{-1}\} = \varnothing$. 所以 $Vb \bigcap Va = \varnothing$. 由于 Vb, Va 分别是 b, a 的开邻域, 故 G 是 Hausdorff 空间.

注 9.5.1 事实上, (1) 与 (2) 等价对任意拓扑空间都成立.

命题 9.5.3 (1) 若 X 是 Hausdorff 空间, $f: Y \to X$ 是单的连续同态, 则 Y 是 Hausdorff 空间.

(2) 若 $\{X_i\}_{i \in I}$ 是非空拓扑空间族, $X = \prod\limits_{i \in I} X_i$, 则 X 是 Hausdorff 空间当且仅当每个 X_i 都是 Hausdorff 空间.

证明 (1) 设 $a \neq b$ 是 Y 中两点, 由单性可知 $f(a) \neq f(b)$. 因为 X 是 Hausdorff 空间, 所以必分别存在 $f(a), f(b)$ 的开邻域 A, B 使得 $A \bigcap B = \varnothing$. 再由单性知 $f^{-1}(A), f^{-1}(B)$ 不相交, 而 $a \in f^{-1}(A)$, $b \in f^{-1}(B)$. 得证.

(2) 设 X 是 T_2 空间. 对每个 i, 构造一个单映射 $f_i: X_i \to X$. 具体如下: 对每个 $j \neq i$, 将 X_i 中的每个元映为 X_j 中一个确定的元素 x_j, 而对于 i, 则把它的每个元映为自身. 这样 f_i 是单连续同态. 由 (1), X_i 是 Hausdorff 空间.

反之, 设每个 X_i 是 Hausdorff 空间, 如果 X 中有不同两点 $\{a_i\}, \{b_i\}$, 则至少对于一个 i, $a_i \neq b_i$. 于是有 X_i 中两个不相交开集 A, B 使得 $a_i \in A$, $b_i \in B$; 则 A, B 在投射映射下的原像必为 X 中不相交开集, 且分别包含着 $\{a_i\}, \{b_i\}$. 证毕.

命题 9.5.4 设 G, G_i 都是拓扑群, H 是 G 的子群, 那么

(1) 若 G 是 Hausdorff 群, 则 H 也是 Hausdorff 群;

(2) 若 G/H 是 Hausdorff 群, 则 H 是 G 的闭子群;

(3) 若 $H, G/H$ 都是 Hausdorff 的, 则 G 也是 Hausdorff 的;

(4) 若 $\prod G_i$ 是 Hausdorff 的当且仅当每个 G_i 也是 Hausdorff 的.

证明 (1), (4) 可由命题 9.5.3 得到.

(2) 由于商映射 $G \longrightarrow G/H$ 是连续且开的, 不难看出它也是一个闭映射. 于是 "H 在 G 中是闭的" 等价于 "H 在 G/H 中是闭的". 由命题 9.5.2 又知 "H 在 G/H 中是闭的" 等价于 "G/H 是 Hausdorff 的".

(3) 设 G/H 和 H 都是 Hausdorff 的. 由命题 9.5.2 知 $\{e\}$ 是 H 中闭集, 由 (2) 知 H 是 G 中闭集. 根据子空间拓扑定义 $\{e\} = V \bigcap H$, 其中 V 是 G 中的某个闭集, 因此 $\{e\}$ 是 G 中闭集, 故 G 是 Hausdorff 的.

例 9.5.1 $(\mathbf{R}, +)$ 及其子群都是 Hausdorff 群; 由于有理数集 $\mathbf{Q}$ 在 $\mathbf{R}$ 中稠密,

故它不是闭集, 从而 $\mathbf{R}/\mathbf{Q}$ 不是 Hausdorff 群.

9.6 连 通 性

由于一个拓扑空间是连通的, 当且仅当它不存在既开又闭的非空真子集. 再根据命题 9.3.1 可得如下命题.

命题 9.6.1 如果 G 是连通拓扑群, 则它没有真开子群, 也没有具有有限指数的闭子群.

命题 9.6.2 如果 G, G_i 都是拓扑群, H 是 G 的子群, 则
(1) G 连通蕴涵着 G/H 连通;
(2) H 与 G/H 都连通蕴涵着 G 连通;
(3) $\prod G_i$ 连通当且仅当每个 G_i 都是连通的.

证明 由拓扑空间的连通性质即得 (1), (3) 成立. 下面只需证 (2).

设 H 与 G/H 都连通, 设 $G = A \bigcup B$, A, B 都是既开又闭的集合, 且 $A \bigcap B = \varnothing$. 由连通空间的性质可得, H 的每个左陪集都连通. 因此它们或是与 A(或 B) 无交, 或是包含在 A(或 B) 中. 于是 A 和 B 都是若干个 H 的左陪集之并. 由于 $p(A) \bigcup p(B) = G/H$, $p(A) \bigcap p(B) = \varnothing$, 这里商映射 p 是开映射, $p(A)$, $p(B)$ 都是开集. 再根据 G/H 的连通性知 $p(A)$, $p(B)$ 必有一个为空集, 不妨设 $p(A)$ 是空集, 从而 $A = 0$. 故 G 连通.

定义 9.6.1 拓扑空间 X 叫做完全不连通空间, 如果它的连通分支只有单点集.

在完全不连通空间中, 多于一点的集合必是不连通的. 离散空间是完全不连通空间, 但反之不然.

命题 9.6.3 如果 G, G_i 都是拓扑群, H 是 G 的子群, 则
(1) G 是完全不连通的蕴涵 H 是完全不连通的;
(2) H 与 G/H 都是完全不连通的蕴涵 G 是完全不连通的;
(3) $\prod G_i$ 是完全不连通的当且仅当每个 G_i 都是完全不连通的.

证明 由完全不连通空间的定义即得 (1), (3) 成立. 下面证 (2) 成立.

设 A 与 G 的连通子集, 则在商映射下的像 $p(A)$ 是 G/H 中的连通子集. 由于 G/H 是完全不连通的. 故 $p(A)$ 是单点集, 所以 A 包含在 H 的一个陪集中. 而 H 的每个陪集都与 H 同胚, 因此都是完全不连通的. 再根据 A 是其中的连通子集, 所以 A 是单点集, 从而 G 是完全不连通的.

命题 9.6.4 设 G 是一个拓扑群, H 是 G 在 e 处的连通分支, 则
(1) H 是 G 的闭的连通的正规子群;
(2) G/H 是完全不连通的 Hausdorff 拓扑群;

(3) H 的所有陪集构成 G 的所有连通分支;

(4) G 的每个开子群都包含有 H.

证明 (1) 只需证明 H 是 G 的正规子群, 设 $h \in H, g \in G$, 则 $hH, g^{-1}Hg$ 与 H 同胚且是连通的, 并与 H 交非空. 由连通分支的定义知 $hH \subset H, g^{-1}Hg \subset H$, 从而 H 是 G 的正规子群.

(2) 由 H 是闭的及命题知 G/H 是 Hausdorff 的. 再由 H 是 G 的正规子群知 G/H 是拓扑群, 因为拓扑群是奇性空间, 所以只需证明单位元的连通分支是单点集即可. 根据 (1) 这个分支是 G/H 的连通子群. 则它必形如 L/H, 其中 L 是 G 中包含 B 的子群. 由 H 连通可知 L 连通, 且 $e \in L$. 从而 $L \subset H$, 于是 $L = H$, 故 L/H 是 G/H 的单位元. 因此 G/H 是完全不连通的.

(3) 因为拓扑群是齐性空间, H 是 e 处的连通分支, 所以 xH 是 x 处的连通分支. 由于任意两个分支或者相等或者不交, 因此 H 的所有陪集就是 G 的连通分支.

(4) 设 U 是 G 的开子集. 由命题可得 U 也是闭子群, $U \bigcap H$ 是 H 非空开、闭子集, 由 H 的连通性可知 $U \bigcap H = H$, 从而 $H \subset U$.

9.7 拓扑动力系统

定义 9.7.1 设 X 为紧致的 Hausdorff 空间, G 为拓扑群, 如果 $f: G \times X \to X$ 连续且满足:

(1) 对任意 $x \in X$, 都有 $f(e, x) = x$, 其中 e 为 G 的单位元;

(2) 对任意 $x \in X$ 和 $g_1, g_2 \in G$, 都有 $f(g_1, f(g_2, x)) = f(g_1g_2, x)$ 成立.

那么就称 (X, G, f) 为一个拓扑动力系统. 一般地, 也直接用 (X, G) 记一个拓扑动力系统. 易见, 此时对于每个 $g \in G, f(g, \cdot): X \to X, x \mapsto f(g, x)$ 为同胚. 为方便计, 有时将 $f(g, x)$ 简记为 gx. 当 X 为单点集时, 称系统 (X, G) 为平凡系统.

如果 $G = \mathbf{R}$ 为实数加群, 也称 $(X, \mathbf{R})$ 为一个流. 如果 $G = \mathbf{Z}$ 为整数加群, 那么称 $(X, \mathbf{Z})$ 为一个离散动力系统.

设 $T: X \to X$ 为一个同胚, 可以定义 $f: \mathbf{Z} \times X \to X$, 使得 $f(n, x) = T^n(x)$. 于是 $(X, \mathbf{Z}, f)$ 成为一个离散动力系统. 反之, 如果 $(X, \mathbf{Z}, f)$ 为一个离散动力系统, 那么 $T: X \to X, x \mapsto f(1, x)$ 为一个同胚, 且对任意 $x \in X$ 及 $n \in \mathbf{Z}$, 有 $f(n, x) = T^n(x)$. 正因为如此, 一般直接以 (X, T) 表示离散动力系统.

如果在上面的定义中以非负整数加法半群 $\mathbf{Z}_+$ 替代 G, 那么称 $(X, \mathbf{Z}_+, f)$ 为一个半离散动力系统. 利用类似的讨论可以看出, 一个半离散动力系统可以由一个连续映射生成.

设 (X, G) 为动力系统. 对 $x \in X$, 则称 $\mathrm{orb}(x, G) = \{gx: g \in G\}$ 为 x 的轨道. 设 A 为 X 的子集, 如果 $gA = \{gx: x \in A\} \subset A, \forall g \in G$, 则称 A 为不变集.

如果 $A \subset X$ 为闭的不变集, 则将群作用限制在 A 上也成为一个动力系统, 称之为 (X, G) 的子系统, 记为 (A, G, f). 对任意的 $x \in X$, 易见 $\overline{\mathrm{orb}(x, G)}$ 为闭的不变集, 从而 $(\overline{\mathrm{orb}(x, G)}, G)$ 是 (X, G) 的一个子系统. 设 (X, G) 和 (Y, G) 为两个动力系统, 定义它们的乘积系统为 $(X \times Y, G)$, 其中 $g(x, y) = (gx, gy)$, $\forall\, g \in G$. 任意多个系统的乘积系统可以类似的定义.

关于拓扑动力系统的一个自然的问题是: 两个拓扑动力系统何时是 "一样的"? 在点集拓扑学中, 两个拓扑空间如果同胚, 那么我们认为它们是一样的; 而在代数中, 两个群如果为同构, 那么认为它们是一样的. 在拓扑动力系统中, 有如下定义.

定义 9.7.2 设 (X_1, G, f_1) 和 (X_2, G, f_2) 为两个拓扑动力系统. 如果存在连续映射 $\pi: X_1 \to X_2$ 使得对每一个 $g \in G$, 都有 $\pi(gx) = g(\pi x)$, $\forall\, x \in X_1$. 则称 (X_1, G, f_1) 为 (X_2, G, f_2) 的一个扩充, 或者称 (X_2, G, f_2) 是 (X_1, G, f_1) 的因子, π 叫因子映射. 如果 π 为同胚, 就称 (X_1, G, f_1) 和 (X_2, G, f_2) 是共轭的.

在本书中, 如非特别指出, 一般研究 $\mathbf{Z}_+$ 作用下的系统, 即我们所指的拓扑动力系统是指偶对 (X, T), 其中 X 为紧度量空间而 $T: X \to X$ 为连续映射.

对 $x \in X$, 称 $\mathrm{orb}(x, T) = \{x, Tx, T^2 x, \cdots\}$ 为 X 的轨道. 设 A 为 X 的子集, 如果 $T(A) \subset A$, 则称 A 为正不变集或不变集; 如果 $T^{-1} A \subset A$, 则称 A 为负不变集; 如果 $T(A) = A$, 则称 A 为强不变集. 如果 $A \subset X$ 为闭的不变集, 则 $(A, T|_A)$ 也成为一个动力系统, 称之为 (X, T) 的子系统, 有时就直接将它记为 (A, T). 对任意 $x \in X$, 易见 $\overline{\mathrm{orb}(x, T)}$ 为闭的不变集, 进而 $(\overline{\mathrm{orb}(x, T)}, T)$ 是 (X, T) 的一个子系统.

当考虑两个半离散动力系统 (X, T) 和 (Y, S) 时, 因子映射 $T: X \to Y$ 就是满足 $\pi \circ T = S \circ \pi$ 的连续满射. 下面给出因子映射的等价描述.

设 (X, T) 为动力系统, $R \subset X \times X$ 是 X 上的一个关系. 如果 R 为 $X \times X$ 的闭子集, 则称 R 为闭关系; 如果 $(T \times T)(R) \subset R$, 就称关系 R 为不变的. 设 $R \subset X \times X$ 为 X 上闭的不变的等价关系. 对 $x \in X$ 考虑 x 所在的等价类 $[x]_R = \{y \in X: (x, y) \in R\}$. 所有的这些等价类形成了一个新的空间 $X/R = \{[x]_R: x \in X\}$, 如果 X/R 的拓扑取商拓扑, 则 X/R 为紧度量空间. 映射 T 自然地诱导了 X/R 上的连续映射 $T_R: [x]_R \to [Tx]_R$, 从而 $(X/R, T_R)$ 为动力系统. 设 $\pi: X \to X/R$ 为商映射, 则 $\pi: (X, T) \to (X/R, T_R)$ 为因子映射且 $R_\pi = \{(x, y) \in X \times X: \pi(x) = \pi(y)\} = R$.

反之, 设 $\pi: (X, T) \to (Y, S)$ 为因子映射, 通过 π 可以定义 X 上的一个闭的不变的等价关系:
$$R_\pi = \{(x, y) \in X \times X: \pi(x) = \pi(y)\}.$$

易见 $(X/R_\pi, T_{R_\pi})$ 拓扑共轭于 (Y, S). 因此, 在拓扑共轭的意义下, 有如下命题.

命题 9.7.1 设 (X, T) 为动力系统. 则 (X, T) 的因子系统一一对应于 X 上闭

9.7 拓扑动力系统

的不变的等价关系.

此外, 如果 $T: X \to X$ 为连续的, 那么

$$T: \bigcap_{i=0}^{\infty} T^i(X) \to \bigcap_{i=0}^{\infty} T^i(X)$$

为满的. 所以我们经常在系统 (X,T) 的定义中假设映射 T 为满射.

可以通过自然扩充将半离散系统与离散系统联系在一起. 若 $T: X \to X$ 为连续满的自映射. 设

$$Y = \left\{ (x_1, x_2, \cdots) \in \prod_{i=1}^{\infty} X : Tx_{i+1} = x_i, \ i \geqslant 1 \right\}.$$

作为乘积空间 $\prod_{i=1}^{\infty} X$ (取乘积拓扑) 的子集, Y 是非空闭的. 如果定义 $\widetilde{T}: Y \to Y$, 使得

$$\widetilde{T}(x_1, x_2, \cdots) = (Tx_1, x_2, \cdots),$$

那么 $\widetilde{T}$ 为同胚映射, 且对每个 $n \in \mathbf{N}$, 向第 n 个分量的投射 $p_n: Y \to X$ 为连续满射. 特别地, p_1 为 $(Y, \widetilde{T})$ 到 (X, T) 的因子映射.

周期性是极为重要的动力学性质. 这是因为在研究自然现象时, 那些可以重复观察的现象才是我们最关心的. 从这节开始, 我们将研究各种周期性质.

定义 9.7.3 设 (X, T) 为动力系统, $x \in X$.

(1) 如果 $Tx = x$, 那么 x 叫 T 的不动点;

(2) 如果存在某个 $n \in \mathbf{N}$, 使得 $T^n x = x$, 则 x 叫做周期点. 而满足 $T^n x = x$ 的最小的 n 叫做周期.

用 $\mathrm{Fix}(X, T)$ 表示系统 (X, T) 的不动点的全体, 用 $\mathrm{Per}(X, T)$ 表示系统 (X, T) 的周期点全体.

下面如果空间确定并且不会引起混淆, 我们经常会省略空间记号. 例如, 把上面 $\mathrm{Fix}(X, T)$, $\mathrm{Per}(X, T)$ 直接记为 $\mathrm{Fix}(T)$, $\mathrm{Per}(T)$.

设 x 是以 n 为周期的周期点, 那么 $(\{x, Tx, \cdots, T^{n-1}x\}, T)$ 成为一个动力系统. 这是一类最简单的动力系统, 并且每个点都是周期回归的.

对 $x \in X$, 定义 x 的 ω 极限集 $\omega(x, T)$ 为 $\mathrm{orb}(x, T)$ 的全体极限点集, 即

$$\omega(x, T) = \{y \in X : \exists\, n_i \to \infty, \ \text{s.t.}\ T^{n_i} x \to y\} = \bigcap_{n \geqslant 0} \overline{\bigcup_{k \geqslant n} \{T^k x\}}.$$

如果 $U, V \subset X$, 定义回归时间集为

$$N(U, V) = \{n \in \mathbf{Z}_+ : U \cap T^{-n} V \neq \varnothing\}.$$

定义 9.7.4　动力系统 (X,T) 或 T 称为传递的, 如果对 X 的任意两个非空开集 U,V, 都有 $N(U,V) \neq \varnothing$. 如果存在点 $x \in X$ 满足 $\mathrm{orb}(x,T) = X$, 那么称 (X,T) 为点传递的, 而称 x 为一个传递点. X 的全体传递点的集合记为 Trans_T.

定理 9.7.1　设 (X,T) 为动力系统, 则以下命题等价:

(1) (X,T) 为传递的;

(2) 对每个非空开集 U, $\bigcup_{n=0}^{\infty} T^{-n}U$ 稠密;

(3) 如果 U 为满足 $T^{-l}U \subset U$ 的非空开集, 则 U 为稠密的;

(4) 如果 E 为闭不变的, 那么或者 $E = X$, 或者 E 为无处稠密的.

证明　(1)$\Rightarrow$(2) 是显然的.

(2)$\Rightarrow$(3). 设 U 为满足 $T^{-l}U \subset U$ 的非空开集, 则 $\bigcup_{n=0}^{\infty} T^{-n}U = U$, 于是由 (2) 知 U 为稠密的.

(3)$\Rightarrow$(4). 设 $U = X \setminus E$, 则 $T^{-l}U \subset U$. 于是或者 U 为空集或者 U 稠密. 等价地, 或者 $E = X$ 或者 E 为无处稠密的.

(4)$\Rightarrow$(1). 设 U,V 为 X 的非空开集. 令 $E = X - \bigcup_{n=0}^{\infty} T^{-n}U$. 于是 E 为无处稠密的, 即 $\bigcup_{n=0}^{\infty} T^{-n}U$ 是稠密的. 从而有 $V \cap (\bigcup_{n=0}^{\infty} T^{-n}U) \neq \varnothing$. 故存在 $m \in \mathbf{Z}_+$, 使得 $V \cap T^{-m}U \neq \varnothing$, 所以 (X,T) 为传递的.

设 $\pi: X \to Y$ 为 (X,T) 到 (Y,S) 的因子映射, π 为极小的是指 X 为唯一满足 $\pi(A) = Y$ 的非空闭不变子集 A.

与传递性紧密联系在一起的一个概念是回归点.

定义 9.7.5　点 $x \in X$ 称为一个回归点是指存在序列 $n_i \to \infty$, 使得 $T^{n_i}x \to x$, 即 $x \in \omega(x,T)$. 记全体回归点的集合为 $\mathrm{Rec}(T)$.

一个重要的事实是, 如果 x 为回归点, 那么 $(\overline{\mathrm{orb}(x,T)}, T)$ 为传递系统; 对传递系统 (X,T), 有 $\mathrm{Trans}_T \subset \mathrm{Rec}(T)$. 著名的 Birkhoff 定理告诉我们动力系统的回归点总是存在的. 它的证明需要用到 Zorn 引理或者要用到遍历论的方法.

习　题　9

1. 证明: 一个子集为正不变的当且仅当它的补集为负不变的.
2. 证明命题 9.4.2: 设 $\{G_i\}_{i \in I}$ 是一族拓扑群, 则

(1) $\prod_{i \in I} G_i$ 是紧群 $\iff$ 对任意的 $i \in I$, G_i 是紧群;

(2) $\prod_{i \in I} G_i$ 是局部紧群 $\iff$ 对任意的 $i \in I$, G_i 是局部紧群, 且除有限个之外, G_i 是紧群.

第10章 不动点理论简介

不动点理论一直是一个既古老又崭新的领域,它虽然历史悠久,但又是近现代一个发展较快的理论.到目前一直是研究泛函微分系统和经济领域中均衡问题的一个重要工具,对泛函系统的解的存在性和唯一性以及均衡的存在性的研究具有重要的理论价值.1994年获得诺贝尔经济学奖的纳什均衡,著名的大科学家冯·诺伊曼曾称其为只是另一个不动点定理而已.

不动点理论是拓扑、分析和几何等数学分支的交叉,它是非线性现象研究方面的一个非常有力且十分重要的工具.它是二十世纪一个格外引人注目的数学分支,当时人们开始把微分方程的解看作是 Banach 空间到自身映射的不动点,得出了基本的理论结果.在这一时期,不动点定理作为数学科学中的主流课题,其应用方面更是硕果累累.

10.1 压缩映射定理及其推广

Banach 不动点定理,又称为压缩映射定理或压缩映射原理,是度量空间理论的一个重要工具;它保证了度量空间的一定自映射的不动点的存在性和唯一性,并给出了求这个不动点的构造性方法.

定义 10.1.1 设 X 为任意一个空间, J 为 X 上的一个关系. 点 x 叫做 J 的不动点,如果它满足 $x \in J(x)$. 关系 J 的所有不动点的集合记作 $\mathrm{Fix}(J)$. 显然,如果 f 是 X 上的一个映射,点 x 叫做 f 的不动点当且仅当 $x = f(x)$.

定义 10.1.2 令 (X,d) 为任意一个度量空间, T 为 X 到自身的一个映射. 如果对任意的 $x, y \in X$,都有 $d(Tx, Ty) \leqslant rd(x,y)$ 成立,其中实数 $0 < r < 1$,则称 T 是一个压缩映射.

定理 10.1.1 设 T 为完备度量空间 X 上的一个压缩映射,则 T 存在唯一的不动点.

证明 对于任意的 $n \in \mathbf{Z}^+$ 及任意的 $x, y \in X$,由 T 是压缩映射,得

$$d(T^n x, T^n y) \leqslant rd(T^{n-1}x, T^{n-1}y) \leqslant \cdots \leqslant r^n d(x,y).$$

设 x 是 X 中的任意一点, 令 $x_1 = Tx$, $x_n = Tx_{n-1} = T^n x$ $(n = 2, 3, \cdots)$. 下证 $\{x_n\}$ 是完备度量空间 X 的一个 Cauchy 点列. 这是因为对任意的 $n, m \in \mathbf{Z}^+$, 有

$$\begin{aligned} d(x_{n+m}, x_n) &\leqslant d(x_{n+m}, x_{n+m-1}) + \cdots + d(x_{n+1}, x_n) \\ &= d(T^{n+m-1}Tx, T^{n+m-1}x) + \cdots + d(T^n Tx, T^n x) \\ &\leqslant r^{n+m-1} d(Tx, x) + \cdots + r^n d(Tx, x) \\ &= r^n (r^{m-1} + \cdots + 1) d(Tx, x) \\ &\leqslant \frac{r^n}{1-r} d(Tx, x). \end{aligned}$$

又因为 X 是完备的, 所以可设 $x_n \to x^*$. 最后证明唯一性. 事实上, 可知

$$\begin{aligned} d(x^*, Tx^*) &\leqslant d(x^*, x_n) + d(x_n, Tx^*) \\ &\leqslant d(x^*, x_n) + r d(x_{n-1}, x^*). \end{aligned}$$

上式两端取极限 $n \to \infty$, 即得 $Tx^* = x^*$. 如果还存在 y^* 使得 $Ty^* = y^*$, 则

$$d(x^*, y^*) = d(Tx^*, Ty^*) \leqslant r d(x^*, y^*)$$

矛盾, 唯一性得证.

下面介绍一下锥度量空间上的广义压缩原理.

令 E 为实 Banach 空间, 其范数为 $|\cdot|$. E 的子集 P 叫做锥, 如果

(a) P 是非空闭集且 $P \neq 0$;

(b) $a, b \in R, a, b \geqslant 0, x, y \in P \Rightarrow ax + by \in P$;

(c) $x \in P$ 且 $x \notin P \Rightarrow x = 0$.

对于给定的 $P \subset E$, 定义关于 P 的偏序 $\leqslant$ 为: $x \leqslant y \Leftrightarrow y - x \in P$. 记号 $x < y$ 表示 $x \leqslant y$, 并且 $x \neq y$, 符号 $x \ll y$ 则表示 $y - x \in \text{int} P$ (P 的内部).

锥 P 叫正规的如果存在 $L > 0$ 使得对任意的 $x, y \in E$, 都有

$$0 \leqslant x \leqslant y \quad \text{蕴涵} \quad \|x\| \leqslant L\|y\|.$$

满足上式的最小的正数 L 叫 P 的正规常数.

定义 10.1.3 设 X 是一个非空集合. 如果映射 $d : X \times X \to E$ 满足:

(d1) 对任意的 $x, y \in X$, 都有 $0 \leqslant d(x, y)$, 并且 $d(x, y) = 0 \Leftrightarrow x = y$;

(d2) 对任意的 $x, y \in X$, 都有 $d(x, y) = d(y, x)$;

(d3) 对任意的 $x, y, z \in X$, 都有 $d(x, y) \leqslant d(x, z) + d(z, y)$.

那么 d 叫做 X 上的锥度量, (X, d) 叫锥度量空间. 锥度量空间是度量空间的一种推广.

定义 10.1.4 设 (X,d) 是一个锥度量空间. 序列 $\{x_n\}$ 叫

(e1) Cauchy 序列, 如果对于任意的满足 $c \gg 0$ 的 $c \in E$, 都存在 N 使得对任意的 $n,m > N$, 都有 $d(x_n, x_m) \ll c$;

(e2) 收敛序列, 如果对于任意的满足 $c \gg 0$ 的 $c \in E$, 存在固定的 $x \in X$, 以及 N 使得当 $n > N$ 时, 都有 $d(x_n, x) \ll c$.

当 $\{x_n\}$ 收敛于 x 时, x 称为 $\{x_n\}$ 的极限. 可以表示为

$$\lim_{n\to\infty} x_n = x \quad \text{或} \quad x_n \to x \ (n \to \infty).$$

锥度量空间 X 叫完备的, 如果 X 中的每个柯西序列在 X 中都是收敛的. 显然 $\{x_n\} \to x \in X \Leftrightarrow d(x_n, x) \to 0 \ (n \to \infty)$.

令 (X, d) 为完备的锥度量空间, P 为正规锥. $I = [0, T](T > 0)$. 记 $C[I, X] = \{u : I \to X \mid u(t) \text{ 在 } I \text{ 上是连续的}\}$. 易知 $C[I, X]$ 是一个 Banach 空间, 其范数为 $\|u - v\| = \max\limits_{\forall t \in I} |d(u(t), v(t))|$, 其中 $u, v \in C[I, X]$.

定理 10.1.2 设 F 是 $C[I, X]$ 的闭子集, $A : F \to F$ 是一个算子. 如果存在 $\alpha, \beta \in [0, 1), M \in C(I, [0, \infty))$ 使得对于任意的 $u, v \in F$, 都有

$$d(Au(t), Av(t)) \leqslant \beta d(u(t), v(t)) + \frac{M(t)}{t^\alpha} \int_0^t d(u(s), v(s)) \mathrm{d}s, \quad \forall\, t \in (0, T], \quad (10.1.1)$$

则 A 存在唯一的不动点 $u^* \in F$. 并且对任意取定的 $x_0 \in F$, 迭代序列 $x_n = Ax_{n-1}(n = 1, 2, 3, \cdots)$ 收敛于 $u^* \in F$ 和对所有的 $s > 0$, 都有

$$\text{当 } n \to \infty \text{ 时, 有 } \|x_n - u^*\| = o(n^{-s}).$$

证明 对任意的 $u_0 \in F$, 记 $u_n = Au_{n-1}(n = 1, 2, 3, \cdots)$. 由 (10.1.1) 得

$$d(u_2(t), u_1(t)) \leqslant (\beta + M(t)t^{1-\alpha})\|u_1 - u_0\| \leqslant (\beta + Kt^{1-\alpha})\|u_1 - u_0\|, \quad \forall\, t \in (0, T],$$

其中 $K = \max\{M(t) | t \in I\}$. 根据上式递推得, 对任意的 $t \in (0, T]$, 有

$$d(u_{n+1}(t), u_n(t)) \leqslant \bigg(\beta^n + \mathrm{C}_n^1 \beta^{n-1} K t^{1-\alpha} + \frac{\mathrm{C}_n^2 \beta^{n-2} K^2 t^{2-2\alpha}}{2 - \alpha} + \cdots$$
$$+ \frac{K^n t^{n-n\alpha}}{(2-\alpha)(3-2\alpha)\cdots(n-(n-1)\alpha)}\bigg)\|u_1 - u_0\|$$
$$(n = 1, 2, 3, \cdots).$$

故

$$\|u_{n+1} - u_n\| \leqslant \bigg(\beta^n + \mathrm{C}_n^1 \beta^{n-1} h + \frac{\mathrm{C}_n^2 \beta^{n-2} h^2}{2!} + \cdots + \frac{h^n}{n!}\bigg)\|u_1 - u_0\|, \quad (10.1.2)$$

其中 $h = KT^{1-\alpha}(1-\alpha)^{-1}$. 对任意的 n, 令 $n = km + j (0 \leqslant j < k)$, 这里 $k(k \neq 1)$ 是任意给定的正整数, 则只要 n 是充分大的, 由 Stirling 公式, 即有

$$\begin{aligned}
L_1 &\equiv \beta^n + C_n^1 \beta^{n-1} h + \frac{C_n^2 \beta^{n-2} h^2}{2!} + \cdots + \frac{C_n^m \beta^{n-m} h^m}{m!} \\
&\leqslant C_n^m \beta^{n-m} \left(1 + h + \frac{h^2}{2!} + \cdots + \frac{h^m}{m!}\right) \\
&= \frac{O(1) \beta^{n-m} n \Gamma(n)}{m(n-m) \Gamma(m) \Gamma(n-m)} \\
&= \frac{O(1) n \beta^{n-m}}{m(n-m)} \\
&\quad \cdot \frac{\sqrt{\frac{2\pi}{n}} \left(\frac{n}{e}\right)^n \left(1 + O\left(\frac{1}{n}\right)\right)}{\sqrt{\frac{2\pi}{m}} \left(\frac{m}{e}\right)^m \left(1 + O\left(\frac{1}{m}\right)\right) \sqrt{\frac{2\pi}{n-m}} \left(\frac{n-m}{e}\right)^{n-m} \left(1 + O\left(\frac{1}{n-m}\right)\right)} \\
&= \frac{O(1) \beta^{n-m} \sqrt{2n\pi} n^n}{\sqrt{2m\pi} m^m \left(1 + O\left(\frac{1}{m}\right)\right) \sqrt{2(n-m)\pi} (n-m)^{n-m}} \\
&= O\left(\frac{k^m}{\sqrt{m}}\right) \left(\frac{\beta n}{n-m}\right)^{n-m} = O\left(\frac{\left(\beta^{k-1} k \left(\frac{k}{k-1}\right)^{k-1}\right)^m}{\sqrt{m}}\right) \\
&= O\left(\frac{(\beta^{k-1})^m}{\sqrt{m}}\right) = O\left(\frac{\beta^n}{\sqrt{n}}\right),
\end{aligned}$$

相似地,

$$\begin{aligned}
L_2 &\equiv \frac{C_n^{m+1} \beta^{n-m-1} h^{m+1}}{(m+1)!} + \cdots + \frac{h^n}{n!} \\
&\leqslant \frac{C_n^{[\frac{n}{2}]}}{(m+1)!} (\beta^{n-m-1} h^{m+1} + \cdots + h^n) \\
&= o\left(\frac{1}{(m+1)^s}\right) = o\left(\frac{1}{n^s}\right) \quad (n \to \infty),
\end{aligned}$$

其中 $s > 1$ 为任意实数常数. 因此, 由 (10.1.2) 可得

$$\begin{aligned}
\|u_{n+1} - u_n\| &\leqslant (L_1 + L_2) \|u_1 - u_0\| \\
&= O\left(\frac{\beta^n}{\sqrt{n}}\right) + o\left(\frac{1}{n^s}\right) = o\left(\frac{1}{n^s}\right) \quad (n \to \infty), \quad (10.1.3)
\end{aligned}$$

这意味着,对任意固定的 $s > 0$,都存在 $n_0 > 0$ 满足

$$\|u_{n+1} - u_n\| < \frac{1}{n^{s+1}}, \quad \forall\, n > n_0.$$

于是,对任意的正整数 $p > 0, n > n_0$,都有

$$\|u_{n+p} - u_n\| \leqslant \|u_{n+p} - u_{n+p-1}\| + \cdots + \|u_{n+1} - u_n\| < \sum_{i=n}^{\infty} \frac{1}{i^{s+1}}$$

$$= \frac{1}{s(n-1)^s} + o\left(\frac{1}{(n-1)^{s+1}}\right)$$

$$= O\left(\frac{1}{n^s}\right) \quad (n \to \infty),$$

其中 $s > 0$. 从而 $\{u_n\}$ 是一个 Cauchy 序列,且存在 $u^* \in F$ 使得 $\|u_n - u^*\| \to 0$ 当 $n \to \infty$. 由 (10.1.1),对于 $\forall\, t \in (0, T]$ 都有

$$d(Au^*(t), u^*(t)) \leqslant d(Au^*(t), Au_n(t)) + d(Au_n(t), u^*(t))$$
$$\leqslant (\beta + Kt^{1-\alpha})\|u_n - u^*\| + \|u_{n+1} - u^*\|,$$

则

$$\|Au^*(t) - u^*(t)\| \leqslant (\beta + Kt^{1-\alpha})\|u_n - u^*\| + \|u_{n+1} - u^*\|,$$

这蕴涵由 $\|u_n - u^*\| \to 0\ (n \to \infty)$ 可以推出 $Au^* = u^*$.

对任意的 $x_0 \in F$,令 $x_n = Ax_{n+1}(n = 1, 2, 3, \cdots)$. 由 (10.1.1) 以及和建立 (10.1.3) 相似的方法,对任意的 $s > 0$,我们有

$$\|x_n - u^*\| = o(n^{-s}) \quad (n \to \infty),$$

这蕴涵着 u^* 是 A 的唯一不动点,因为 $x_0 \in F$ 是任意的. 证毕.

注 10.1.1 事实上,一方面容易给出满足 (10.1.1) 的 $C[I, E]$ 的一个闭子集到自身的映射,但它不是完备锥度量空间到自身的一个压缩映射的例子. 例如,算子 $A: C[J, E] \to C[J, E](J = [0, 1])$ 定义为

$$Au(t) = \frac{2}{3}\int_0^1 u(t)\mathrm{d}t + 3t^{-\frac{1}{2}}\int_0^t u(s)\mathrm{d}s, \quad \forall\, t \in (0, 1], \quad Au(0) = \frac{2}{3}u_0$$

就是这样的一个映射.

另一方面,若 F 是完备锥度量空间 (X, d) 的一个闭子集,算子 $A: F \to F$ 满足

$$d(Au, Av) \leqslant \alpha d(u, v), \quad \forall\, u, v \in F, \tag{10.1.4}$$

其中 $\alpha \in [0,1)$. 则由 [10] 的定理 1 可知 A 在 F 有唯一的不动点. 以下推断这一点也可以由定理 10.1.1 得到. 本质上可通过将 F 中的元素看作为 $C[I,X]$ 的常值函数, 从而把 F 嵌入 $C[I,X]$ 中. 于是 F 是 $C[I,X]$ 中的闭子集, $A: F \to F$ 可以看成是 $C[I,X]$ 的一个映射. 故 (10.1.4) 意味着, 对于 $K = 0$, A 满足 (10.1.1), 于是根据定理 10.1.1, 在 $C[I,E]$ 的子集 F 中, A 存在唯一不动点, 它就是 A 在 X 的子集 F 中的唯一不动点.

相似于定理 10.1.2, 可以证明如下定理.

定理 10.1.3 令 F 是 $C[I,X]$ 中的闭子集, $A: F \to F$ 是一个算子. 如果存在 $\alpha, \beta \in [0,1), M \in C(I,[0,\infty))$, 使得对某一个确定的 $\eta \in I = [0,T]$ 和任意的 $u, v \in F$, 都有

$$d(Au(t), Av(t)) \leqslant \beta d(u(t), v(t)) + \frac{M(t)}{(t-\eta)^\alpha} \int_\eta^t d(u(s), v(s)) \mathrm{d}s, \quad \forall t \in (\eta, T], \quad (10.1.5)$$

其中 α 满足 $(-1)^\alpha = -1$, 则定理 10.1.1 的结论成立.

10.2 Brouwer 不动点定理及其推广

记 K 为实拓扑向量 T_2 空间 E 中的一个紧凸集. 映射 $T: K \to K$ 是多值映射, 即通常意义下的从 K 到 2^K 的映射. 其中对任意的 $x \in K$, $T(x)$ 表示 E 的非空闭凸集, 符号 2^K 表示 K 的所有子集组成的集族. 符号 E^* 表示 E 的对偶空间, 映射 T 的不动点指的是满足 $u \in T(u)$ 的 K 中的点 u.

Brouwer 不动点定理说明: 在一个拓扑空间中, 满足一定条件的连续函数 f 存在不动点. 在众多的不动点定理中, Brouwer 不动点定理是特别著名的, 这是由于它可以应用于多个数学分支. 在其最初的领域中, 它是反映欧氏拓扑、若尔当曲线定理、毛球定理或者 Borsuk-Ulam 定理特征的一个重要定理之一. 这一点奠定了它在拓扑学基本理论的地位. 它也被用来证明关于微分方程的深刻结果以及被包含在大多数的微分几何课程内容中. 在经济学方面, 它虽然不像纳什均衡可以应用于博弈对弈, 但是 Brouwer 不动点定理及其广义化定理、Kakutani 不动点定理, 在由 1950 年的诺贝尔经济学奖获得者 Gerard Debreu 和 Kenneth Arrow 所发展的市场经济学里一般平衡点的存在性的证明中起到了至关重要的作用.

Brouwer 不动点定理首先是受到法国数学家 Poincaré 和 Picard 在微分方程方面工作的启发. 证明需要利用拓扑方法. 这个在十九世纪末的工作开启了该定理的几个系列版本. 一般的情况首先被 Hadamard 于 1910 年证明, 后来又被 Brouwer 于 1912 年证明.

Brouwer 不动点定理有如下几个形式:

10.2　Brouwer 不动点定理及其推广

(I)([6]) 平面上的闭圆盘到自身的任何一个连续映射都至少存在一个不动点.

这可以任意扩张到有限维的情形:

(II)([7]) 欧氏空间的闭球到自身的任何一个连续映射都存在不动点.

相似的广义版本如下:

(III) 欧氏空间的凸紧集到自身的任何一个连续映射都存在不动点.

更广义的形式是如下的定理.

(IV) Schauder 不动点定理: Banach 空间的凸紧集到自身的任何一个连续映射都存在不动点.

以下 Brouwer 不动点定理的证明需要拓扑度量中的 Brouwer 理论.

定义 10.2.1　设 $\deg(f, \Omega, p)$ 为定义 Ω 上的三元整数值函数. 其中 Ω 是 $\mathbf{R}^n$ 中的有界开集, 连续函数 $f: \overline{\Omega} \to \mathbf{R}^n$, $p \in \mathbf{R}^n - f(\partial\Omega)$. 如果 $\deg(f, \Omega, p)$ 满足以下条件, 则称其为 Brouwer 度:

(1) 若 $p \in \Omega$, 则 $\deg(f, \Omega, p) = 1$;

(2) 设 Ω_1, Ω_2 是 Ω 中的开子集, $p \notin f(\overline{\Omega} - (\Omega_1 \cup \Omega_2))$, 则 $\deg(f, \Omega, p) = \deg(f, \Omega_1, p) + \deg(f, \Omega_2, p)$;

(3) 设 $H: [0,1] \times \overline{\Omega} \to \mathbf{R}^n$, $h_t(x) = H(t, x)$. 如果 $\theta(t): [0,1] \to \mathbf{R}^n$ 连续, 则 $\deg(h_t, \Omega, \theta(t))$ 与 t 无关.

定理 10.2.1　Brouwer 度 $\deg(f, \Omega, p)$ 具有如下性质:

(1) 若 $\Omega = \varnothing$, 则 $\deg(f, \Omega, p) = 1$;

(2) 设闭集 $K \subset \overline{\Omega}$, 使得 $p \notin f(K)$, 则 $\deg(f, \Omega, p) = \deg(f, \Omega \setminus K, p)$;

(3) (Kronecker 存在定理) 当 $p \notin f(\overline{\Omega})$ 时, $\deg(f, \Omega, p) = 0$. 因此由 $\deg(f, \Omega, p) \neq 0$ 可以推出 $f(x) = p$ 在 Ω 内有解.

证明　在定义 10.1.1 中取 $\Omega_1 = \Omega, \Omega_2 = \varnothing$ 即得 (1); 取 $\Omega_1 = \Omega \setminus K, \Omega_2 = \varnothing$ 即得 (2); 取 $\Omega_1 = \varnothing, \Omega_2 = \varnothing$ 即得 (3); 反之若 $\deg(f, \Omega, p) \neq 0$, 则有 $p \in f(\overline{\Omega})$, 但是根据 Brouwer 度的定义, $p \notin f(\partial\Omega)$, 故 $p \in f(\Omega)$. 证毕.

定理 10.2.2　欧氏空间的有界闭凸集到自身的任何一个连续映射都存在不动点.

证明　不妨假设 Ω 的内部非空; 否则, 只需在 Ω 张成的子空间内考虑即可. 另外还可假定 0 是 Ω 的内点; 否则只需考虑 $\Omega - \{0\}$ 与算子 $f(x + x_0) - x_0$ 即可, 其中 x_0 是 Ω 的内点.

若 f 在 $\partial\Omega$ 上存在不动点, 则定理得证. 下设 f 在 $\partial\Omega$ 上没有不动点, 考虑映射

$$h_t(x) = x - tT(x), \quad 0 \leqslant t \leqslant 1, \quad x \in \overline{\Omega}.$$

显然, $h_t(x)$ 关于 x, t 都是连续的, 并且 $0 \notin h_t(\partial\Omega)$, 于是根据定理 10.2.1 可得

$$\deg(I - f, \Omega, 0) = \deg(I, \Omega, 0) = 1.$$

故由 Kronecker 存在定理可得, $I - f$ 在 Ω 内有零点, 此即 f 在 Ω 内有不动点. 证毕.

因此, Brouwer 不动点定理推广到无限维的情形自然需要包含某种紧性假设, 此外也常常需要凸性假设. 关于连续映射不动点研究的拓扑方法推广到多值映射情形首先是由冯·诺伊曼 [24] 在证明博弈理论时涉及的. Brouwer 不动点定理推广到从 n 阶圆盘到自身的上半连续多值映射 T 是由 Kakutani [25] 来完成的, 在 Banach 空间中 Schauder 不动点定理的相应扩展是由 Glicksberg [26] 证明的. 文献 [17] 里, Browder 给出了拓扑向量空间上的多值映射不动点理论的一个新的推广, 他考虑了从紧凸集 K 到 E^* 的映射, 即到 E 的对偶空间 E^* 而不是到 E 本身.

引理 10.2.1 [17]   设 K 为拓扑向量空间 E 的一个非空紧凸子集 (这里 E 是可分的但不必是局部凸的). 映射 $T: K \to 2^E$ 满足: 对任意的 $x \in K$, $T(x)$ 都是 K 的非空凸集. 如果对任意的 $y \in K$, $T^{-1}(y) = \{x | x \in K, y \in T(x)\}$ 都是 K 中的开集, 则存在 $x_0 \in K$ 使得 $x_0 \in T(x_0)$.

证明   由于对任意的 $y \in K$, $T^{-1}(y) = \{x | x \in K, y \in T(x)\}$ 都是 K 中的开集, 因此对任意的 $x \in K$, 都至少存在这些开集中一个的包含 x. 因为 K 是紧集, 所以存在有限多个 $y_1, y_2, \cdots, y_n$ 使得 $K = \bigcup_{j=1}^{n} T^{-1}(y_j)$. 记 $\{\beta_1, \beta_2, \cdots, \beta_n\}$ 为对应于这个开覆盖的单位分割, 即每一个 β_j 都是 K 到实数集的满足 $0 \leqslant \beta_j(x) \leqslant 1$, $\sum_{j=1}^{n} \beta_j(x) = 1$, 并且在 $T^{-1}(y_j)$ 外取零的连续映射, 其中 $x \in K$, $1 \leqslant j \leqslant n$. 定义

$$p(x) = \sum_{j=1}^{n} \beta_j(x) y_j$$

为 K 到自身的连续映射, 并且 $p(x)$ 是集合 $\{y_j\}$ 的一个凸线性组合. 更进一步地, 对每一个满足 $\beta_j(x) \neq 0$ 的 j, 都有 $x \in T^{-1}(y_j)$, 故有 $y_j \in T(x)$. 所以 $p(x)$ 是凸集 $T(x)$ 中的点的一个凸线性组合, 从而对任意的 $x \in K$, 都有 $p(x) \in T(x)$.

令 K_0 为由 n 个点 $y_1, y_2, \cdots, y_n$ 张成的有限维单形. 因为由 E 的拓扑结构诱导的 E 的任何有限维子空间的拓扑与通常的欧氏拓扑等价, 所以 K_0 同胚于欧几里得球. p 是 K_0 到自身的映射, 于是根据 Brouwer 不动点定理, p 在 K_0 中存在不动点 x_0. 因此 $x_0 = p(x_0) \in T(x_0)$. 证毕.

引理 10.2.2   设 K 为局部凸的拓扑向量空间 E 的一个非空紧凸子集, $T: K \to E^*$ 为单值连续映射, 则存在 $u_0 \in K$ 使得对所有的 $u \in K$, 都有

$$(T(u_0), u_0 - u) \geqslant 0.$$

证明 假设结论不成立. 则对所有的 $u_0 \in K$, 必存在 $u \in K$ 使得 $(T(u_0), u_0 - u) < 0$.

对每一个 $u_0 \in K$, 令 $F: K \to 2^K$ 为

$$F(u_0) = \{u | u \in K, (T(u_0), u_0 - u) < 0\}.$$

显然对每一个 $u_0 \in K$, $F(u_0)$ 是非空凸集. 因为 T 是 E 的紧集 K 到 E^* 的连续映射, 所以 $f(u) = (T(u), u - v)$ 对每一个固定的 $v \in K$ 都是 K 上的连续映射, 因此

$$F^{-1}(u) = \{u_0 | u_0 \in K, (T(u_0), u_0 - u) > 0\}$$

对每一个 $u \in K$, 都是 K 中的开集.

根据引理 10.2.1, 存在 $x_0 \in K$ 使得 $x_0 \in F(x_0)$. 但是, 对这个 x_0, 可得

$$0 > (T(x_0), x_0 - x_0) = 0.$$

矛盾, 证毕.

定理 10.2.3 [17] 设 K 为局部凸的可分拓扑向量空间 E 的一个非空紧凸子集, $T: K \to 2^E$ 为上半连续映射, 且满足: 对任意的 $x \in K$, $T(x)$ 都是 E 的非空闭凸集. 如果对任意的 $u \in \delta(K)$, 都存在 $w \in T(u)$, $u_1 \in K$, 以及一个正实数 λ 使得 $w - u = \lambda(u_1 - u)$. 则存在 $x_0 \in K$ 使得 $x_0 \in T(x_0)$.

证明 用反证法. 假设定理不成立, 那么对任意的 $u \in K$, 都有 $0 \notin \{u - T(u)\}$. 而集合 $\{u - T(u)\}$ 是闭凸集 $-T(u)$ 的平移, 因此也是一个闭凸集. 根据局部凸空间中的凸集基本分离定理, 则存在 $\delta > 0$, 以及 $w \in E^*$ 使得 $(w, v) > \delta$ 对任意的 $v \in \{u - T(u)\}$ 都成立.

对任意的 $w \in E^*$, 记

$$F_w = \{u | u \in K, (w, v) > 0, v \in u - T(u)\},$$

则由映射 T 的上半连续性, F_w 是 K 中的开集, 故 $\{F_w : w \in E^*\}$ 是紧集 K 的一个开覆盖. 所以存在 E^* 的有限子集 $\{w_1, \cdots, w_n\}$ 满足 $K = \bigcup_{j=1}^n F_{w_j}$. 令 $\{\beta_1, \cdots, \beta_n\}$ 为对应于这个覆盖的单位分割, 有

$$r(x) := \sum_{j=1}^n \beta_j(x) w_j,$$

则 $r: K \to E^*$ 为连续映射. 由于 $\beta_j(u) \neq 0$ 蕴涵 $(w_j, v) > 0$, $\beta_j(u) > 0$. 那么, 对每一个 $u \in K$, 以及任意的 $v \in \{u - T(u)\}$, 都有

$$(r(u), v) = \sum_{j=1}^n \beta_j(u)(w_j, v) > 0.$$

根据引理 10.2.2, 存在 $u_0 \in K$ 使得 $(r(u_0), u_0 - u) \geqslant 0$ 对每一个 $u \in K$ 都成立. 下面分两种情况讨论:

(1) $u_0 \notin \delta(K)$;

(2) $u_0 \in \delta(K)$, 其中 $\delta(K) = \{x | x \in K,$ 存在 E 的有限维子空间 F 使得 $x \in \partial(K \bigcap F)\}$.

(1) 对任意的 $v \in E$, 都存在 $\varepsilon > 0$ 使得 $u = u_0 - \varepsilon v \in K$. 于是可得

$$0 \leqslant (r(u_0), \varepsilon v) = \varepsilon(r(u_0), v).$$

故对任意的 $v \in E$, 都有 $(r(u_0), v) \geqslant 0$. 如果用 $-v$ 替代 v, 则对任意的 $v \in E$, 都有 $(r(u_0), v) = 0$, 此即 $r(u_0) = 0$. 可是对任意的属于非空集合 $u_0 - T(u_0)$ 中的 v, 都有 $(r(u_0), v) > 0$, 矛盾.

(2) 存在 $w_0 \in T(w_0), u_1 \in K$ 以及实数 $\lambda > 0$ 使得

$$w_0 - u_0 = \lambda(u_1 - u_0).$$

于是可得 $(r(u_0), u_1 - u_0) \geqslant 0$.

$$0 \leqslant \lambda^{-1}(r(u_0), w_0 - u_0) = -\lambda^{-1}(r(u_0), u_0 - w_0).$$

另一方面, $(r(u_0), u_0 - w_0) > 0$, 故 $\lambda^{-1}(r(u_0), u_0 - w_0) > 0$, 矛盾. 定理得证.

引理 10.2.3 令 K 为局部凸空间 E 的凸子集, K_1 为 E^* 的紧凸子集. 如果对任意的 $w \in K_1$, 存在 $u \in K$, 使得

$$(w, u) < 0.$$

则存在 $u_0 \in K$ 使得对任意的 $w \in K_1$, 都有

$$(w, u_0) < 0.$$

证明 用反证法. 否则, 对于任意的 $u \in K$, 则存在 $w \in K_1$ 使得 $(w, u) \geqslant 0$. 于是对任意的 $u \in K$, 记

$$F(u) = \{w | w \in K_1, (w, u) \geqslant 0\}.$$

显然每一个 $F(u)$ 都是 K_1 中的非空闭凸集.

根据假设, 对每一个 $w \in K_1$, 存在 $u \in K$ 使得 $(w, u) < 0$. 因此, 如果对 $u \in K$ 定义

$$T(u) = \{w | w \in K_1, (w, u) < 0\},$$

则每一个 $T(u)$ 都是 K_1 的开子集, $\{T(u) : u \in K\}$ 是 K_1 的一个开覆盖. 所以存在有限子覆盖 $\{T(u_1), \cdots, T(u_n)\}$ 和相应的分割 $\{\beta_1, \cdots, \beta_n\}$, 其中对于所有的 $x \in K$, 都有 $\beta_j(x) \geqslant 0$, $\sum_{j=1}^n \beta_j(x) = 1$. 并且当 $x \notin N_{u_j}$ 时, $\beta_j(x) = 0 (1 \leqslant j \leqslant n)$. 对每一个 $w \in K_1$, 记

$$p(w) := \sum_{j=1}^n \beta_j(w) u_j,$$

则 $p(w)$ 是 K 中的点的凸线性组合, 再由 K 的凸性, 因此 $p(w) \in K$ 对每一个 $w \in K_1$ 都成立. 并且, 对每一个 $w \in K_1$, 有

$$(w, p(w)) = \sum_{j=1}^n \beta_j(w)(w, u_j) < 0.$$

现在定义映射 $S: K_1 \to 2^{K_1}$ 为

$$S(w) = F(p(w)), \quad w \in K_1.$$

则对每一个 $w \in K_1$, $p(w)$ 是 K 中定义好的点, 因此 $S(w) = F(p(w))$ 为 K_1 中的非空紧凸子集. 要证明 S 为上半连续的, 因为 K_1 是紧的, 所以只要证明 S 的像集是 $K_1 \times K_1$ 的闭子集就行. 假设 $w, w_1 \in K_1$, 则

$$w_1 \in S(w) \Leftrightarrow w_1 \in F(p(w)) \Leftrightarrow (w_1, p(w)) \geqslant 0.$$

令 $\Phi: K_1 \times K_1 \to \mathbf{R}$ 为

$$\Phi([w, w_1]) = (w_1, p(w)).$$

因为 K_1 是紧的, p 是连续的, 所以 Φ 也是连续的. 由于 $w_1 = S(w)$ 当且仅当 $[w, w_1] \in \Phi^{-1}(0)$, 并且根据 Φ 的连续性可知, $\Phi^{-1}(0)$ 是 $K_1 \times K_1$ 的闭子集. 所以 S 的像集是 $K_1 \times K_1$ 的闭子集, 并且 S 是上半连续的.

由定理 10.2.3 可知存在 $w_0 \in K_1$ 使得 $w_0 \in S(w_0)$, 即 $w_0 \in F(p(w_0))$. 对这个 w_0 同时有 $(w_0, p(w_0)) \geqslant 0$ 和 $(w_0, p(w_0)) < 0$(根据 p 的定义). 矛盾. 证毕.

定理 10.2.4 ([17], Theorem 6) 设 K 为局部凸的可分拓扑向量空间 E 的一个非空紧凸子集, $T: K \to 2^E$ 为上半连续映射, 且满足: 对任意的 $x \in K$, $T(x)$ 都是 E^* 的非空闭凸集. 则存在 $u_0 \in K$, $w_0 \in T(u_0)$ 使得对于任意的 $u \in K$, 有

$$(w_0, u_0 - u) \geqslant 0.$$

证明 用反证法. 如果命题不成立, 则对于任意的 $u_0 \in K$ 以及任意的 $w_0 \in T(u_0)$, 存在 $u \in K$ 使得 $(w_0, u_0 - u) < 0$.

如果 $T(u_0)$ 是 E^* 的紧凸子集, 则由引理 10.2.3 可知对于任意的 $u_0 \in K$, 都存在 $u \in K$ 使得 $(w_0, u_0 - u) < 0$ 对于任意的 $w_0 \in T(u_0)$ 都成立. 对任意的 $u_0 \in K$, 记

$$S(u_0) = \{u | u \in K, (w_0, u_0 - u) < 0, \forall\, w_0 \in T(u_0)\}.$$

则对任意的 $u_0 \in K$, $S(u_0)$ 是 K 的非空凸子集. 另一方面, 对于一个固定的 $u \in K$,

$$S^{-1}(u) = \{u_0 | u_0 \in K, (w_0, u_0 - u) > 0, \forall\, w_0 \in T(u_0)\}$$

是 K 的开子集, 这是根据映射 $T : K \to 2^{E^*}$ 的上半连续性. 因此, 由引理 10.2.1 可知存在元素 $u_0 \in K$ 满足 $u_0 \in S(u_0)$. 然而, 对这个 u_0, 以及任意的 $w_0 \in T(u_0)$,

$$0 = (w_0, u_0 - u_0) < 0,$$

矛盾.

10.3 非扩张半群族的共同不动点

这一节里 **N** 表示正整数集. 对于任意实数 t, $[t]$ 表示不大于 t 的最大整数. E 表示实 Banach 空间. E^* 表示 E 的对偶空间. 记 T 表示 E 的子集 C 上的非扩张映射, 即满足 $\|Tx - Ty\| \leqslant \|x - y\|$ 的映射, 其中 $x, y \in C$. $F(T)$ 表示 T 的所有不动点的集合. 在 1965 年, Kirk 证明了当 C 是凸的弱紧集且具有范数结构时, 映射 T 存在不动点.

一个映射族 $\{T(t) : t \geqslant 0\}$ 叫做 C 上的单参数非扩张映射的强连续半群 (简称非扩张半群), 如果如下的条件满足:

(A1) 对任意的 $t \geqslant 0, T(t)$ 是 C 上的非扩张映射;

(A2) 对于任意的 $s, t \geqslant 0$ 都有 $T(s + t) = T(s) \circ T(t)$;

(A3) 对于任意的 $x \in C$, 从 $[0, \infty)$ 到 C 的映射 $t \mapsto T(t)x$ 都是连续的.

接下来利用 Bochner 积分, 得到非扩张半群的共同不动点的一个特征.

定理 10.3.1 设 $\{T(t) : t \geqslant 0\}$ 为 Banach 空间 E 中的子集 C 上的非扩张半群, γ 为一个无理数. $\eta : [0, \tau] \to [0, \infty)$ 为连续函数, 且满足 $\int_0^\tau \eta(s) \mathrm{d}s = \alpha$, 其中 τ 为某一个正实数, $\{\tau_j\}$ 为一个 $[0, \infty)$ 中的序列且使得集合 $\{\tau_j : j \in N\}$ 的闭包为 $[0, \tau]$. 函数 $\theta : N \to [0, \infty)$ 满足 $\sum_{j=1}^\infty \theta(j) = \beta$. $Px = \int_0^\tau \eta(s) T(s) x \mathrm{d}s, Qx = \sum_{j=1}^\infty \theta(j) T(\tau_j) x$. 定义非扩张半群 $S : C \to E$ 为

10.3 非扩张半群族的共同不动点

$$Sx = Px + Qx = \int_0^\tau \eta(s)T(s)x\mathrm{d}s + \sum_{j=1}^\infty \theta(j)T(\tau_j)x, \quad (10.3.1)$$

其中 $x \in C$. 如果 $\alpha + \beta = 1$, 则

$$F(S) = \bigcap_{t \geqslant 0} F(T(t)). \quad (10.3.2)$$

证明 注意到 (A3), 所以 S 的定义有意义. 对于 $x, y \in C$, 可得

$$\|Sx - Sy\| = \left\| \int_0^\tau \eta(s)\big(T(s)x - T(s)y\big)\mathrm{d}s + \sum_{j=1}^\infty \theta(j)\big(T(\tau_j)x - T(\tau_j)y\big) \right\|$$

$$\leqslant \int_0^\tau \eta(s)\|T(s)x - T(s)y\|\mathrm{d}s + \sum_{j=1}^\infty \theta(j)\|T(\tau_j)x - T(\tau_j)y\|$$

$$\leqslant \int_0^\tau \eta(s)\|x - y\|\mathrm{d}s + \sum_{j=1}^\infty \theta(j)\|x - y\|$$

$$= (\alpha + \beta)\|x - y\| = \|x - y\|,$$

因此 S 是非扩张的. 下面先证明

$$F(S) \supset \bigcap_{t \geqslant 0} F(T(t)). \quad (10.3.3)$$

如果 $x \in \bigcap_{t \geqslant 0} F(T(t))$, 那么

$$Sx = \int_0^\tau \eta(s)T(s)x\mathrm{d}s + \sum_{j=1}^\infty \theta(j)T(\tau_j)x = \int_0^\tau \eta(s)x\mathrm{d}s + \sum_{j=1}^\infty \theta(j)x$$

$$= \alpha x + \beta x = x,$$

于是 $x \in F(s)$, 故 (10.3.3) 成立.

接下来证明反包含关系成立. 如果 $z \in C$ 为 S 中的不动点. 由于 $\{T(t)z : t \in [0, \tau]\}$ 是紧集, 故存在 $\mu \in [0, \tau]$ 使得

$$\|T(\mu)z - z\| = \max_{t \in [0,\tau]} \|T(t)z - z\|.$$

假设 $\delta := \|T(\mu)z - z\| > 0$. 则根据 Hahn-Banach 定理, 必存在 $f \in E^*$ 满足

$$\|f\| = 1, \quad f(T(\mu)z - z) = \|T(\mu)z - z\| = \delta.$$

又因为 $t \mapsto T(t)z$ 是连续的, 所以存在 $\mu_1, \mu_2 \in [0, \tau]$ 使得

$$\mu_1 < \mu_2, \quad \mu \in [\mu_1, \mu_2], \quad \|T(\mu)z - T(t)z\| \leqslant \delta/2,$$

其中 $t \in [\mu_1, \mu_2]$. 于是有

$$\delta = \|T(\mu)z - z\| = f(T(\mu)z - z) = f(T(\mu)z - Sz)$$
$$= \int_0^\tau \eta(s) f(T(\mu)z - T(s)z) \mathrm{d}s + \sum_{j=1}^\infty \theta(j) f(T(\mu)z - T(\tau_j)z)$$
$$\leqslant \int_0^\tau \eta(s) \|T(\mu)z - T(s)z\| \mathrm{d}s + \sum_{j=1}^\infty \theta(j) \|T(\mu)z - T(\tau_j)z\|$$
$$= \int_0^{\mu_1} \eta(s) \|T(\mu)z - T(s)z\| \mathrm{d}s + \int_{\mu_1}^{\mu_2} \eta(s) \|T(\mu)z - T(s)z\| \mathrm{d}s$$
$$\quad + \int_{\mu_2}^\tau \eta(s) \|T(\mu)z - T(s)z\| \mathrm{d}s + \sum \{\theta(j) \|T(\mu)z - T(\tau_j)z\| : \tau_j \in [\mu_1, \mu_2]\}$$
$$\quad + \sum \{\theta(j) \|T(\mu)z - T(\tau_j)z\| : \tau_j \notin [\mu_1, \mu_2]\}$$
$$= \int_0^{\mu_1} \eta(s) \|T(s) \circ T(\mu - s)z - T(s)z\| \mathrm{d}s + \int_{\mu_1}^{\mu_2} \eta(s) \|T(\mu)z - T(s)z\| \mathrm{d}s$$
$$\quad + \int_{\mu_2}^\tau \eta(s) \|T(\mu)z - T(\mu) \circ T(s - \mu)z\| \mathrm{d}s$$
$$\quad + \sum \{\theta(j) \|T(\mu)z - T(\tau_j)z\| : \tau_j \in [\mu_1, \mu_2]\}$$
$$\quad + \sum \{\theta(j) \|T(\mu)z - T(\tau_j)z\| : \tau_j \notin [\mu_1, \mu_2]\}$$
$$\leqslant \int_0^{\mu_1} \eta(s) \|T(\mu - s)z - z\| \mathrm{d}s + \int_{\mu_1}^{\mu_2} \eta(s) \frac{\delta}{2} \mathrm{d}s + \int_{\mu_2}^\tau \eta(s) \|T(s - \mu)z - z\| \mathrm{d}s$$
$$\quad + \sum \left\{\theta(j) \frac{\delta}{2} : \tau_j \in [\mu_1, \mu_2]\right\} + \sum \{\theta(j) \|T(|\mu\tau_j|)z - z\| : \tau_j \notin [\mu_1, \mu_2]\}$$
$$\leqslant \int_0^{\mu_1} \eta(s) \delta \mathrm{d}s + \int_{\mu_1}^{\mu_2} \eta(s) \frac{\delta}{2} \mathrm{d}s + \int_{\mu_2}^\tau \eta(s) \delta \mathrm{d}s + \sum \left\{\theta(j) \frac{\delta}{2} : \tau_j \in [\mu_1, \mu_2]\right\}$$
$$\quad + \sum \{\theta(j) \delta : \tau_j \notin [\mu_1, \mu_2]\}$$
$$\leqslant \alpha \delta - \frac{\delta}{2} \int_{\mu_1}^{\mu_2} \eta(s) \mathrm{d}s + \beta \delta - \frac{\delta}{2} \sum \{\theta(j) : \tau_j \in [\mu_1, \mu_2]\}$$
$$= (\alpha + \beta) \delta - \frac{\delta}{2} \left(\int_{\mu_1}^{\mu_2} \eta(s) \mathrm{d}s + \sum \{\theta(j) : \tau_j \in [\mu_1, \mu_2]\}\right)$$
$$< \delta.$$

矛盾. 故 $\delta = 0$. 这蕴涵 z 是 $\{T(t) : t \geqslant 0\}$ 的共同不动点. 证毕.

下面的结论是以上的直接推论.

推论 10.3.1 令 $\{T(t) : t \geqslant 0\}$ 为一个非扩张半群序列, C 为 Banach 空间 E

中的非空闭凸子集, 则如下的迭代序列

$$x_{n+1} = \alpha_n P x_n + (1-\alpha_n) Q x_n$$

强收敛于 $\{T(t): t \geqslant 0\}$ 的共同不动点, 其中 $x_1 \in C$, $\{\alpha_n\}$ 是 $[0,1]$ 中的序列, $Px = \int_0^\tau \eta(s)T(s)x\mathrm{d}s, Qx = \sum_{j=1}^\infty \theta(j)T(\tau_j)x$.

推论 10.3.2 令 $\{T(t): t \geqslant 0\}$ 为 Banach 空间 E 中的子集 C 上的非扩张半群, γ 为一个无理数. 固定 $\tau > 0$, 并设非扩张半群 $S: C \to E$ 为

$$Sx = \frac{1}{2\tau} \int_0^\tau T(s)x\mathrm{d}s + \sum_{j=1}^\infty \frac{1}{2^{j+1}} T(j\gamma - [j\gamma]\tau)x, \tag{10.3.4}$$

其中 $x \in C$. 则 (10.3.2) 成立.

如果令定理 10.3.1 中的 $\alpha = 1, \beta = 0$, 则有如下结论.

推论 10.3.3 令 $\{T(t): t \geqslant 0\}$ 为 Banach 空间 E 中的子集 C 上的非扩张半群, γ 为一个无理数. 固定 $\tau > 0$, 并设非扩张半群 $S: C \to E$ 为

$$Sx = \frac{1}{\tau} \int_0^\tau T(s)x\mathrm{d}s, \tag{10.3.5}$$

其中 $x \in C$. 则 (10.3.2) 成立.

如果令定理 10.3.1 中的 $\alpha = 0, \beta = 1$, 则有如下结论.

推论 10.3.4 令 $\{T(t): t \geqslant 0\}$ 为 Banach 空间 E 中的子集 C 上的非扩张半群, γ 是一个无理数. 固定 $\tau > 0$, 并设非扩张半群 $S: C \to E$ 为

$$Sx = \sum_{j=1}^\infty \frac{1}{2^j} T(j\gamma - [j\gamma]\tau)x, \tag{10.3.6}$$

其中 $x \in C$. 则 (10.3.2) 成立.

10.4 Tychonoff 不动点定理及其广义化

设 X 为拓扑向量空间 Y 的一个紧凸集, Z 为一个拓扑群, $\mathcal{C}(Z)$ 为拓扑群 Z 中的所有非空紧集的集合. 令 $f, g: X \Rightarrow \mathcal{C}(Z)$ 为两个从 X 到 $\mathcal{C}(Z)$ 的映射, 即对每一个 $x \in X$, $f(x)$ 和 $g(x)$ 都是 Z 中的非空紧集. 本节中, 所有的向量空间都是实向量空间, 所有的拓扑结构都满足 T_2 分离性公理.

因为我们即将要用到的 Knaster-Kuratowski-Mazurkiewice 定理仅能应用于有限维的情况, 所以下面首先需要推广一下这个定理.

引理 10.4.1 设 X 为拓扑向量空间 Y 的任意一个子集. 对于每一个 $x \in X$, 令 $F(x)$ 为满足如下两个条件的 Y 中的闭集:

(1) X 的任何有限子集 $\{x_1, x_2, \cdots, x_n\}$ 的凸包都包含在 $\bigcup_{i=1}^n F(x_i)$;

(2) 至少存在一个 $x \in X$, 使得 $F(x)$ 是紧集.

则 $\bigcap_{x \in X} F(x) \neq \varnothing$.

证明 这只要证明对于 X 的任何有限子集 $\{x_1, x_2, \cdots, x_n\}$, 都有 $\bigcap_{i=1}^n F(x_i) \neq \varnothing$ 就行. 对于任意的 $\{x_1, x_2, \cdots, x_n\} \subset X$, 在 n 维欧几里得空间中考虑以 $v_1 = (1, 0, \cdots, 0), v_2 = (0, 1, \cdots, 0), \cdots, v_n = (0, 0, \cdots, 0, 1)$ 为顶点的 $n-1$ 维单形 $S = v_1 v_2 \cdots v_n$, 并且定义连续映射 $\varphi: S \to Y$ 为 $\varphi(\sum_{i=1}^n \alpha_i v_i) = \sum_{i=1}^n \alpha_i x_i$, 其中 $\alpha_i \geqslant 0, \sum_{i=1}^n \alpha_i = 1$. 考虑 S 的 n 个闭子集 $G_i = \varphi^{-1} F(x_i) (1 \leqslant i \leqslant n)$. 根据 (1), 对于任意的 $1 \leqslant i_1 < i_2 < \cdots < i_k \leqslant n$, 总有 $k-1$ 维单形 $v_{i_1} v_{i_2} \cdots v_{i_k} \subset G_{i_1} \bigcup G_{i_2} \bigcup \cdots \bigcup G_{i_k}$. 由 Knaster-Kuratowski-Mazurkiewicz 定理可知 $\bigcap_{i=1}^n G_i \neq \varnothing$, 因此 $\bigcap_{i=1}^n F(x_i) \neq \varnothing$.

对于拓扑群 Z, 令 $\mathcal{Z}$ 为 Z 中所有非空紧集组成的拓扑空间, 其拓扑就是通常的拓扑. 对于 $A \in \mathcal{Z}$ 以及 Z 的单位元 e 的任何一个邻域 V, 记

$$\widetilde{V}(A) = \{B \in \mathcal{Z} \mid B \subset AV, A \subset BV\}.$$

当 V 取遍单位元 e 的所有邻域, 所有集合 $\widetilde{V}(A)$ 就构成了 A 在 $\mathcal{Z}$ 中的邻域系.

令 X 为一个拓扑空间, Z 为一个拓扑群. 根据 $\mathcal{Z}$ 中拓扑的定义, 映射 $f: X \to \mathcal{Z}$ 是连续的当且仅当对于任意的 $x_0 \in X$, 以及单位元 e 的任何一个邻域 V, 存在 x_0 在 X 中的一个邻域 M, 使得对于任意的 $x \in M$, 都有 $f(x) \subset f(x_0) \cdot V$ 和 $f(x_0) \subset f(x) \cdot V$ 成立. 映射 $g: X \to \mathcal{Z}$ 叫上半连续, 如果对于任意的 $x_0 \in X$, 以及单位元 e 的任何一个邻域 V, 存在 x_0 在 X 中的一个邻域 M, 使得对于任意的 $x \in M$, 都有 $g(x) \subset g(x_0) \cdot V$.

引理 10.4.2 设 X 是一个拓扑空间, Z 是一个拓扑群. 令 $f, g: X \to \mathcal{Z}$ 为两个上半连续映射. 如果 F 是 Z 中的非空闭集, 则

$$E = \{x \in X \mid F \cdot f(x) \bigcap g(x) \neq \varnothing\}$$

是 X 中的闭集.

证明 令 $x_0 \in X$, 并且 $x_0 \notin E$. 由于 $f(x_0)$ 是紧集且 F 是 Z 中的非空闭集, 故 $F \cdot f(x_0)$ 是闭集. 那么, 根据紧集 $f(x_0)$ 与闭集 $F \cdot f(x_0)$ 不交, 因此存在单位元 e 的一个邻域 V 使得 $F \cdot f(x_0) \cdot V \bigcap g(x_0) \cdot V = \varnothing$. 选取 x_0 在 X 中的一个邻域 M, 使得对于任意的 $x \in M$, 都有 $f(x) \subset f(x_0) \cdot V, g(x) \subset g(x_0) \cdot V$. 于是, 对于任意的 $x \in M$ 可得 $F \cdot f(x) \bigcap g(x) = \varnothing$ 或者 $x \notin E$, 从而 E 是 X 中的闭集.

引理 10.4.3 设 X 为一个拓扑空间，Z 是一个拓扑群. 令 $f: X \to \mathcal{Z}$ 为连续映射. 如果 G 是 Z 中的开集，则

$$H = \{x \in X \mid f(x) \bigcap G = \varnothing\}$$

是 X 中的闭集.

证明 令 $x_0 \in X$，并且 $x_0 \notin H$. 对于任意的 $z \in f(x_0) \bigcap G$，则 $V = G^{-1}z$ 是单位元 e 在 Z 中的一个开邻域. 选取 x_0 在 X 中的一个邻域 M，使得对于任意的 $x \in M$，都有 $f(x_0) \subset f(x) \cdot V$. 于是，对于任意的 $x \in M$ 可得 $z \in f(x_0) \subset f(x) \cdot V$, $f(x) \bigcap zV^{-1} \neq \varnothing$，从而 $H \bigcap M = \varnothing$，故 H 是 X 中的闭集.

定理 10.4.1 设 X 为拓扑向量空间 Y 的一个紧凸集. Z 为一个拓扑群，$\mathcal{Z}$ 表示拓扑群 Z 中的所有非空紧集的集合. 令 $f: X \to \mathcal{Z}$ 为从 X 到 $\mathcal{Z}$ 的连续映射；$g: X \to \mathcal{Z}$ 为上半连续映射并且满足如下条件:

(1) 对于每一个 $x' \in X$，都存在 $x'' \in X$ 使得 $f(x') \bigcap g(x'') \neq \varnothing$;

(2) 任意给定单位元 e 在 Z 中的一个邻域 V，都存在单位元 e 的一个邻域 W 满足: 对于每一点 $x_0 \in X$ 以及 X 的任何有限子集 $\{x_1, x_2, \cdots, x_n\}$，都有 $W \cdot f(x_0) \bigcap g(x_0) \neq \varnothing$ 蕴涵 $V \cdot f(x_0) \bigcap g(x_0) \neq \varnothing$. 其中 x 是 $\{x_1, x_2, \cdots, x_n\}$ 凸包中的点.

则存在 $\bar{x} \in X$ 满足 $f(\bar{x}) \bigcap g(\bar{x}) \neq \varnothing$.

证明 令 $\mathcal{N}$ 表示单位元 e 在 Z 中的开邻域系，对每一个 $V \in \mathcal{N}$，记

$$\Phi(V) = \{x \in X \mid \overline{V} \cdot f(x) \bigcap g(x) \neq \varnothing\}.$$

由引理 10.4.2，$\Phi(V)$ 是 X 中的闭集. 如果对于每一个 $V \in \mathcal{N}$，我们能证明 $\Phi(V) \neq \varnothing$，那么将有

$$\bigcap_{i=1}^{n} \Phi(V_i) \supset \Phi\left(\bigcap_{i=1}^{n}(V_i)\right) \neq \varnothing.$$

其中 $V_1, V_2, \cdots, V_n \in \mathcal{N}$. 于是由 X 的紧性可得 $\bigcap_{V \in \mathcal{N}} \Phi(V) \neq \varnothing$. 因为对于任意的 $\bar{x} \in \bigcap_{V \in \mathcal{N}} \Phi(V)$ 都有 $f(\bar{x}) \bigcap g(\bar{x}) \neq \varnothing$，所以下面只要证明对于每一个 $V \in \mathcal{N}$，都有 $\Phi(V) \neq \varnothing$ 就行.

考虑任意取定的 $V \in \mathcal{N}$. 对应于这个集合 V，选择 $W \in \mathcal{N}$ 为满足假设 (2) 的 W. 对于每一个 $x \in X$，令

$$F(x) = \Phi(V) \bigcup \{y \in X \mid W \cdot f(y) \bigcap g(x) = \varnothing\}.$$

由于 $W \cdot f(y) \bigcap g(x) = \varnothing$ 等价于 $f(y) \bigcap W^{-1}g(x) = \varnothing$，并且 $W^{-1}g(x)$ 是开的，$\{y \in X \mid W \cdot f(y) \bigcap g(x) = \varnothing\}$ 是闭的. 所以，由引理 10.4.3，可知 $F(x)$ 是紧的. 对于

X 的任意有限子集 $\{x_1, x_2, \cdots, x_n\}$，可以断言 $\sum_{i=1}^n \alpha_i x_i \in \bigcup_{i=1}^n F(x_i)$，其中 $\alpha_i \geqslant 0$，$\sum_{i=1}^n \alpha_i = 1$。事实上，如果 $\sum_{i=1}^n \alpha_i x_i \notin \Phi(V)$，从而 $\overline{V} \cdot f(\sum_{i=1}^n \alpha_i x_i) \bigcap g(\sum_{i=1}^n \alpha_i x_i) = \varnothing$；因此根据 W 的选法，则至少存在一个指标 j 使得 $W \cdot f(\sum_{i=1}^n \alpha_i x_i) \bigcap g(x_j) = \varnothing$，从而 $\sum_{i=1}^n \alpha_i x_i \in F(x_j)$。再根据引理 10.4.1，存在 $x' \in \bigcap_{x \in X} F(x)$。根据 (1)，可选择 $x'' \in X$ 满足 $f(x') \bigcap g(x'') \neq \varnothing$，于是 $W \cdot f(x') \bigcap g(x'') \neq \varnothing$，并且有 $x' \in F(x'') \Rightarrow x' \in \Phi(V)$。故 $\Phi(V) \neq \varnothing$。证毕。

对任意的 $x \in X$，$g(x)$ 都是 Z 中的一点，$g: X \to \mathcal{C}(Z)$ 为上半连续映射意味着 $g: X \to Z$ 为连续映射。在这种情况下，定理 10.4.1 的条件 (2) 可以重述如下：对于任意给定的单位元 e 在 Z 中的一个邻域 V，都存在单位元 e 的一个邻域 W 满足：对于每一点 $x_0 \in X$，都有 $g^{-1}(W \cdot f(x_0))$ 的凸包包含在 $g^{-1}(V \cdot f(x_0))$ 中。

当拓扑向量空间 Z 被看作为一个拓扑群 (关于向量加法)，用符号 $\mathfrak{Z}$ 表示 Z 中所有非空紧凸集 Z 的子空间。下面的结论是定理 10.4.1 的延伸。在 $Y = Z$ 这种情况下，$f: X \to X$ 是连续映射，g 是 X 上的恒同映射，定理 10.4.2 就是古典的 Tychonoff 不动点定理。

定理 10.4.2 设 X 为拓扑向量空间 Y 的一个紧凸集。Z 为一个局部凸拓扑向量空间，令 $\mathfrak{Z}$ 表示 Z 中的所有非空紧凸集的集合。令 $f: X \to \mathfrak{Z}, g: X \to Z$ 为两个连续映射并且满足如下条件：

(1) 对于每一个 $x \in X$，都有 $f(x) \bigcap g(X) \neq \varnothing$；

(2) 任意 Z 中的每一个闭凸集 C，都有 $g^{-1}(C)$ 是凸的 (或空集)。

则存在 $\bar{x} \in X$ 满足 $g(\bar{x}) \in f(\bar{x})$。

证明 根据 Z 的局部凸性和正则性，对于 Z 中原点的任意邻域 V，则存在 Z 中原点的凸邻域 W 满足 $\overline{W} \subset V$。于是，对于任意的 $x_0 \in X$，$\overline{W} + f(x_0)$ 是一个闭凸集，因此，根据 (2)，$g^{-1}(\overline{W} + f(x_0))$ 是凸集。再注意到 $g^{-1}(V + f(x_0)) \supset g^{-1}(\overline{W} + f(x_0))$，所以 $g^{-1}(V + f(x_0))$ 包含 $g^{-1}(\overline{W} + f(x_0))$ 的凸包，那么定理 10.4.1 的条件 (2) 也满足。证毕。

习 题 10

1. 证明：平面上的闭圆盘到自身的任何一个连续映射都至少存在一个不动点。
2. 证明：若 $f: [0,1] \to [0,1]$ 是一个连续映射，则 f 存在不动点。

参 考 文 献

[1] 熊金城. 点集拓扑讲义. 3版. 北京: 高等教育出版社, 2003.
[2] 李进金, 李克典, 林寿. 基础拓扑学导引. 北京: 科学出版社, 2009.
[3] 孟广武. 层次 L-拓扑空间论. 北京: 科学出版社, 2010.
[4] 曼可勒斯 J R. 拓扑学基本教程. 北京: 科学出版社, 1987.
[5] Kunen K, Vaughan J E. Handbook of Set-theoretic Topology. North-Holland, Amsterdam, NewYork, Oxford: Elsevier, 1984.
[6] Berge C. Topological Spaces. Edinburgh and London: Oliver and Boyd Ltd, 1963.
[7] 孟晗, 孟广武. 点集拓扑学. 上海: 同济大学出版社, 2010.
[8] 刘文. 测度论基础. 沈阳: 辽宁教育出版社, 1985.
[9] 尤承业. 基础拓扑学讲义. 北京: 北京大学出版社, 1997.
[10] 黎景辉, 冯绪宁. 拓扑群引论. 北京: 科学出版社, 2004.
[11] 高国士. 拓扑空间论. 北京: 科学出版社, 2000.
[12] 叶向东, 黄文. 拓扑动力系统概论. 北京: 科学出版社, 2008.
[13] 陈汝栋. 不动点理论及应用. 北京: 国防工业出版社, 2012.
[14] 凯莱 J L. 一般拓扑学. 吴从炘, 吴让泉译. 北京: 科学出版社, 1982.
[15] Adasch N, Ernst B, Keim D. Topological Vector Spaces-The Theory Without Convexity Conditions (Lecture Notes in Mathematics 639). Berlin Heidelberg: Springer-Verlag, 1978.
[16] 林寿. 广义度量空间与映射. 北京: 科学出版社, 2007.
[17] Browder F E. The fixed point theory of multi-valued mappings in topological vector spaces. Math. Ann., 1968, 177: 283-301.
[18] Browder F E. A new generalization of the Schauder fixed point theorem. Math. Ann., 1967, 174: 285-290.
[19] Begle E. A fixed point theorem. Ann. of Math., 1950, 51: 544-550.
[20] Browder F E. On the unification of the calculus of variations and the theory of monotone nonlinear operators in Banach spaces. Proc. Nat. Acad. Sci. U.S.A., 1966, 56: 419-425.
[21] Browder F E. Nonlinear maximal monotone operators in Banach spaces. Math. Ann., 1968, 175: 89-113.
[22] Violette D. Applications du lemme de Sperner pour les triangles. Bulletin AMQ, V. XLVI N°, 2006, 4: 17.
[23] Leborgne D. Calcul différentiel et géométrie. Puf, 1982: 15.
[24] Von Neumann J. Qber ein 6konomisches Gleichungssystem uud eine Verallgemeinerung des Brouwerschen Fixpunktsa es. Ergebn. Eines Math. Kolloqu., 1937,

8: 73-83.

[25] Kakutani S. A generalization of Brouwer's fixed point theorem. Duke Mathematical Journal, 1941, 8(3): 457-459.

[26] Glicksberg I L. A further generalization of the Kakutani fixed point theorem with applications to Nash equilibrium points. Proc. Amer. Math. Soc., 1952, 3: 170-174.

[27] Zhang X. A generalization of Browder's fixed point theorem with applications. Nonlinear Analysis, 2007, 67: 3091-3097.

[28] Gale D. The Game of Hex and Brouwer Fixed-Point Theorem. The American Mathematical Monthly, 1979, 86: 818-827. doi:10.2307/2320146.

[29] Browder F E. Nonlinear monotone operators and convex sets in Banach spaces. Bull. Am. Math. Soc., 1963, 71: 780-785.

[30] Istrătescu V I. Fixed Point Theory. Reidel, 1981.

[31] Lou B. Fixed points for operators in a space of continuous functions and applications. Proc. Amer. Math. Soc., 1999, 127: 2259-2264.

[32] Schauder J. Der Fixpunktsatz in Funktionalraumen. Studia. Math., 1930, 2: 171-180.

[33] Brouwer L E J. über Abbildungen von Mannigfaltigkeiten. Mathematische Annalen, 1912, 71: 97-115.

[34] Sobolev V I. Brouwer Theorem. Hazewinkel, Michiel, Encyclopaedia of Mathematics. New York: Springer, 2001.

[35] Tychonoff A. Ein fixpunktsatz. Math. Ann., 1935, 111: 767-776.

[36] 秦元勋,刘永清,王联,郑祖麻. 带有时滞的动力系统的运动稳定性. 北京: 科学出版社, 1989.

[37] Kirk W A. A fixed point theorem for mappings which do not increase distances. Amer. Math. Monthly, 1965, 72: 1004-1006.

[38] Bartoszek W K, Chinhanu C. Best approximation, invariant measures, and fixed points. J. Approx. Theory, 2000, 107: 79-86.

[39] Brosowski B. Fixpunktsatze in der Approximations theories. Mathematica (Cluj), 1969, 11: 195-220.

[40] Habiniak L. Fixed point theorems and invariant approximation. J. Approx. Theory, 1989, 56: 241-244.

[41] Hicks T L, Humphries M D. A note on fixed point theorems. J. Approx. Theory, 1982, 34: 221-225.

[42] Browder F E. Nonexpansive nonlinear operators in a Banach space. Proc. Natl. Acad. Sci. USA, 1965, 54: 1041-1044.

[43] Browder F E. Convergence of approximants to fixed points of nonexpansive nonlinear mappings in Banach spaces. Arch. Ration. Mech. Anal., 1967, 24: 82-90.

[44] Bruck R E. A common fixed point theorem for a commuting family of nonexpansive mappings. Pacific J. Math., 1974, 53: 59-71.

[45] Suzuki T. On strong convergence to common fixed points of nonexpansive semigroups in Hilbert spaces. Proc. Amer. Math. Soc., 2003, 131: 2133-2136.

[46] Halpern B. Fixed points of nonexpanding maps. Bull. Amer. Math. Soc., 1967, 73: 957-961.

[47] Aogama K, Kimura Y, Takahashi W, et al. Approximation of common fixed points of a countable family of nonexpansive mappings in a Banach space. Nonlinear Analysis, 2007, 67: 2350-2360.

[48] Suzuki T. Characterizations of common fixed points of one-parameter nonexpansive semigroups, and convergence theorems to common fixed points. J. Math. Anal. Appl., 2006, 324: 1006-1019.

[49] Al-Thagafi M A. Common fixed points and best approximation. J. Approx. Theory, 1996, 85: 318-323.

[50] Ishikawa S. Fixed points and iteration of a nonexpansive mapping in a Banach space. Proc. Amer. Math. Soc., 1976, 59: 65-71.

[51] Krasnosel'skiĭ M A. Two remarks on the method of successive approximations, Uspekhi Mat. Nauk, 1955, 10: 123-127 (in Russian).

[52] Mann W R. Mean value methods in iteration. Proc. Amer. Math. Soc., 1953, 4: 506-510.

[53] Huang L G, Zhang X. Cone metric spaces and fixed point theorems of contractive mappings. J. Math. Anal. Appl., 2007, 332: 1468-1476.

[54] Lou B. Fixed points for operators in a space of continuous functions and applications. Proc. Amer. Math. Soc., 1999, 127: 2259-2264.

[55] Pascale E, Pascale L. Fixed points for some non-obviously contractive operators. Proc. Amer. Math. Soc., 2002, 130: 3249-3254.

[56] Kung-Fu Ng: An open mapping theorem. Proc. Camb. Phil. Soc., 1973, 74: 61-66.

[57] Fox R, Kofner J. A regular counterexample to the γ-space conjecture. Proceedings of the American Mathematical Society, 1985 (3): 502-506.

[58] 张焕. 浙江大学教授苏德矿: 用生活段子解读高深数学. 人民网, 2014, 09, 23. http://yuqing.people.com.cn/n/2014/0923/c383249-25718300.html.

[59] 吴洪博. 闭包、导集、内部的一种教学方法. 陕西师范大学继续教育学报, 2004, 21(4): 98-101.

[60] 罗增儒, 李文铭. 数学教学论. 西安: 陕西师范大学出版社, 2003.

[61] 唐瑞芬, 朱成杰. 数学教学理论选讲. 上海: 华东师范大学出版社, 2001.

[62] Newman M H A. Elements of the Topology of Plane Sets of Points. Oxford: Cambridge University Press, 1939.

[63] Arhangel'skill A V. Mappings and spaces. Russian Math. Surveys, 1966, 21: 115-162.

索 引

B

半层化空间, 155
半度量化空间, 158
半分离空间, 95
半域, 34
闭包, 56
闭包保持, 162
闭关系, 190
闭集, 45, 55
闭映射, 83, 186
边界, 59
边界点, 59
不变集, 189
不动点, 191, 193
不可数集, 24
不连通空间, 114
部分包含, 11

C

测度, 39
测度空间, 39
层化空间, 155
常值序列, 62
超滤子基, 13, 14, 63
稠密, 192
稠密子集, 125
传递闭包, 22
传递点, 192
传递动力系统, 192
次滤子基, 12

D

单点集, 1
单调集列, 10
单调类, 35
单射, 19
单位元, 176
单值映射, 22
导集, 45, 54
道路连通分支, 120
等价关系, 16
等价类, 17, 177
点列, 60
点列收敛, 61
定义域, 18, 22
度量, 129
度量空间, 129, 170
度量子空间, 133
对称度量, 156
对称度量化空间, 156
对称邻域, 173
多值映射, 22

F

范数, 170
范数空间, 170
分割, 11
分配律, 4
覆盖, 12, 106, 183
负不变集, 190
负数, 43

G

概率测度, 39
概率空间, 39
共轭动力系统, 190
孤立点, 54
关系, 14

关系的复合, 15
轨道, 189

H

恒等律, 4
恒同关系, 16
互补律, 4
环, 34
回归时间集, 191

J

基数, 25, 26
积空间, 72, 74
积拓扑, 72, 74
极大元素, 27
极限点, 44, 54, 63
极限集, 9, 191
极小元素, 27
集合, 1
集合的补集, 3
集合的绝对补集, 3
集合的邻域, 98
集合的余集, 4
集合论公理, 26
集合序列, 5
集列, 5
集映射, 20
集族, 2
集族的限制, 64
交换律, 4
交换群, 176
结合律, 4
紧集, 106
紧空间, 106, 110, 183
紧邻域, 184
紧群, 183, 185
局部紧集, 107
局部紧空间, 107, 112
局部紧群, 185
局部紧性, 184

局部连通, 150
聚点, 44, 54, 61

K

开覆盖, 106
开集, 44, 50
开邻域基, 178
开映射, 83
可测集, 37
可测空间, 37
可测映射, 37
可分空间, 125
可列集, 24
可平衡性, 175
可数集, 24
可数邻域基, 120
可吸收性, 175
可遗传性质, 122, 124
空集, 1

L

离散动力系统, 189
离散空间, 51
离散拓扑, 51
连通分支, 117, 189
连通空间, 114
连通拓扑群, 188
连通子集, 114
连续统假设, 26
连续映射, 79
链, 22
良序公理, 28
良序集, 28
邻域, 52
邻域基, 67
邻域系, 52, 172
邻域子基, 67
零测度集, 39, 171
路径, 22
滤子化, 62

滤子基, 12, 62

M

满射, 19
满足第二可数公理的空间, 120
满足第一可数公理的空间, 120
幂等律, 4
幂集, 2

N

内部, 58
内点, 44, 52, 58
逆序, 27
逆映射, 19
逆元, 176

P

陪集, 183, 189
偏序, 27
偏序集, 27
平庸空间, 51
平庸拓扑, 51

Q

齐性空间, 177
强不变集, 190
球形邻域, 131
全序集, 27

R

弱拓扑, 89, 90

S

商群, 177
商拓扑, 88, 190
商映射, 88, 186, 190
上半连续映射, 85
上极限集, 7
上界, 28
上确界, 28
势, 25, 26
收敛点, 63
树, 22

T

同构, 177
同胚, 91, 189
同胚映射, 91, 152, 191
同态, 177
投射, 83, 191
凸集合, 166
图, 22
图论, 22
拓扑, 50
拓扑等价, 91
拓扑动力系统, 189
拓扑基, 66
拓扑积空间, 72, 172
拓扑可测空间, 52
拓扑空间, 50
拓扑群, 177
拓扑向量空间, 172
拓扑子基, 67

W

外测度, 39
完备测度空间, 39
完备度量空间, 136
完备性, 47
完备序, 29
完全不连通空间, 188
完全正则空间, 105
网, 162
网格序, 29
伪度量, 160
无处稠密, 60, 192
无限集, 24

X

下半连续映射, 85
下极限集, 7
下界, 28
下确界, 28
线性关系, 167

索　引

线性映射, 171
相等的映射, 18
相对拓扑, 64
箱拓扑, 73
像集, 22
向量, 165
向量的数乘, 165
向量加法, 165
向量空间, 165
序关系, 43
序列, 46, 60
序列极限, 46
序列连续映射, 82, 83
序列收敛点, 61
选择公理, 17
循环图, 22

Y

因子映射, 190
映射, 18
映射的复合, 19
有界集, 46
有理数, 42
有限集, 24
有限交公理, 86
有限交性质, 110
有限可积性质, 119
有限余拓扑, 51
右乘映射, 178
宇宙集, 3
域, 34, 41
预备序, 27
元素, 1

Z

整数, 42
正不变集, 190
正规空间, 98
正规子群, 177
正数, 43

正则空间, 98, 186
正整数, 42
值域, 18, 22
指标集, 5
周期点, 191
周期性, 191
准度量, 159
子分割, 11
子覆盖, 12
子空间, 64
子群, 176, 182, 183
子系统, 190
子序列, 62
字典序, 27
左乘映射, 178
左陪集空间, 182

其他

Abel 群, 176
Borel 集, 36, 52
Borel 集合类, 36
Cantor-Bernstein 定理, 26
Cauchy 序列, 47, 134
De Morgan 律, 4
Hausdorff 空间, 95, 186
Hausdorff 群, 187
Heine Borel 定理, 45
Lindelöff 空间, 123
Tietze 扩张定理, 102
T_0-空间, 95
T_0 拓扑群, 186
T_1-空间, 95
T_2-空间, 95
T_3-空间, 98
T_4-空间, 98
Urysohn 度量化定理, 146
Urysohn 引理, 99
Zorn 引理, 28
β-空间, 156

γ-空间, 161
λ 类, 35
π 域, 35
σ 域, 35

σ-空间, 162
ε-连通, 148
ε-链, 148